U0179675

沙宣洗发水展示效果

排球展示场景

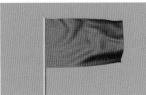

飘扬的旗帜

喷涌而出的金币效果

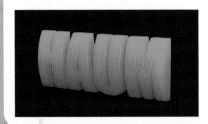

金、银、翡翠材质

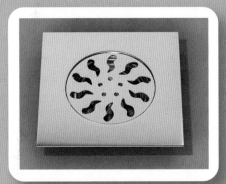

不锈钢地漏

矿泉水瓶

丝滑的液态巧克力动态背景

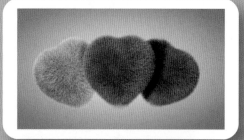

毛茸茸的靠垫

象棋

镜面反射文字

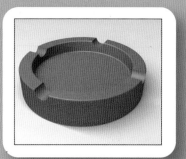

烟灰缸

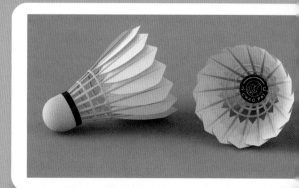

红超牌羽毛球展示效果

篮球展示场景

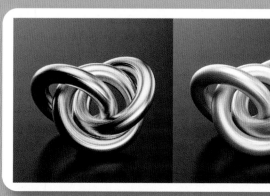

金色拉丝和银色拉丝材质

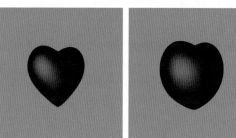

跳动的红心效果

局部倒塌的墙壁动画

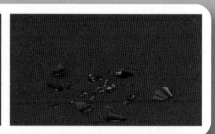

鸡尾酒杯摔碎效果

循环旋转动画

握力器

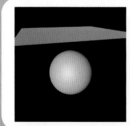
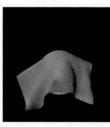

鸡蛋展示场景

布料下落的包裹动画

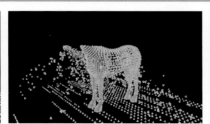
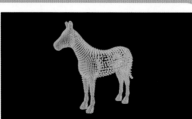

由碎块逐渐组成马的动画

Cinema 4D R19 中文版
基础与实例教程

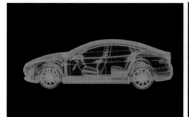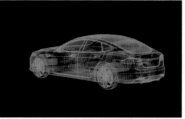

科技感线描材质

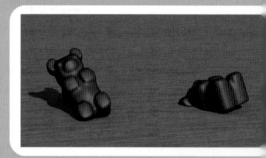

飘动的绒毛圆环

光滑玻璃和毛玻璃材质

Q弹效果

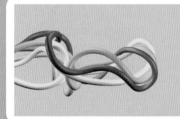

缠绕的电线动画

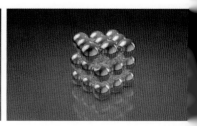

玉石原石内部展示效果

飘散的碎片组成的文字动画

旋转的魔方

电脑艺术设计系列教材

Cinema 4D R19 中文版
基础与实例教程

张 凡 编著

设计软件教师协会 审

机 械 工 业 出 版 社

本书属于实例教程类图书。全书分为基础入门、基础实例演练和综合实例演练3部分，共10章。内容包括认识Cinema 4D，Cinema 4D R19基础知识，创建模型，材质与贴图，灯光和HDR，运动曲线、运动图形和效果器，动力学，粒子，毛发和综合实例。书中实例完全从实战角度出发，涉及电商设计、影视动画等领域，全书全部案例和课后练习中的习题均配有教学视频。

本书给出了以二维码链接的微课视频，并通过网盘（获取方式见封底）提供大量高清晰度的教学视频文件，以及所有实例的素材和源文件，供读者学习时参考。

本书既可作为本、专科院校艺术类相关专业师生或社会培训班的教材，也可作为平面设计和三维制作爱好者的自学参考用书。

本书配有授课电子课件，需要的教师可登录www.cmpedu.com免费注册，审核通过后下载，或联系编辑索取（微信：15910938545，电话：010-88379739）。

图书在版编目（CIP）数据

Cinema 4D R19中文版基础与实例教程/张凡编著. -- 北京：机械工业出版社，2022.7
电脑艺术设计系列教材
ISBN 978-7-111-70951-0

Ⅰ.①C… Ⅱ.①张… Ⅲ.①三维动画软件－教材 Ⅳ.① TP391.414

中国版本图书馆CIP数据核字(2022)第100400号

机械工业出版社（北京市百万庄大街22号 邮政编码100037）
策划编辑：郝建伟   责任编辑：郝建伟 胡 静
责任校对：张艳霞   责任印制：任维东

北京圣夫亚美印刷有限公司印刷

2022年8月第1版·第1次印刷
184mm×260mm·21.25印张·2插页·526千字
标准书号：ISBN 978-7-111-70951-0
定价：89.00元

电话服务   网络服务
客服电话：010-88361066   机 工 官 网：www.cmpbook.com
　　　　　010-88379833   机 工 官 博：weibo.com/cmp1952
　　　　　010-68326294   金 书 网：www.golden-book.com
封底无防伪标均为盗版   机工教育服务网：www.cmpedu.com

前　言

Cinema 4D 简称 C4D，是由德国 MAXON 公司开发的一款三维设计软件，有着强大的功能和兼容性。近几年越来越多的国际知名企业都开始使用 C4D 制作产品平面和视频广告。

本书将艺术设计理念和计算机制作技术结合在一起，系统全面地介绍了 Cinema 4D R19 的使用方法和技巧，展示了 Cinema 4D R19 的无穷魅力，旨在帮助读者用较短的时间掌握该软件。

本书最大的亮点是书中所有 41 个实战案例和课后练习中的 16 个实战操作题均配有多媒体教学视频。另外，为了便于院校教学，本书还配有电子课件。

本书属于实例教程类图书，基础知识部分和案例教学紧密衔接。对于初学者，可以从基础知识开始学习，然后对照基础知识进行相应案例学习。本书分为 3 个部分，共 10 章，每章均有"本章重点"和"课后练习"，以便读者学习该章内容，并进行相应的操作练习。每个实例都包括要点和操作步骤两部分，以便读者理清思路。

本书内容丰富，结构清晰，实例典型，讲解详尽，富有启发性。书中的实例是由多所高校（北京电影学院、北京师范大学、中央美术学院、中国传媒大学、北京工商大学、首都师范大学、首都经济贸易大学、天津美术学院、天津师范大学等）具有丰富教学经验的优秀教师和有丰富实践经验的一线制作人员从多年的教学和实际工作中总结出来的。

为了便于读者学习，书中给出了以二维码链接的微课视频，并通过网盘（获取方式见封底）提供大量高清晰度的教学视频文件，以及所有实例的素材和源文件，供读者练习时参考。

本书可作为本、专科院校艺术类专业或相关培训班的教材，也可作为平面设计和三维制作爱好者的自学参考用书。

由于编者水平有限，书中难免有不妥之处，敬请读者批评指正。

编　者

目　录

第 2 部分　基础实例演练

第3部分　综合实例演练

第 1 部分　基 础 入 门

- ■ 第 1 章　认识 Cinema 4D
- ■ 第 2 章　Cinema 4D R19 基础知识

第 1 章　认识 Cinema 4D

本章重点：

Cinema 4D 作为一款优秀的三维设计软件，目前在设计行业中使用非常广泛。学习本章，读者应了解 Cinema 4D 的主要应用领域和特点。

1.1　Cinema 4D 概述

Cinema 4D 简称 C4D，它是由德国 MAXON 公司开发的一款三维设计软件。Cinema 4D 有着强大的功能和兼容性，例如，可以使用 Octane、RedShift 渲染器进行渲染，可以与 After Effects 软件实现文件互导等。Cinema 4D 的应用领域也很广，如平面设计、电商广告设计、视觉设计等，以某电商广告设计为例，2020 年和 2021 年品牌联合海报设计几乎全部实现 "3D 化"，使用 C4D 制作的页面比普通素材的点击转化率高。图 1-1 为 C4D 制作的品牌海报。此外 Cinema 4D 在栏目包装、影视动画、游戏和建筑设计等领域的使用也日益广泛。

图 1-1　C4D 制作的品牌海报

1.2　Cinema 4D 的特点

Cinema 4D 之所以在近几年能够快速流行起来，主要是因为其有以下特点。

1. 简单易学

Cinema 4D 的界面布局与用户常用的三维设计软件（比如 3ds max）的界面布局类似，如图 1-2 所示，使用户一打开软件界面就有一种熟悉感。

Cinema 4D 整个界面简洁整体，每个命令都对应有生动的图标。此外不同类型的命令显示为不同的颜色，比如生成器显示颜色为绿色，变形器显示为紫色，使用户一目了然，便于记住相应的命令。相对于 3ds max 和 Maya，Cinema 4D 的学习更快捷。

2. 人性化

Cinema 4D 自带多种基础模型，用户只需要调节基础模型相应的参数就可以创建各种复杂模型。另外 Cinema 4D 自带的运动图形、动力学、布料和毛发系统也十分强大，用户不需要复杂操作，只需要调节参数就可以模拟出真实世界中的各种效果（比如柔软的布料、物体的碰撞）。

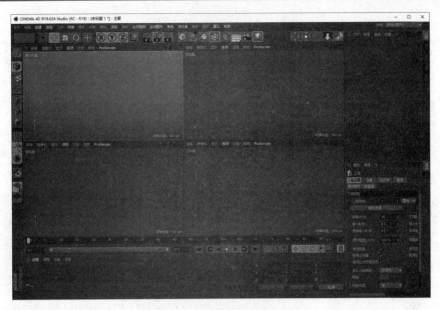

图 1-2　C4D 软件界面布局

3. 兼容性好

Cinema 4D 兼容性极强，用户除了可以使用 Cinema 4D 自带渲染器进行渲染外，还可以使用外部插件 Octane、RedShift 渲染器进行渲染。图 1-3 为使用 Octane 渲染器渲染的效果，图 1-4 为使用 RedShift 渲染器渲染出的焦散效果。

图 1-3　Octane 渲染器渲染效果

图 1-4　RedShift 渲染器渲染出的焦散效果

1.3　课后练习

简述 Cinema 4D 的特点。

第 2 章 Cinema 4D R19 基础知识

本章重点：

学习本章，读者应掌握 Cinema 4D R19 的
操作界面、建模、生成器、变形器、摄像机、材
质、灯光和动画等方面的相关知识。

2.1 认识操作界面

启动 Cinema 4D R19，首先会出现图 2-1 所
示的启动界面，当软件完全启动后就会进入操作
界面，如图 2-2 所示。

图 2-1 Cinema 4D R19 的启动界面

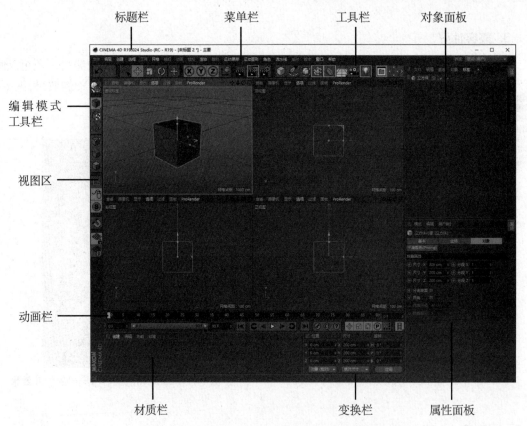

图 2-2 Cinema 4D R19 的操作界面

Cinema 4D R19 的操作界面主要包括标题栏、菜单栏、工具栏、编辑模式工具栏、视图区、
对象面板、属性面板、材质栏、变换栏和动画栏 10 个部分。

1. 标题栏

标题栏显示了当前使用的 Cinema 4D 软件的版本和当前文件的名称。这里需要说明的是当文件名称后带有"*"号时，如图 2-3 所示，表示当前文件没有保存。执行菜单中的"文件 | 保存"命令后，当前文件名称后的"*"号就会消失，表示当前文件已经被保存了。

图 2-3　文件名称后带有"*"号

2. 菜单栏

菜单栏位于标题栏的下方,包括"文件""编辑""创建""选择""工具""网格""捕捉""动画""模拟""渲染""雕刻""运动跟踪""运动图形""角色""流水线""插件""脚本""窗口"和"帮助"19 个菜单。通过这些菜单中的相关命令可以完成对 Cinema 4D R19 的所有操作。这里需要说明的是，对于一些常用的菜单命令，为了便于操作，可以将其独立出来。方法：单击相关菜单上方的双虚线，如图 2-4 所示，即可将其独立出来，成为浮动面板，如图 2-5 所示，此时在浮动面板中单击相应的命令，即可完成相应的操作。

在菜单栏的右侧有一个"界面"列表框，如图 2-6 所示，默认选择的是"启动"界面，此外还可以根据需要选择不同的界面布局，比如 BP-UV Edit。

图 2-4　单击菜单上方的双虚线　　　图 2-5　浮动面板　　　图 2-6　"界面"列表框

3. 工具栏

工具栏位于菜单栏的下方，如图 2-7 所示。它将一些常用的命令以图标的方式显示在工具栏中，单击相应的图标，就可以执行相应的命令。这里需要说明的是，有些图标右下角有三角形标记，表示当前工具中包含隐藏工具，当在该工具图标上单击鼠标左键，就会显示隐藏的工具，如图 2-8 所示。

4. 编辑模式工具栏

编辑模式工具栏位于操作界面的左侧，如图 2-9 所示，用于对转为可编辑对象的模型的点、边、多边形、纹理等进行编辑。

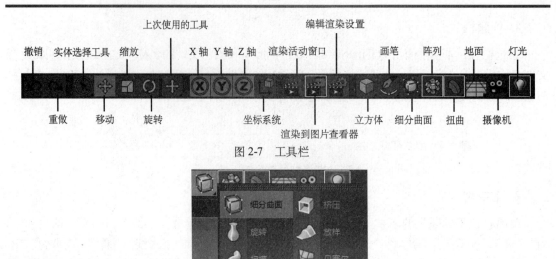

图 2-7　工具栏

图 2-8　显示隐藏的工具

5. 视图区

视图区位于操作界面的中间区域,用于编辑与观察模型。默认有"透视视图""顶视图""右视图"和"正视图"4 个视图,而每个视图又包括视图菜单栏和视图两部分,如图 2-10 所示。其中视图菜单栏用于设置视图中对象的显示模式、视图切换以及对视图进行移动、旋转、缩放;视图用于显示创建的相关对象。这里需要说明的是,在哪个视图中单击鼠标中键就可以将该视图单独显示在视图区中,如图 2-11 所示,再次单击鼠标中键,又可以恢复四视图的显示。

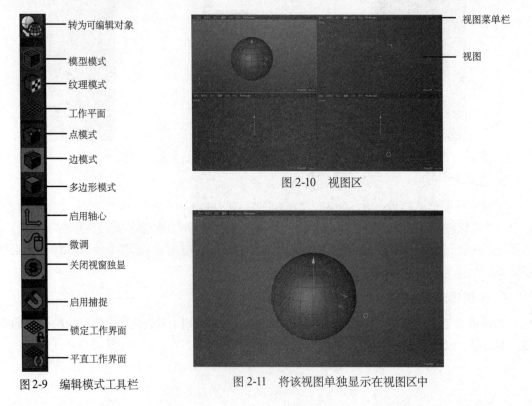

图 2-9　编辑模式工具栏

图 2-10　视图区

图 2-11　将该视图单独显示在视图区中

提示：分别按键盘上的〈F1〉〈F2〉〈F3〉〈F4〉键，可以分别将透视视图、顶视图、右视图和正视图单
　　　独显示在视图区中；按键盘上的〈F5〉键，可以恢复到四视图的显示，与单击鼠标中键的效果
　　　是一样的。

6. 对象面板

对象面板位于操作界面的右侧，该面板用于显示在视图中创建的所有对象以及层级关系。
这里需要说明的是利用对象面板可以控制对象在编辑器（视图）和渲染器中是否可见。在 C4D
中，默认创建的对象在编辑器（视图）和渲染器中均可见。以创建球体为例，如果要在编辑器
（视图）中取消球体的显示，可以单击图 2-12 上方的灰色小点使之变为红色，此时在编辑器（视
图）中就不会显示球体，而在渲染时依然会渲染球体，如图 2-13 所示；如果要在编辑器（视图）
中显示球体，而在渲染器中不渲染球体，可以单击图 2-14

下方的灰色小点使之变为红色，此时在编辑器（视图）中
会显示球体，但渲染时不会渲染球体，如图 2-15 所示；
如果要在编辑器（视图）和渲染器中均不显示球体，则
可以单击上下的灰色小点，使它们全部变为红色即可，如
图 2-16 所示。

图 2-12　上方的灰色小点变为红色

编辑器（视图）

渲染器

图 2-13　编辑器（视图）不显示，而在渲染器中显示

图 2-14　上下的灰色小点变为红色

编辑器（视图）

渲染器

图 2-15　编辑器（视图）显示，而在渲染器中不显示

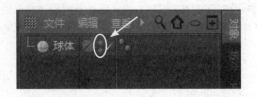

图 2-16　上下的灰色小点变为红色

提示：在属性面板"基本"选项卡中也可以控制对象是否在"编辑器可见"或"渲染器可见"，如图 2-17
　　　所示。

此外，单击✓按钮，如图 2-18 所示，会切换为✕按钮，如图 2-19 所示，此时看到取消"膨
胀"变形器的效果，如图 2-20 所示。通过这两种模式的切换，可以快速查看给对象添加"膨胀"
变形器前后的效果对比。

图 2-17　控制"编辑器可见"或"渲染器可见"

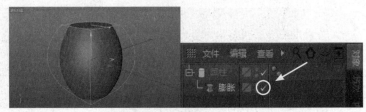

图 2-18　单击✓按钮

图 2-19　切换为✕按钮

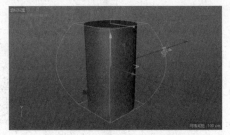

图 2-20　取消"膨胀"变形器的效果

7. 属性面板

属性面板位于对象面板下方，当在对象面板中选择某个对象后，属性面板中会显示其相关
参数，此时可以通过调整相关参数来改变对象的属性。这里需要说明的是当通过█按钮调整参
数数值时，默认每次增加的数值是 1，如图 2-21 所示；如果按住〈Shift〉键，单击█按钮，则
每次增加的数值为 10，如图 2-22 所示；如果按住〈Alt〉键，单击█按钮，则每次增加的数值
为 0.1，如图 2-23 所示。

a)　　　　　　　　　　　　b)

图 2-21　默认每次增加的数值是 1
a) 调整参数前　　b) 调整参数后

图 2-22　每次增加的数值为 10　　　　　图 2-23　每次增加的数值为 0.1

8. 材质栏

材质栏用于创建和管理材质，在材质栏中双击鼠标，就可以创建一个材质球，如图 2-24 所示。然后双击材质球，在弹出的图 2-25 所示的材质编辑器中可以设置材质的各种属性。

图 2-24　创建一个材质球　　　　　　　图 2-25　材质编辑器

9. 变换栏

变换栏如图 2-26 所示，用于设置选择对象的坐标、尺寸和旋转参数。

图 2-26　变换栏

10. 动画栏

动画栏如图 2-27 所示，用于设置动画关键帧、动画长度等动画属性。

图 2-27　动画栏

2.2　常用插件、材质库安装和自定义布局

本节将具体讲解常用插件、材质库的安装以及设置自定义布局的方法。

2.2.1　常用插件的安装

本书用到了 Drop2Floor（对齐到地面）、L-Object（地面背景）、Reeper 2.07（绳索）、MagicCenter（对齐到中心）4 个插件，这 4 个插件的安装方法是一样的，下面就以安装 Drop2Floor（对齐到地面）插件为例来讲解插件的安装方法。安装 Drop2Floor（对齐到地面）插件的具体操作步骤如下。

1）找到网盘中的"插件 | 地面对齐插件 |Drop2Floor"文件夹，如图 2-28 所示，按快捷键〈Ctrl+C〉进行复制。

2）进入 Cinema 4D R19 安装目录下的 plugins 文件夹（默认安装目录为 C:/Program Files/MAXON/Cinema 4D R19/plugins），按快捷键〈Ctrl+V〉进行粘贴，如图 2-29 所示。

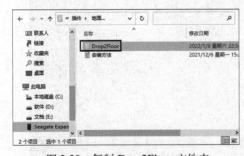

图 2-28　复制 Drop2Floor 文件夹

图 2-29　在 plugins 文件夹中进行粘贴

3）重新启动 Cinema 4D，在"插件"菜单中即可看到安装好的 Drop2Floor 插件，如图 2-30 所示。

图 2-30　安装好的 Drop2Floor 插件

2.2.2　C4D 外部材质库的安装

通过调用材质库中的相关材质可以大大提高工作效率。本节将具体讲解安装 Cinema 4D 默认渲染器材质库的方法，具体操作步骤如下。

1) 找到网盘中的"C4D 材质包 .lib4d"和"Material-Pack.lib4d"两个文件，如图 2-31 所示，按快捷键〈Ctrl+C〉进行复制。

图 2-31　复制材质库

2) 在 Cinema 4D 中执行菜单中的"编辑 | 设置"命令，然后在弹出的对话框中单击 打开配置文件夹 按钮，如图 2-32 所示，从中找到并打开 Cinema 4D 安装目录下的 browser 文件夹 (默认位置为 C:/Program Files/MAXON/Cinema 4D R19/library/browser)，最后按快捷键〈Ctrl+V〉，进行粘贴即可完成 C4D 默认渲染器材质库的安装，粘贴后的效果如图 2-33 所示。

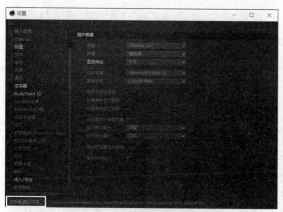

图 2-32　单击 打开配置文件夹 按钮

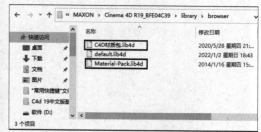

图 2-33　粘贴材质库后的效果

3) 重新启动 Cinema 4D，然后按快捷键〈Shift+F8〉，弹出"内容浏览器"，从中就可以看到安装后的两个材质库，如图 2-34 所示。此时在右侧双击相应的材质球，就可以将其导入材质栏中，如图 2-35 所示。

提示：网盘中提供的两个材质库包含了日常使用的各种材质，一共 6.2GB。如果用户的 C 盘空间不是很大，可以只安装 Material-Pack.lib4d 材质库（488MB）。

图 2-34　在"内容浏览器"中找到安装后的两个材质库　　　图 2-35　将材质导入材质栏中

2.2.3　自定义界面

在 Cinema 4D 中允许用户通过自定义界面来提高工作效率。本节将通过在工具栏中添加前面安装的 4 个插件工具讲解自定义界面的方法，具体操作步骤如下。

1）执行菜单中的"窗口 | 自定义布局 | 自定义命令"（快捷键〈Shift+F12〉）命令，调出"自定义命令"对话框，如图 2-36 所示。

2）在"名称过滤"右侧输入"L"，此时在下方会显示出有关"L"的所有命令，然后选择其中的"L-Object"，如图 2-37 所示，将其拖入工具栏右侧，即可将其添加到工具栏中，如图 2-38 所示。同理，将"Drop2Floor"也添加到工具栏中，如图 2-39 所示。

图 2-36　"自定义命令"对话框　　　　　　图 2-37　选择其中的"L-Object"

图 2-38　将 "L-Object" 添加到工具栏中

图 2-39　将 "Drop2Floor" 添加到工具栏中

3）在"名称过滤"右侧输入"R"，此时在下方会显示出有关"R"的所有命令，如图 2-40 所示。然后选择其中的"Reeper2.07"和"MagicCenter"，并分别拖入工具栏右侧，即可将它们添加到工具栏中，如图 2-41 所示。

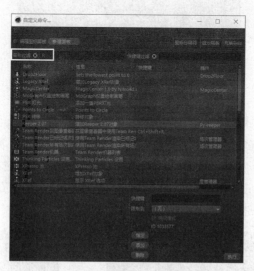

图 2-40　在"名称过滤"右侧输入"R"

图 2-41　将 "Reeper2.07" 和 "MagicCenter" 添加到工具栏中

提示：如果要删除工具栏中的工具，可以在"自定义命令"对话框中勾选左上方的"编辑图标面板"复选框，然后在工具栏中双击要删除的工具，即可将其从工具栏中删除。

4）执行菜单中的"窗口|自定义布局|保存为启动布局"命令，将当前工作界面保存为启动界面。此后每次启动 Cinema 4D，都会显示当前自定义的工作界面。

5）如果要在其他计算机上使用当前自定义的工作界面，可以执行菜单中的"窗口|自定义布局|另存布局为"命令，将当前工作布局保存为一个文件。然后在其他计算机上启动 Cinema 4D，再执行菜单中的"窗口|自定义布局|加载布局"命令，打开前面保存的布局文件即可。

2.3　基础建模

Cinema 4D 内置了多种三维参数化几何体和二维样条。本节具体讲解常用的三维几何体和二维样条的参数。

2.3.1　简单三维参数化几何体的创建

在工具栏 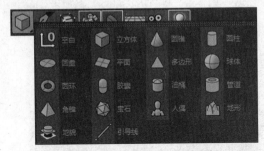（立方体）工具上按住鼠标左键，会弹出三维参数化几何体面板，如图 2-42 所示，从中选择相应的图标，就可以在视图中创建一个相应的三维参数化几何体。下面介绍常用的几种三维几何体的参数。

图 2-42　三维参数化几何体面板

1. 立方体

立方体是参数化几何体，在工具栏中选择 （立方体）工具，可以在视图中创建一个立方体，然后通过在视图中移动黄色控制点的位置粗略地调整立方体的长、宽和高，如图 2-43 所示。如果要精确调整立方体的参数，可以在属性面板中进行设置。另外，将立方体转为可编辑对象后，还可以对其点、边、多边形进行编辑，从而制作出各种复杂的模型。立方体属性面板的参数比较简单，如图 2-44 所示，主要参数含义如下。

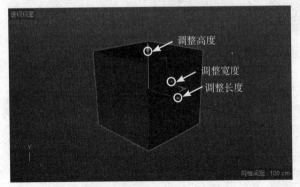

图 2-43　在视图中创建一个立方体

图 2-44　立方体属性面板

- 尺寸.X/ 尺寸.Y/ 尺寸.Z：用于设置立方体的长度 / 宽度 / 高度数值。
- 分段.X/ 分段.Y/ 分段.Z：用于设置立方体的长度分段 / 宽度分段 / 高度分段。
- 圆角：勾选该复选框，将激活"圆角半径"和"圆角细分"参数，从而使立方体产生圆角效果，如图 2-45 所示。
- 圆角半径：用于设置立方体的圆角半径数值。
- 圆角细分：用于设置立方体圆角的圆滑程度。

图 2-45　产生圆角效果的立方体

提示：这里需要说明的是，在调整了相关参数后，如果要重新恢复原有的默认参数，可以右键单击参数
　　　后的█按钮，即可恢复默认参数。

2．圆柱体

圆柱体也是 Cinema 4D 中经常用到的参数化几何体，比如创建易拉罐、保温杯的杯身等。
在工具栏█（立方体）工具上按住鼠标左键，从弹出的隐藏工具中选择█（圆柱体）工具，
可以在视图中创建一个圆柱体。然后通过在视图中移动黄色控制点的位置粗略地调整圆柱体的
高度和半径，如图 2-46 所示。圆柱体的属性面板如图 2-47 所示，用于精确设置圆柱体的相关
属性，主要参数含义如下。

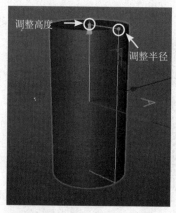

图 2-46　在视图中创建一个圆柱体

图 2-47　圆柱体的属性面板

- 半径：用于设置圆柱的半径数值。
- 高度：用于设置圆柱的高度数值。
- 旋转分段：用于设置圆柱体曲面的分段数，数值越大，圆柱越圆滑。

3．平面

平面在 Cinema 4D 建模过程中的使用频率非常高，比如创建地面和墙面等。本书 6.4
节"由碎块逐渐组成马的动画"就是利用平面创建的地面。在工具栏█（立方体）工具上按
住鼠标左键，从弹出的隐藏工具中选择█（平面）工具，即可在视图中创建一个平面。然后
通过在视图中移动黄色控制点的位置粗略地调整平面的宽度和高度，如图 2-48 所示。平面的
属性面板如图 2-49 所示，用于精确设置平面的相关属性，主要参数含义如下。

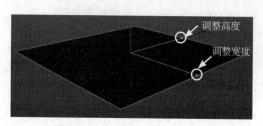

图 2-48　在视图中创建一个平面

图 2-49　平面的属性面板

● 宽度 / 高度：用于设置平面的宽度 / 高度数值。
● 宽度分段 / 高度分段：用于设置平面的宽度分段 / 高度分段的数值。

4. 球体

球体也是常用的参数化几何体，本书 3.8 节"排球模型"和 3.9 节"篮球模型"就是利用球体创建的基础模型。在工具栏的 （立方体）工具上按住鼠标左键，从弹出的隐藏工具中选择 （球体）工具，即可在视图中创建一个球体。然后通过在视图中移动黄色控制点的位置粗略地调整球体半径，如图 2-50 所示。球体的属性面板如图 2-51 所示，用于精确设置球体的相关属性，主要参数含义如下。

图 2-50　在视图中创建一个球体

图 2-51　球体的属性面板

● 半径：用于设置球体的半径数值。
● 分段：用于设置球体的半径分段数值。图 2-52 为设置了不同"分段"数值的效果比较。

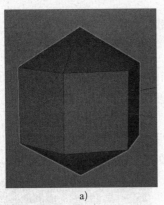

a)

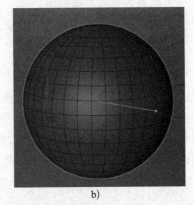

b)

图 2-52　不同"分段"数值的效果比较

a)"分段"为 6　b)"分段"为 36

● 类型：用于设置球体的类型，在右侧下拉列表中有"标准""四面体""六面体""八面体""二十面体"和"半球体"6 种类型可供选择。图 2-53 为选择不同类型的效果。

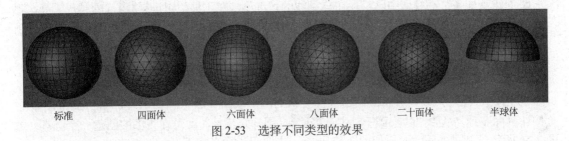

| 标准 | 四面体 | 六面体 | 八面体 | 二十面体 | 半球体 |

图 2-53　选择不同类型的效果

2.3.2　简单二维样条的创建

在工具栏 ✏ （画笔）工具上按住鼠标左键，会弹出二维样条面板。下面介绍几种常用的二维样条的参数。

1. 画笔

利用 ✏ （画笔）工具可以绘制任意形状的样条线。本书"3.1　景泰蓝花瓶模型"中就是利用 ✏ （画笔）工具绘制出花瓶的外形，然后通过"旋转"生成器制作出花瓶效果，如图 2-54 所示。在工具栏中选择 ✏ （画笔）工具，即可在图 2-55 所示的画笔工具属性面板中设置相关参数。画笔工具属性面板的参数含义如下。

图 2-54　景泰蓝的花瓶模型　　　图 2-55　画笔工具属性面板

- 类型：在右侧有线性、立方、AKima、B- 样条和贝塞尔 5 种类型可供选择。
- 编辑切线模式：在绘制过程中，勾选该复选框，将只可以对当前顶点切线方向和手柄长度进行调整，而不继续绘制。在调整好顶点切线方向后，再取消勾选该复选框，即可继续进行曲线绘制。
- 锁定切线旋转：勾选该复选框，将只可以对顶点手柄长度进行调整，而不能调整切线方向。
- 锁定切线长度：勾选该复选框，将只可以对顶点手柄方向进行调整，而不能调整切线长度。

● 创建新样条：在视图中已经存在样条线的情况下，在工具栏中选择 ✐ （画笔）工具，然后勾选该复选框，将绘制一条新的样条线；而未勾选该复选框，将在原来曲线基础上继续绘制样条线。

2. 圆环

利用 ⬤ （圆环）工具可以绘制出各种形状的圆形或圆环形状。在工具栏 ✐ （画笔）工具上按住鼠标左键，从弹出的隐藏工具中选择 ⬤ （圆环）工具，即可在视图中创建一个圆环，如图 2-56 所示。圆环的属性面板如图 2-57 所示，主要参数含义如下。

图 2-56　在视图中创建一个圆环　　　　图 2-57　圆环的属性面板

● 椭圆：勾选该复选框，可以设置下方两个半径的数值，从而制作出椭圆，如图 2-58 所示。
● 环状：勾选该复选框，可以制作出同心圆，如图 2-59 所示。

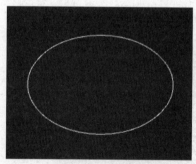

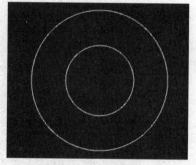

图 2-58　制作出椭圆　　　　　　　　图 2-59　制作出同心圆

● 半径：用于设置圆形的半径数值。
● 内部半径：用于设置同心圆内部圆形的半径数值。该项在勾选"环状"复选框后才可以使用。

3. 多边

利用 ⬡ （多边）工具可以绘制出多边形形状。在工具栏 ✐ （画笔）工具上按住鼠标左键，从弹出的隐藏工具中选择 ⬡ （多边）工具，即可在视图中创建一个多边形，如图 2-60 所示。多边的属性面板如图 2-61 所示，主要参数含义如下。

● 半径：用于设置多边形的半径数值。
● 侧边：用于设置多边形的边数。

● 圆角：勾选该复选框，将会使多边形产生圆角效果，如图 2-62 所示。下方的"半径"用于设置圆角的大小。

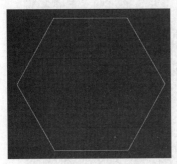

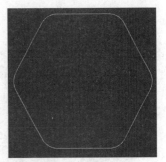

图 2-60　在视图中创建一个多边形　　　　图 2-61　多边的属性面板　　　　图 2-62　圆角多边形

4. 矩形

利用 （矩形）工具可以绘制出矩形形状。在工具栏 ✐（画笔）工具上按住鼠标左键，从弹出的隐藏工具中选择 ▢（矩形）工具，即可在视图中创建一个矩形，如图 2-63 所示。矩形的属性面板如图 2-64 所示，主要参数含义如下。

图 2-63　在视图中创建一个矩形　　　　　图 2-64　矩形的属性面板

● 宽度 / 高度：用于设置矩形的宽度 / 高度数值。
● 圆角：勾选该复选框，将会使矩形产生圆角效果。
● 半径：用于设置圆角的大小。

5. 文本

利用 Ｔ（文本）工具可以创建二维的文本样条线。在工具栏 ✐（画笔）工具上按住鼠标左键，从弹出的隐藏工具中选择 Ｔ（文本）工具，即可在视图中创建一个文本，如图 2-65 所示。文本的属性面板如图 2-66 所示，主要参数含义如下。

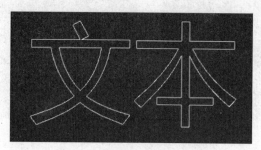

图 2-65　在视图中创建一个文本　　　　　　图 2-66　文本的属性面板

- 文本：用于输入文字内容。如果要输入多行文本，可以按〈Enter〉键切换到下一行。
- 字体：用于设置文本使用的字体。
- 对齐：用于设置文本对齐的方式。在右侧下拉列表框中有"左""中对齐"和"右"3个选项可供选择。
- 高度：用于设置文本的尺寸。
- 水平间距：用于设置文本字符间的间距。图 2-67 为设置不同"水平间距"后的效果比较。

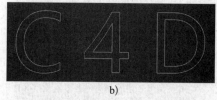

a)　　　　　　　　　　　　　　　　b)

图 2-67　设置不同"水平间距"数值的效果比较

a)"水平间距"为 0　b)"水平间距"为 50

- 垂直间距：用于设置多行文本的行距。图 2-68 为设置不同"垂直间距"后的效果比较。

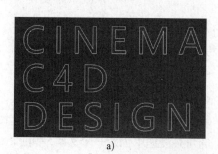
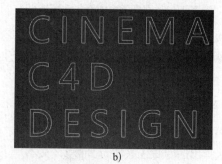

a)　　　　　　　　　　　　　　　　b)

图 2-68　设置不同"垂直间距"数值的效果比较

a)"垂直间距"为 0　b)"垂直间距"为 50

● 显示 3D 界面：勾选该复选框，展开"字距"选项，如图 2-69 所示，可以调整文本字符"水平缩放""垂直缩放"和"基线偏移"等参数。图 2-70 为将数字"4"的"基线偏移"设置为 300% 的效果。

提示：如果要创建三维文本有以下两种方法：一种是先创建二维文本，再给它添加一个"挤压"生成器，从而生成三维文本；另一种是执行菜单中的"运动图形 | 文本"命令，直接创建三维文本。

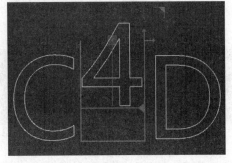

图 2-69　勾选"显示 3D 界面"复选框，展开"字距"选项　　图 2-70　将"基线偏移"设置为 300% 的效果

2.4　生成器、造型器和变形器

通过给对象添加不同的生成器、造型器和变形器，可以制作出各种效果。本节就来具体讲解生成器、造型器和变形器的使用方法。

2.4.1　生成器

Cinema 4D 生成器包括"细分曲面""挤压""旋转""放样""扫描"和"贝塞尔"6 种，显示的图标颜色为绿色，表示在父级状态才能对下方的子集对象起作用。执行菜单"创建 | 生成器"中的相应命令，如图 2-71 所示，或选择工具栏 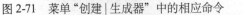（细分曲面）中的生成器工具，如图 2-72 所示，均可给场景添加相应的生成器工具。通常是利用工具栏添加生成器。

图 2-71　菜单"创建 | 生成器"中的相应命令　　图 2-72　从弹出的隐藏工具中选择相应的生成器工具

除了"贝塞尔"生成器可以直接使用外，其余 5 种给场景添加的生成器，并不能直接看到效果。如果要看到给对象添加生成器后的效果有以下两种方法：一种是在给场景添加了相应的生成器后，在对象面板中将要使用该生成器的对象拖入生成器成为子集，如图 2-73 所示；另一种是选择要添加生成器的对象，按住键盘上的〈Alt〉键，在工具栏 （细分曲面）

工具上按住鼠标左键，从弹出的隐藏工具中选择相应的生成器，从而直接给对象添加一个生成器的父级。

下面介绍这 6 种生成器的相关参数。

1. 细分曲面

（细分曲面）生成器是使用最多的一种生成器，用于对表面粗糙的模型进行平滑处理，使之变得更精细。（细分曲面）生成器的属性面板如图 2-74 所示，主要参数含义如下。

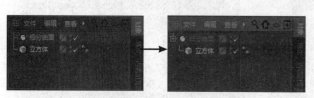
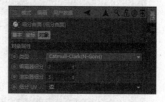

图 2-73　要使用该生成器的对象拖入生成器成为子集　　图 2-74　（细分曲面）生成器的属性面板

- 类型：用于设置细分曲面的类型，在右侧下拉列表中有 Catmull-Clark、Catmull-Clark（N-Gons）、OpenSubdiv Catmull-Clark、OpenSubdiv Catmull-Clark（自适应）、OpenSubdiv Loop 和 OpenSubdiv Bilinear 六种类型可供选择。
- 编辑器细分：用于设置模型在视图中显示的细分级别，数值越大，模型越精细。图 2-75 为设置不同的"编辑器细分"数值的效果比较。

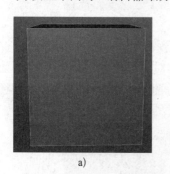
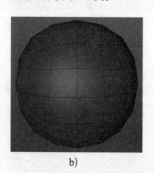

a)　　　　　　　　　　　b)　　　　　　　　　　　c)

图 2-75　设置不同的"编辑器细分"数值的效果比较
a)"编辑器细分"为 0　a)"编辑器细分"为 2　b)"编辑器细分"为 3

- 渲染器细分：用于设置模型在渲染器中显示的细分级别，数值越大，模型越精细。为了保持模型在渲染器和编辑器中显示的一致性，通常在"渲染器细分"和"编辑器细分"中设置的数值是一致的。
- 细分 UV：用于设置细分 UV 的方式，在右侧下拉列表中有"标准""边界"和"边" 3 种方式可供选择。

2. 挤压

（挤压）生成器用于将二维样条挤压为三维模型。（挤压）生成器的属性面板主要包括"对象"和"封顶"两个选项卡，如图 2-76 所示，主要参数含义如下。

- 移动：用于控制样条在 X/Y/Z 轴上的挤出厚度。

● 细分数：用于控制挤出的分段数。图 2-77 为设置不同的"细分数"数值的效果比较。

图 2-76　　(挤压) 生成器的属性面板

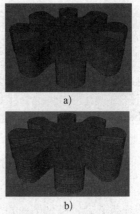

a)

b)

图 2-77　设置不同的"细分数"数值的效果比较
a)"细分数"为 1　b)"细分数"为 10

● 层级：当"挤压"生成器下存在多个子集时, 如图 2-78 所示, 如果未勾选"层级"复选框, 则"挤压"生成器只对顶层的子集起作用, 如图 2-79 所示；而勾选"层级"复选框, 则"挤压"生成器对所有的子集均起作用, 如图 2-80 所示。

图 2-79　未勾选"层级"复选框的效果

图 2-78　　(挤压) 生成器下存在多个子集

图 2-80　勾选"层级"复选框的效果

● 顶端 / 末端：用于设置挤出后模型顶端 / 末端是否封口, 在右侧下拉列表中有"无""封顶""圆角"和"圆角封顶" 4 个选项可供选择。图 2-81 为选择不同选项的效果比较。

a)

b)

c)

d)

图 2-81　选择不同选项的效果比较
a) 选择"无"　b) 选择"封顶"　c) 选择"圆角"　d) 选择"圆角封顶"

● 步幅：当在"顶端 / 末端"右侧下拉列表中选择"圆角"或"圆角封顶"时, 才可以使用。该项用于设置模型倒角的分段数，最小数值为1。图2-82为选择不同"步幅"数值的效果比较。

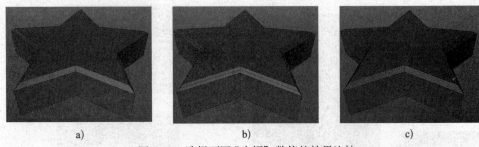

图2-82　选择不同"步幅"数值的效果比较

a)"步幅"为1　b)"步幅"为2　c)"步幅"为5

● 圆角类型：当在"顶端/末端"右侧下拉列表中选择"圆角"或"圆角封顶"时，才可以使用。该项用于设置模型倒角的类型，在右侧下拉列表中有"线性""凸起""凹陷""半圆""1步幅""2步幅"和"雕刻"7个选项可供选择。图2-83为选择不同"圆角类型"的效果比较。

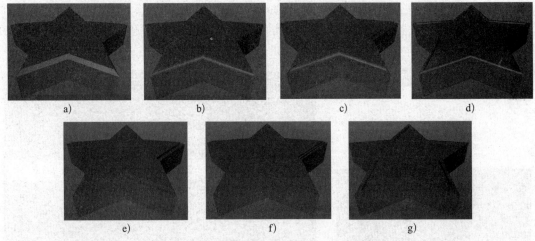

图2-83　选择不同"圆角类型"的效果比较

a) 选择"线性"　b) 选择"凸起"　c) 选择"凹陷"　d) 选择"半圆"　e) 选择"1步幅"　f) 选择"2步幅"　g) 选择"雕刻"

● 类型：用于设置组成封顶的多边形类型，在右侧下拉列表中有"三角形""四边形"和"N-Gons"3个选项可供选择。图2-84为选择不同类型的效果比较。

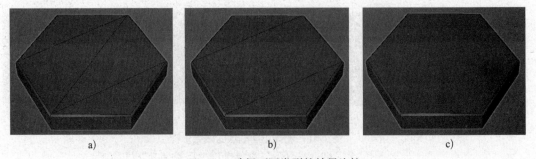

图2-84　选择不同类型的效果比较

a) 选择"三角形"　b) 选择"四边形"　c) 选择"N-Gons"

3. 旋转

▮（旋转）生成器用于将绘制的样条按照指定轴向进行旋转，从而生成三维模型。图 2-85 为创建样条线后利用▮（旋转）生成器制作出的花瓶模型。▮（旋转）生成器的属性面板如图 2-86 所示，主要参数含义如下。

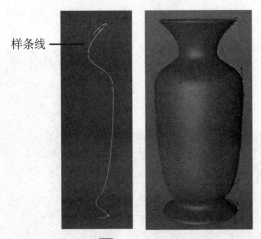

样条线 ——

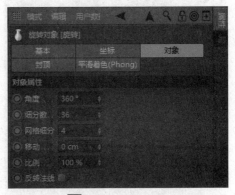

图 2-85　利用▮（旋转）生成器制作出的花瓶模型

图 2-86　▮（旋转）生成器的属性面板

- 角度：用于设置旋转的角度，默认是 360°。
- 细分数：用于设置模型在旋转轴向上的细分数，数值越大，模型越平滑。图 2-87 为设置不同"细分数"数值的效果比较。
- 移动：用于设置模型起始位置和终点位置的纵向效果。
- 比例：用于设置模型一端的缩放。数值小于 100%，是收缩；数值大于 100%，是放大。图 2-88 为设置不同"比例"数值的效果比较。

a)　　　　　　　b)　　　　　　　　　　　a)　　　　　　　b)

图 2-87　设置不同"细分数"数值的效果比较　　　图 2-88　设置不同"比例"数值的效果比较

a)"细分数"为 4　b)"细分数"为 32　　　　　a)"比例"为 60%　b)"比例"为 120%

4. 放样

◤（放样）生成器用于将两个或更多个的样条连接起来，从而生成三维模型。图 2-89 为创建圆环和八边形样条线后，利用 （放样）生成器制作出的饮料瓶模型。（放样）生成器的属性面板主要包括"对象"和"封顶"两个选项卡，如图 2-90 所示，主要参数含义如下。

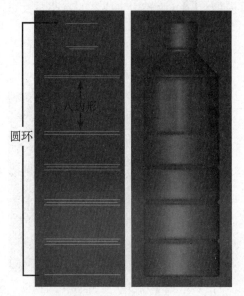

图 2-89　利用 （放样）生成器制作出的饮料瓶模型

图 2-90　 （放样）生成器的属性面板

- 网格细分 U/V：用于设置放样后模型的 U/V 向的分段数。
- 顶端 / 末端：用于设置放样后模型顶端 / 末端是否封口，在右侧下拉列表中有"无""封顶""圆角"和"圆角封顶"4 个选项可供选择。
- 约束：用于对封顶进行约束。图 2-91 为是否勾选"约束"复选框的效果比较。

a)　　　　　　　　　b)

图 2-91　是否勾选"约束"复选框的效果比较
a) 未勾选"约束"复选框　b) 勾选"约束"复选框

5. 扫描

　（扫描）生成器用于将一个样条作为扫描图形，另一个样条作为扫描路径，扫描生成三维模型。图 2-92 为创建文本和圆环样条线后，利用 （扫描）生成器制作出的立体镂空文字模型。（扫描）生成器的属性面板如图 2-93 所示，主要参数含义如下。

圆环　　　　　　　　　文本

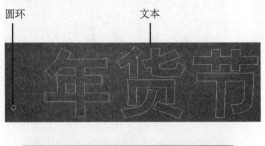

图 2-92　利用 （扫描）生成器制作出的立体镂空文字模型　　　图 2-93　（扫描）生成器的属性面板

- 网格细分：用于设置三维模型的细分数。
- 终点缩放：用于设置模型在终点处的缩放效果。图 2-94 为设置不同"终点缩放"数值的效果比较。

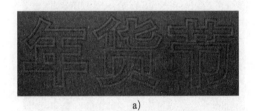
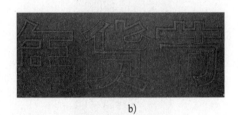

a)　　　　　　　　　　　　　　　　　　　b)

图 2-94　设置不同"终点缩放"数值的效果比较
a)"终点缩放"为 100%　b)"终点缩放"为 30%

- 结束旋转：用于设置生成模型在终点处的旋转效果。
- 开始生长：用于设置模型从开始处消失的效果，默认为 0%，表示不消失。图 2-95 为设置不同"开始生长"数值的效果比较。

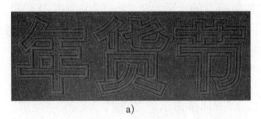
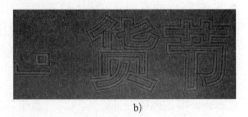

a)　　　　　　　　　　　　　　　　　　　b)

图 2-95　设置不同"开始生长"数值 的效果比较
a)"开始生长"为 0%　b)"开始生长"为 10%

● 结束生长：用于设置模型从结束处消失的效果，默认为 100%，表示不消失。图 2-96 为设置不同"结束生长"数值的效果比较。

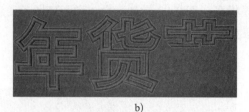

a) b)

图 2-96 设置不同"结束生长"数值的效果比较
a)"结束生长"为 100% b)"结束生长"为 90%

6. 贝塞尔

（贝塞尔）生成器用于创建具有蓬松感、膨胀感的模型，比如膨化食品包装袋、枕头。图 2-97 为利用（贝塞尔）生成器制作出的膨化食品的包装袋模型。（贝塞尔）生成器的属性面板如图 2-98 所示，主要参数含义如下。

图 2-97 利用（贝塞尔）生成器
制作出的膨化食品的包装袋模型

图 2-98 （贝塞尔）生成器的属性面板

● 水平细分 / 垂直细分：用于设置创建的贝塞尔模型的水平方向 / 垂直方向的细分数量。
● 水平网点 / 垂直网点：用于设置创建的贝塞尔模型的水平方向 / 垂直方向的控制点数量。通过调整控制点的位置可以调整贝塞尔模型的形状。

2.4.2 造型器

Cinema 4D 造型器包括"阵列""晶格""布尔""样条布尔""连接""实例""融球""对称""Python 生成器""LOD"和"减面"11 种，显示的图标颜色也为绿色，表示在父级状态

才能对下方的子集对象起作用。执行菜单"创建|造型"中的相应命令，如图 2-99 所示，或选择工具栏（阵列）中的造型器工具，如图 2-100 所示，均可给场景添加相应造型器。通常使用的是利用工具栏添加造型器。下面介绍常用的几种造型器的相关参数。

图 2-99　菜单"创建|造型"中的相应命令

图 2-100　从弹出的隐藏工具中选择相应的造型器工具

1. 阵列

（阵列）造型器用于以阵列的方式复制模型，比如创建手串模型，如图 2-101 所示。选择要添加"阵列"造型器的对象(此时选择的是球体)，然后按住〈Alt〉键，在工具栏中单击（阵列）工具，即可给它添加一个（阵列）父集。（阵列）造型器的属性面板如图 2-102 所示，主要参数含义如下。

图 2-101　利用阵列工具创建的手串模型

图 2-102　（阵列）造型器的属性面板

● 半径：用于设置阵列的半径数值。

● 副本：用于设置阵列的个数。

● 振幅：用于设置阵列后模型产生的振幅。图 2-103 为设置不同"振幅"数值的效果比较。

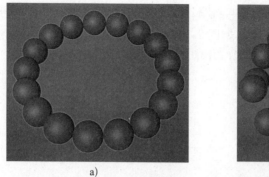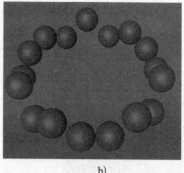

图 2-103　设置不同"振幅"数值的效果比较

a)"振幅"为 0cm　b)"振幅"为 30cm

- 频率：用于设置阵列模型上下起伏的频率。数值越大，起伏的频率越快。
- 阵列频率：用于设置阵列摆动的频率。数值越大，阵列模型摆动过渡越平滑；数值越小，阵列模型摆动过渡越生硬。图 2-104 为设置不同"阵列频率"数值后的效果比较。

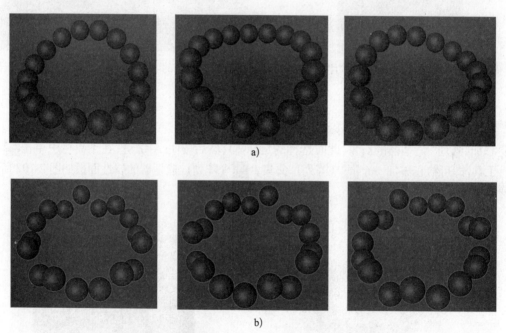

图 2-104　设置不同"阵列频率"数值后的效果比较

a)"振幅"为 100　b)"振幅"为 10

2. 布尔

　　（布尔）造型器用于将两个三维模型进行"相加""相减""交集"或"补集"操作。图 2-105 为使用（布尔）造型器制作的烟灰缸模型。选择要添加"布尔"造型器的对象，然后按住〈Ctrl+Alt〉键，在工具栏（阵列）工具上按住鼠标左键，从弹出的隐藏工具中选择（布尔），即可给它们添加一个（布尔）造型器的父级。（布尔）造型器的属性面板如图 2-106 所示，主要参数含义如下。

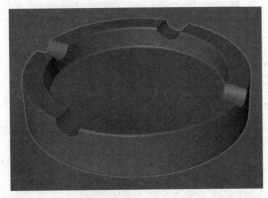

图 2-105　使用 ◉ (布尔) 造型器制作的烟灰缸模型

图 2-106　◉ (布尔) 造型器的属性面板

- 布尔类型：用于设置布尔运算的方式，在右侧下拉列表中有"A 减 B""A 加 B""AB 交集"和"AB 补集"4 个选项可供选择。图 2-107 为选择不同布尔类型的效果比较。

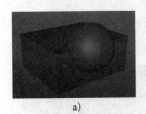
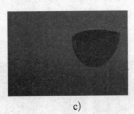

a)　　　　　　　　　　b)　　　　　　　　　　c)　　　　　　　　　　d)

图 2-107　选择不同布尔类型的效果比较

a) 选择"A 减 B"　b) 选择"A 加 B"　c) 选择"AB 交集"　b) 选择"AB 补集"

- 高质量：勾选该复选框，则布尔运算后的模型分段分布会更合理。图 2-108 为是否勾选该复选框的效果比较。

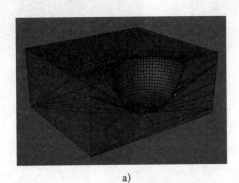
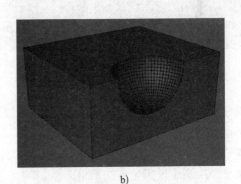

a)　　　　　　　　　　　　　　　　b)

图 2-108　是否勾选"高质量"复选框的效果比较

a) 未勾选"高质量"复选框　b) 勾选"高质量"复选框

- 隐藏新的边：勾选该复选框，可以将布尔运算得到的模型中新的边进行隐藏。图 2-109 为是否勾选该复选框的效果比较。

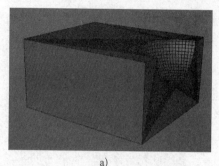 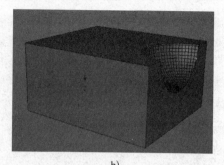

a)   b)

图 2-109   是否勾选"隐藏新的边"复选框的效果比较

a) 未勾选"隐藏新的边"复选框   b) 勾选"隐藏新的边"复选框

3. 对称

(对称) 造型器用于按照指定轴向镜像复制模型。图 2-110 为使用(对称) 造型器制作出的闹钟另一侧的闹铃和支腿模型。选择要添加"对称"造型器的对象，然后按住〈Alt〉键，在工具栏(阵列) 工具上按住鼠标左键，从弹出的隐藏工具中选择(对称)，即可给它添加一个(对称) 造型器的父级。(对称) 造型器的属性面板如图 2-111 所示，主要参数含义如下。

图 2-110   使用(对称) 造型器制作出
的闹钟另一侧的闹铃和支架模型

图 2-111   (对称) 造型器的属性面板

- 镜像平面：用于设置对称对象的镜像轴，在右侧下拉列表中有 ZY、XY、XZ 三个轴向可供选择。
- 焊接点：默认勾选该复选框，可以对"公差"范围内对称的顶点进行焊接。
- 公差：用于设置公差的数值。
- 对称：勾选该复选框，粘连处的结构布线会更对称。

2.4.3 变形器

Cinema 4D 变形器包括"扭曲""膨胀""斜切""锥化""螺旋""FFD""网格""挤压 & 伸展""融解""爆炸""爆炸 FX""破碎""修正""颤动""变形""收缩包裹""球化""表面""包裹""样条""导轨""样条约束""摄像机""置换""碰撞""公式""风力""平滑"和"倒角"29种, 显示的图标颜色为紫色, 表示在子集状态才能对父级对象起作用。执行菜单"创建 | 变形器"

中的相应命令，如图 2-112 所示，或选择工具栏 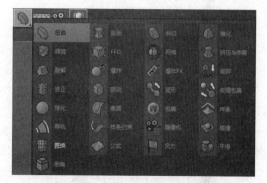（扭曲）中的变形器工具，如图 2-113 所示，均可给场景添加相应变形器。通常使用的是利用工具栏添加变形器。下面介绍常用的几种变形器的相关参数。

图 2-112　菜单"创建 | 变形器"中的相应命令

图 2-113　隐藏工具中的变形器工具

1. 扭曲

　　（扭曲）变形器可以对模型进行任意角度的弯曲，从而制作出拐杖、水龙头弯管等效果。选择要添加"扭曲"变形器的对象，然后按住〈Shift〉键，在工具栏中单击　（扭曲）工具，即可给它添加一个　（扭曲）子集。　（扭曲）变形器的属性面板如图 2-114 所示，主要参数含义如下。

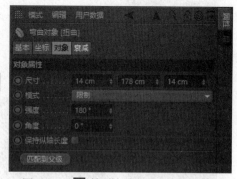

图 2-114　（扭曲）变形器的属性面板

- 尺寸：用于设置扭曲变形器的框架大小。
- 模式：用于设置扭曲的类型，在右侧下拉列表中有"限制""框内"和"无限"3 个选项可供选择。
- 强度：用于设置弯曲的强度。图 2-115 为设置不同"强度"数值的效果比较。
- 角度：用于设置扭曲的角度。通过设置这个数值可以制作出自由旋转的水龙头效果，如

图 2-116 所示。

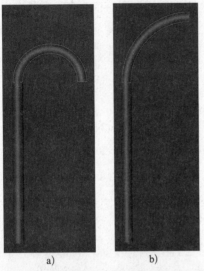
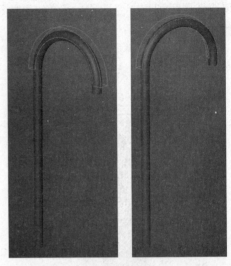

图 2-115　设置不同"强度"数值的效果比较
a)"强度"为 180　b)"强度"为 90

图 2-116　制作出自由旋转的水龙头效果

- 保持纵轴长度：勾选该复选框，将保持纵轴的高度不变。
- 匹配到父级：单击该按钮，变形器的框架将自动匹配模型的大小。图 2-117 为是否单击该按钮的效果比较。

2. 膨胀

　　（膨胀）变形器可以对模型进行局部放大或缩小，从而制作出石凳、喇叭、葫芦等效果。选择要添加"膨胀"变形器的对象，然后按住〈Shift〉键，在工具栏（扭曲）工具上按住鼠标左键，从弹出的隐藏工具中选择（膨胀），即可给它添加一个（膨胀）子集。（膨胀）变形器的属性面板如图 2-118 所示，主要参数含义如下。

图 2-117　是否单击"匹配到父级"按钮的效果比较
a) 未单击"匹配到父级"按钮　b) 单击"匹配到父级"按钮

图 2-118　（膨胀）变形器的属性面板

- 尺寸：用于设置膨胀变形器的框架大小。
- 模式：用于设置膨胀的类型，在右侧下拉列表中有"限制""框内"和"无限"3 个选项可供选择。
- 强度：用于设置膨胀的强度数值。数值大于 0，模型向外膨胀；数值小于 0，膨胀向内收缩。图 2-119 为设置不同"强度"数值的效果比较。
- 弯曲：用于设置模型的弯曲程度。数值越小，模型中间越尖锐；数值越大，模型上下分为两部分向外扩散越明显。图 2-120 为设置不同"弯曲"数值的效果比较。

a)　　　　　　　　　b)

图 2-119　设置不同"强度"数值的效果比较

a)"强度"为 100 %　b)"强度"为 -60%

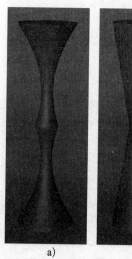

a)　　　　　　b)

图 2-120　设置不同"弯曲"数值的效果比较

a)"弯曲"为 300 %　b)"强度"为 0%

- 圆角：勾选该复选框，模型将呈现圆角效果。图 2-121 为是否勾选"圆角"复选框的效果比较。

a)　　　　　　　　b)

图 2-121　是否勾选"圆角"复选框的效果比较

a) 未勾选"圆角"复选框　b) 勾选"圆角"复选框

3. 螺旋

（螺旋）变形器可以对模型进行扭曲旋转，从而制作出钻头、冰淇淋等效果。选择要添加"螺旋"变形器的对象，然后按住〈Shift〉键，在工具栏 （扭曲）工具上按住鼠标左键，从弹出的隐藏工具中选择 （螺旋），即可给它添加一个 （螺旋）子集。 （螺旋）变形器的属性面板如图 2-122 所示，主要参数含义如下。

- 尺寸：用于设置螺旋变形器的尺寸。
- 角度：用于设置螺旋扭曲变形的强度。图 2-123 为设置不同"角度"数值的效果比较。

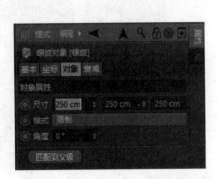

图 2-122 　（螺旋）变形器的属性面板

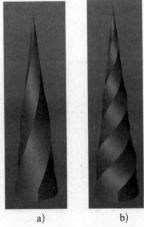

图 2-123　设置不同"角度"数值的效果比较
a)"角度"为 200　b)"角度"为 500

4. FFD

（FFD）变形器可以通过调整控制点来制作出各种形状，比如窗帘。选择要添加"FFD"变形器的对象，然后按住〈Shift〉键，在工具栏 （扭曲）工具上按住鼠标左键，从弹出的隐藏工具中选择 （FFD），即可给它添加一个 （FFD）子集。 （FFD）变形器的属性面板如图 2-124 所示，主要参数含义如下。

- 栅格尺寸：用于设置 FFD 变形器的尺寸。
- 水平网点 / 垂直网点 / 纵深网点：用于设置水平方向 / 垂直方向 / 纵深方向的控制点数量。

图 2-124　 （FFD）变形器的属性面板

5. 爆炸

（爆炸）变形器可以制作出模型分裂成碎片的效果。选择要添加"爆炸"变形器的对象，然后按住〈Shift〉键，在工具栏 （扭曲）工具上按住鼠标左键，从弹出的隐藏工具中选择 （爆炸），即可给它添加一个 （爆炸）子集。 （爆炸）变形器的属性面板如图 2-125 所示，主要参数含义如下。

- 强度：用于设置碎片分裂的强度。数值越大，碎裂程度越大。图 2-126 为创建球体后给它添加 （爆炸）变形器并设置不同"强度"数值的效果比较。

图 2-125　（爆炸）变形器的属性面板

a)　　　　　　　　　b)

图 2-126　设置不同"强度"数值的效果比较
a)"强度"为 10%　b)"强度"为 20%

- 速度：用于设置碎片分离的速度。
- 角速度：用于设置碎片旋转的效果。图 2-127 为设置不同"角速度"数值的效果比较。
- 终点尺寸：用于设置碎片在终点位置的尺寸。默认数值为 0，表示碎片尺寸不变。图 2-128 为设置不同"终点尺寸"数值的效果比较。

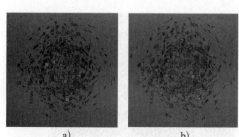

a)　　　　　　　　　b)

图 2-127　设置不同"角速度"数值的效果比较
a)"角速度"为 100　b)"角速度"为 500

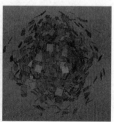

a)　　　　　　　　　b)

图 2-128　设置不同"终点尺寸"数值的效果比较
a)"终点尺寸"为 0　b)"终点尺寸"为 10

- 随机特性：用于设置碎片的随机性。数值越大，随机性越强。

6. 爆炸 FX

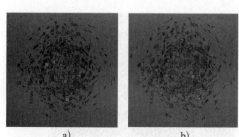（爆炸 FX）变形器和 （爆炸）变形器的区别在于前者产生的是具有厚度的碎块，而后者产生的是没有厚度的碎片。选择要添加"爆炸 FX"变形器的对象，然后按住〈Shift〉键，在工具栏 （扭曲）工具上按住鼠标左键，从弹出的隐藏工具中选择 （爆炸 FX），即可给它添加一个 （爆炸 FX）子集。（爆炸 FX）变形器的属性面板如图 2-129 所示，图 2-130 为给球体添加 （爆炸 FX）变形器的爆炸效果。

图 2-129 （爆炸 FX）变形器的属性面板　图 2-130 （爆炸 FX）变形器的爆炸效果

7. 收缩包裹

（收缩包裹）变形器可以将一个模型依照另一个模型的形状附着到上面。图 2-131 所示为使用（收缩包裹）变形器将贴纸模型包裹到陶罐模型上。选择要添加"收缩包裹"变形器的对象，然后按住〈Shift〉键，在工具栏（扭曲）工具上按住鼠标左键，从弹出的隐藏工具中选择（收缩包裹），即可给它添加一个（收缩包裹）子集。（收缩包裹）变形器的属性面板如图 2-132 所示，主要参数含义如下。

图 2-131　将贴纸模型包裹到陶罐模型上　图 2-132　（收缩包裹）变形器的属性面板

- 目标对象：用于设置被包裹的对象。在"对象"面板中将要被包裹的对象拖入右侧空白框，或者单击右侧的按钮，在对象面板中拾取要被包裹的对象，即可将其设置为目标对象。
- 模式：用于设置收缩包裹的方式，在右侧下拉列表中有"沿着法线""目标轴"和"来源轴" 3 个选项可供选择。如果选择"沿着法线"，则模型法线指向物体方向的面会被收缩包裹；如果选择"目标轴"，则模型全部会贴到被包裹模型的表面；如果选择"来源轴"，则模型与被收缩包裹模型的轴心进行匹配。
- 强度：用于设置收缩的强度。数值越大，模型与被包裹模型的形状越匹配。图 2-133 为设置不同"强度"数值的效果比较。

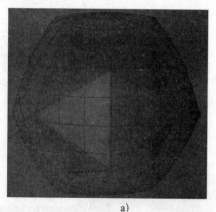 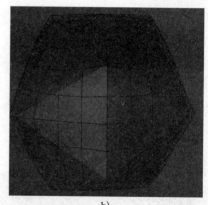

a) b)

图 2-133　设置不同"强度"数值的效果比较

a)"强度"为 80　b)"强度"为 95

- 最大距离：用于设置模型是否被收缩包裹的距离。在"最大距离"数值内的模型会被收缩包裹，而不在"最大距离"数值内的模型不会被收缩包裹。

8. 样条约束

（样条约束）变形器可以使三维模型沿二维样条进行分布，再以样条控制旋转，从而生成新的模型。选择要添加"样条约束"变形器的对象，然后按住〈Shift〉键，在工具栏（扭曲）工具上按住鼠标左键，从弹出的隐藏工具中选择（样条约束），即可给它添加一个（样条约束）子集。（样条约束）变形器的属性面板如图 2-134 所示，主要参数含义如下。

- 样条：用于设置约束三维模型的样条。
- 导轨：用于新建一个样条来控制旋转角度。
- 轴向：用于设置样条约束的轴向。
- 强度：用于设置样条约束的强度。
- 偏移：用于设置样条偏移位置。
- 起点 / 终点：用于设置样条约束的起点 / 终点位置。图 2-135 为利用文本线条来约束圆柱体，并通过设置不同起点关键帧数值制作出的动画效果。

图 2-134　（样条约束）变形器的属性面板

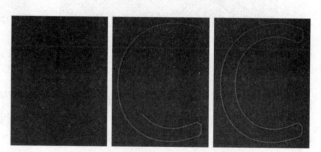

图 2-135　圆柱体沿文本线条运动动画

9. 置换

（置换）变形器可以通过贴图使模型产生凹凸起伏变化,从而制作出类似于涟漪的水面、布料等效果。选择要添加"置换"变形器的对象,然后按住〈Shift〉键,在工具栏（扭曲）工具上按住鼠标左键,从弹出的隐藏工具中选择（置换）,即可给它添加一个（置换）子集。

（置换）变形器的属性面板包括"基本""坐标""对象""着色""衰减"和"刷新"6 个选项卡,如图 2-136 所示,主要参数含义如下。

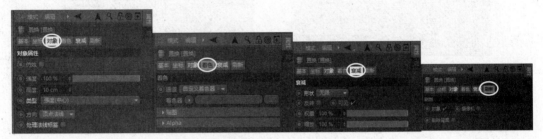

图 2-136 （置换）变形器的属性面板

- 强度:用于设置置换变形的强度。图 2-137 为将"着色器"类型设置为"噪波",再设置不同"强度"数值的效果比较。

a)   b)

图 2-137 设置不同"强度"数值的效果比较
a)"强度"为 20 b)"强度"为 100

- 高度:用于设置置换挤出的高度。图 2-138 为将"着色器"类型设置为"噪波",再设置不同"高度"数值的效果比较。

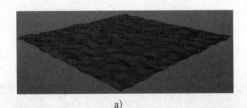

a)   b)

图 2-138 设置不同"高度"数值的效果比较
a)"强度"为 10cm b)"强度"为 50cm

- 类型:用于设置置换的类型,在右侧下拉列表中有"强度（中心）""强度""红色 / 绿色""RGB（XYZ Tangent）""RGB（XYZ Object）"和"RGB（XYZ 全局）"6 个选项可供选择。
- 着色器:用于设置置换贴图的类型。

2.5　可编辑对象建模

本节将讲解将二维样条或三维模型转换为可编辑对象后再进行编辑的方法。

2.5.1　可编辑样条

选择创建的二维样条,在编辑模式工具栏中单击 （转为可编辑对象）按钮(快捷键是〈C〉),将其转换为可编辑对象。然后在 （点模式） 下选择相应的顶点,单击右键,从弹出的图 2-139所示的快捷菜单中选择相应的命令,即可对其进行相应的编辑。下面介绍快捷菜单中常用的命令。

- 刚性插值:用于将选中的顶点设置为不带控制柄的锐利的角点。
- 柔性插值:用于将选中的顶点设置为带有控制柄的贝塞尔角点。
- 相等切线长度:用于设置角点控制柄的长度相等。
- 相等切线方向:用于设置角点控制柄的方向一致。
- 合并分段:用于合并样条的点。
- 断开分段:用于断开当前所选样条的点,从而形成两个独立的点。
- 设置起点:用于将选中的顶点设置为起点。
- 创建点:用于在样条上添加新的顶点。
- 倒角:用于对选中的顶点进行倒角处理。这里需要注意的是在属性面板中未勾选"平直"复选框,则倒出的是圆角,如图 2-140 所示;勾选"平直"复选框,则倒出的是斜角,如图 2-141所示。
- 创建轮廓:用于创建样条的内轮廓或外轮廓。图 2-142 为创建轮廓前后的效果比较。

图 2-139　顶点右键快捷菜单

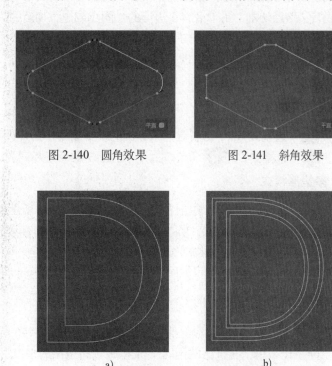

图 2-140　圆角效果　　　　图 2-141　斜角效果

图 2-142　创建轮廓前后的效果比较

a) 创建轮廓前　b) 创建轮廓后

2.5.2　可编辑对象

选择创建的三维模型,在编辑模式工具栏中单击 （转为可编辑对象）按钮（快捷键是〈C〉）,将其转换为可编辑对象。然后可以在 ▦（点模式）、▦（边模式）和 ▦（多边形模式）下选择相应的点、边、多边形,单击右键,从弹出的快捷菜单中选择相应的命令,即可对其进行相应的编辑。下面介绍在不同模式下常用的编辑命令。

1. 点模式

进入 ▦（点模式）,单击右键,从弹出的图 2-143 所示的快捷菜单中选择相应的命令,即可对相应的顶点进行编辑。下面是在 ▦（点模式）下常用的编辑命令。

- 创建点:用于在模型任意位置添加新的顶点。
- 桥接:用于连接两个断开的顶点。
- 封闭多边形孔洞:用于封闭多边形孔洞。
- 连接点/边:用于连接选中的点或边。
- 多边形画笔:用于连接任意的顶点、边和多边形。
- 消除:用于去除选中的顶点。

图 2-143　▦（点模式）下的快捷菜单

- 线性切割:用于在多边形上切割出新的边。
- 循环/路径切割:用于沿着多边形的一圈点或边添加新的边。
- 焊接:用于将选中的顶点焊接成一个顶点。
- 倒角:用于对选中的顶点进行倒角处理。
- 优化:当倒角出现错误时,可以选择该命令先优化模型,再进行倒角。

2. 边模式

进入 ▦（边模式）,单击右键,从弹出的快捷菜单中选择相应的命令,即可对相应的边进行编辑。▦（边模式）和 ▦（点模式）下的编辑命令是相同的,这里就不赘述了。

3. 多边形模式

进入 ▦（多边形模式）,单击右键,从弹出的图 2-144 所示的快捷菜单中选择相应的命令,即可对相应的多边形进行编辑。▦（多边形模式）的命令大多数与 ▦（边模式）和 ▦（点模式）相同。下面是在 ▦（多边形模式）下常用的编辑命令。

- 挤压:用于将选中的多边形向内或向外挤压,如图 2-145 所示。

提示:按快捷键〈D〉,或按住〈Ctrl〉键移动选中的多边形,也可以挤压出多边形。

- 内部挤压:用于在多边形内部挤压出多边形,如图 2-146 所示。
- 矩阵挤压:用于在挤压的同时缩放和旋转挤压出的多边形。图 2-147 为利用矩阵挤压制作出的杯柄模型。
- 三角化:用于将选中的四边形变为三角形,如图 2-148 所示。

● 反三角化：用于将选中的三角形变为四边形，如图 2-149 所示。

图 2-145　向内或向外挤压多边形

图 2-146　内部挤压出多边形　图 2-147　利用矩阵挤压制作出的杯柄模型

图 2-144　（多边形模式）下的快捷菜单　　图 2-148　三角化效果　　　图 2-149　反三角化效果

2.6　摄像机

在 Cinema 4D 中创建好模型后，需要创建一个摄像机来固定最终渲染输出时的摄像机视角。在 Cinema 4D 中创建摄像机和设置摄像机视角的具体操作步骤如下。

1）在工具栏中单击 （摄像机）按钮，即可在视图中创建一个摄像机，此时在对象面板中会出现一个摄像机对象，如图 2-150 所示。

图 2-150　在对象面板中出现的摄像机对象

2) 在对象面板中单击■按钮，切换为■状态，即可进入摄像机视角。此时在摄像机属性面板的"对象"选项卡中可以设置摄像机的焦距等参数，如图 2-151 所示。

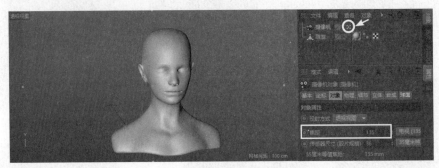

图 2-151　进入摄像机视角设置摄像机的焦距

3) 单击■状态，切换为■状态，退出摄像机视角，此时可以对视图进行 360°的旋转和移动来查看场景中的对象，如图 2-152 所示，这时的操作并不会影响已经设置好的摄像机视角。当再次单击■按钮，切换为■状态时，又可以回到前面设置好的角度，如图 2-153 所示。

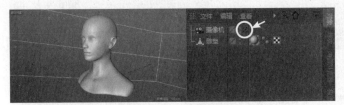

图 2-152　退出摄像机视角后调整视图来查看场景中的对象　　　图 2-153　回到前面设置好的角度

提示：Cinema 4D 中最常用的摄像机功能就是固定一个视角。对于初学者经常出现的错误就是在没有退出摄像机视角的情况下，对摄像机进行了误操作，造成无法恢复到原有视角的情况。此时可以通过给摄像机添加一个"保护"标签，避免对摄像机进行误操作。给摄像机添加保护标签的方法为：在"对象"面板中右键单击摄像机，从弹出的快捷菜单中选择"CINEMA 4D|保护"命令，即可给摄像机添加一个"保护"标签。如果要删除"保护"标签，可以选中它，按〈Delete〉键即可删除。

4) 为了便于构图，下面在摄像机属性面板的"合成"选项卡中勾选"网格"复选框，从而在视图中显示出网格，如图 2-154 所示。此时可以根据网格来调整视图中模型的位置。

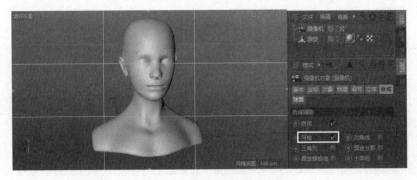

图 2-154　在视图中显示出网格

2.7　材质与贴图

在真实的世界中，物体都是由一些材料构成的，这些材料有颜色、纹理、光洁度及透明度等外观属性。在 Cinema 4D 中，材质作为物体的表面属性，在创建物体和动画脚本时是必不可少的。只有给物体指定材质后，再加上灯光的效果，才能完美地表现出物体造型的质感。

这里需要说明的是材质和贴图是两个不同的概念，一个材质中可以包含多个贴图。比如本书"4.4 鸡蛋材质"中就分别指定给鸡蛋材质的"颜色""发光"和"凹凸"属性不同的贴图。本节将具体讲解 Cinema 4D 材质和贴图方面的相关知识。

2.7.1　创建材质

Cinema 4D 中创建材质有以下 3 种方法。

● 执行菜单栏中的"创建 | 材质 | 新材质"命令，如图 2-155 所示，新建一个材质球。

● 执行"材质栏"菜单中的"创建 | 新材质"命令，如图 2-156 所示，新建一个材质球。

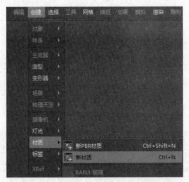

图 2-155　执行菜单栏中的"创建 | 材质 | 新材质"命令　　图 2-156　执行"材质栏"菜单中的"创建 | 新材质"命令

● 在材质栏中双击鼠标，新建一个材质球。在日常设计中，通常使用这种方法来创建材质球。

2.7.2　设置材质属性

在材质栏中创建好材质球后，双击材质球，在弹出的图 2-156 所示的材质编辑器中可以设置材质的"颜色""漫射""发光""透明""反射""凹凸"和"置换"等 12 个属性。下面介绍常用的几种材质属性。

1. 颜色

"颜色"属性用于设置材质的固有颜色或贴图。在左侧勾选"颜色"复选框，在右侧会显示"颜色"的相关参数，如图 2-157 所示。"颜色"属性的主要参数及其含义如下。

● 颜色：用于设置材质的颜色。

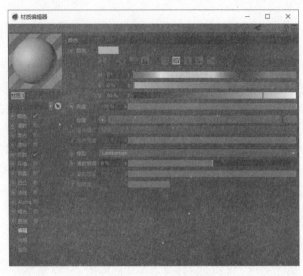

图 2-157　"颜色"属性

- 亮度：用于设置材质的亮度，数值越大，材质越亮。图 2-158 为设置了不同"亮度"数值的效果比较。
- 纹理：用于为"颜色"属性加载内置纹理或外部贴图。
- 混合模式：用于设置纹理与颜色的混合模式，该项只有在设置了纹理贴图后才会被激活。
- 混合强度：用于设置纹理与颜色的混合强度。图 2-159 为设置了不同"混合强度"数值的效果比较。

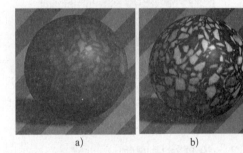

a)　　　　　　　　　b)　　　　　　　　　　　　　　a)　　　　　　　　　b)

图 2-158　设置了不同"亮度"数值的效果比较　　　　图 2-159　设置了不同"混合强度"数值的效果比较
a)"亮度"为 10%　b)"亮度"为 100%　　　　　　　a)"混合强度"为 10%　b)"混合强度"为 100%

2. 漫射

"漫射"属性用于设置材质表面过渡区的光向各方向漫射的效果。在左侧勾选"漫射"复选框，在右侧会显示"漫射"的相关参数，如图 2-160 所示。"漫射"属性的主要参数及其含义如下。

- 亮度：用于设置漫射表面的亮度。
- 纹理：用于为"漫射"属性加载内置纹理或外部贴图。
- 混合强度：用于设置"漫射"纹理的混合强度。图 2-161 为设置了给"漫射"指定"噪波"纹理后，设置不同"混合强度"数值的效果比较。

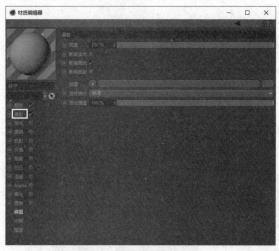

a)　　　　　　　　　b)

图 2-160　"漫射"属性

图 2-161　设置了不同"混合强度"数值的效果比较
a)"混合强度"为 50%　b)"混合强度"为 100%

3. 发光

"发光"属性用于设置材质的发光效果。在左侧勾选"发光"复选框，在右侧会显示"发光"的相关参数，如图 2-162 所示。"发光"属性的主要参数及其含义如下。

● 颜色：用于设置发光的颜色。

● 亮度：用于设置发光的亮度。

● 纹理：用于为"发光"属性加载内置纹理或外部贴图来显示发光效果。

4. 透明

"透明"属性用于设置材质的透明效果。利用该属性可以制作出水、玻璃等材质。在左侧勾选"透明"复选框，在右侧会显示"透明"的相关参数，如图 2-163 所示。"透明"属性的主要参数及其含义如下。

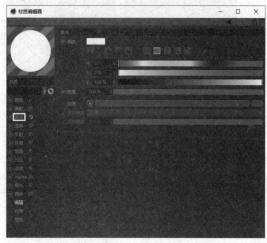

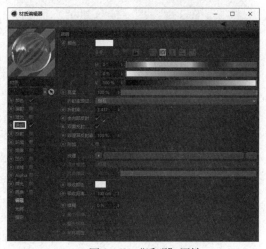

图 2-162　"发光"属性

图 2-163　"透明"属性

● 颜色：用于设置材质的折射颜色。

● 亮度：用于设置材质的透明程度。图 2-164 为设置不同"亮度"数值的效果比较。

● 折射率预设：用于设置折射的类型，在右侧下拉列表中有系统预设的一些折射类型可供选择，如图 2-165 所示。

图 2-164　设置了不同"亮度"数值的效果比较
a)"亮度"为 60%　b)"亮度"为 100%

图 2-165　"折射率预设"类型

● 折射率：用于设置折射的数值。

● 全内部反射：勾选该复选框后，可以在激活的"菲涅耳反射率"中设置参数。

● 双面反射：勾选该复选框，材质将具有双面反射效果。图 2-166 为是否勾选该复选框的效果比较。

● 菲涅耳反射率：用于设置反射强度。图 2-167 为设置不同"菲涅耳反射率"数值的效果比较。

● 纹理：用于为"透明"属性加载内置纹理或外部贴图。

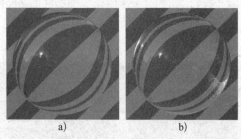

图 2-166　是否勾选"双面反射"复选框的效果比较
a) 未勾选"双面反射"复选框　b) 勾选"双面反射"复选框

图 2-167　设置不同"菲涅耳反射率"数值的效果比较
a)"菲涅耳反射率"为 30%　b)"菲涅耳反射率"为 100%

● 吸收颜色：用于设置折射产生的颜色。

● 吸收距离：用于设置折射颜色的浓度。

● 模糊：用于设置折射的模糊程度，数值越大，材质越模糊。

5. 反射

"反射"属性用于设置材质的反射效果。在左侧勾选"反射"复选框，在右侧会显示"反射"的相关参数，如图 2-168 所示。当单击"添加"按钮后，从弹出的图 2-169 所示的下拉列表中可以添加新的反射选项。下面就以使用最多的 GGX 为例，说明"反射"属性的相关参数。当选择 GGX 后，GGX 面板显示如图 2-170 所示。

图 2-168　"反射"属性　　　　　图 2-169　添加 反射选项　　　　　图 2-170　GGX 面板

- 全局反射强度：用于设置反射的强度，数值越大，反射越强。
- 全局高光强度：用于设置整体高光的强度，数值越大，高光部分越亮。
- 类型：用于设置材质的高光类型。
- 衰减：用于设置材质反射衰减效果。
- 粗糙度：用于设置材质的光滑度，数值越小，材质越光滑。图 2-171 为设置不同"粗糙度"数值的效果比较。
- 反射强度：用于设置材质的反射强度。图 2-172 为设置不同"反射强度"数值的效果比较。
- 高光强度：用于设置材质高光区域的高光强度。

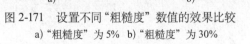

a)　　　　　　　　　b)

图 2-171　设置不同"粗糙度"数值的效果比较
a)"粗糙度"为 5%　b)"粗糙度"为 30%

a)　　　　　　　　　b)

图 2-172　设置不同"反射强度"数值的效果比较
a)"反射强度"为 30%　b)"反射强度"为 100%

- 菲涅耳：在右侧下拉列表中有"导体"和"绝缘体"两个选项可供选择。
- 预置：在右侧下拉列表中预置了一些软件自带的常用材质反射类型。图 2-173 为选择"绝缘体"选项后"预置"右侧显示的材质反射类型；图 2-174 为选择"导体"选项后"预置"右侧显示的材质反射类型。

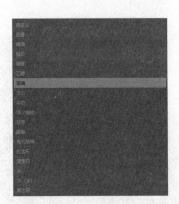

图 2-173 "绝缘体"的"预置"材质反射类型　　　图 2-174 "导体"的"预置"材质反射类型

6. 凹凸

"凹凸"属性用于设置材质的凹凸效果。在左侧勾选"凹凸"复选框,在右侧会显示出"凹凸"的相关参数,如图 2-175 所示。"凹凸"属性的主要参数及其含义如下。

● 强度:用于设置凹凸的程度。图 2-176 为设置不同"强度"数值的效果比较。

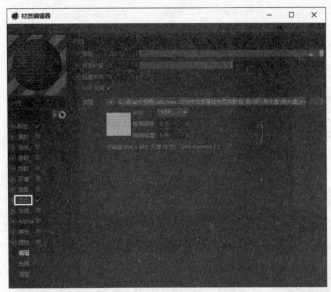

图 2-175 "凹凸"属性

a)

b)

图 2-176 设置不同"强度"数值的效果比较
a)"强度"为 20% b)"强度"为 200%

● 纹理:用于为"凹凸"属性加载内置纹理或外部贴图。

7. 置换

"置换"属性用于设置材质的置换效果。"置换"属性和"凹凸"属性的区别在于前者可以改变模型的形状,而后者只能产生视觉上的凹凸效果。图 2-177 为使用"凹凸"贴图制作出墙面的凹凸效果,又使用"置换"贴图制作出墙面的弯曲效果。在左侧勾选"置换"复选框,在右侧会显示出"置换"的相关参数,如图 2-178 所示。"置换"属性的主要参数及其含义如下。

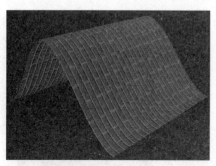

图 2-177　同时使用"置换"和"凹凸"属性的效果　　　　图 2-178　"置换"属性

● 强度：用于设置置换的强度。

● 高度：用于设置置换的高度。图 2-179 为设置不同"高度"数值的效果比较。

a)　　　　　　　　　　　　　　　　　　b)

图 2-179　设置不同"高度"数值的效果比较

a)"高度"为 5cm　b)"高度"为 20cm

● 纹理：用于为"置换"属性加载内置纹理或外部贴图。

提示：在 Cinema 4D 中用户除了可以自己设置材质属性外，还可以调用外部材质库。通过本书"2.2.2 C4D 外部材质库的安装"安装好外部材质后，按快捷键〈Shift+F8〉，可以调出图 2-180 所示的"内容浏览器"面板，从中选择相应的材质后双击鼠标，即可将其放置到材质栏中。

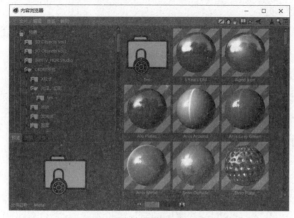

图 2-180　"内容浏览器"面板

2.7.3　赋予模型材质

赋予模型常用的两种方法如下。

● 将材质拖给"对象"面板中要赋予材质的对象，如图 2-181 所示。
● 将材质直接拖给视图中要赋予材质的对象，如图 2-182 所示。

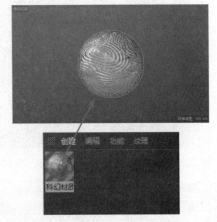

图 2-181　将材质拖给"对象"面板中要赋予材质的对象　　图 2-182　将材质直接拖给视图中要赋予材质的对象

2.7.4　复制和删除材质

复制和删除材质是经常使用的操作，下面介绍复制和删除材质的方法。

1. 复制材质

在材质栏中按住键盘上的〈Ctrl〉键将要复制的材质往右拖动，即可复制出一个材质。

2. 删除材质

删除材质有删除选中的材质、删除重复材质和删除未使用的材质 3 种情况。

（1）删除选中的材质

选中要删除的材质，按〈Delete〉键，即可将其删除。

（2）删除重复材质

执行材质栏菜单中的"功能 | 删除重复材质"命令，即可删除材质栏中重复的材质。

（3）删除未使用的材质

执行材质栏菜单中的"功能 | 删除未使用材质"命令，即可删除材质栏中所有创建了但未使用过的材质。

2.8　环境与灯光

在 Cinema 4D 中可以给整个场景添加地面、天空、物理天空等环境，还可以通过添加灯光，模拟出各种特定场景画面的效果。

2.8.1　环境

在工具栏中单击▦（地面）工具并按住鼠标左键，从弹出的图 2-183 所示的隐藏工具中选择相应的环境工具，即可给场景添加一个相应的环境对象。下面介绍常用的几种环境。

1. 地面

"地面"环境可以模拟出现实环境中无限延伸的地面效果。在工具栏中单击 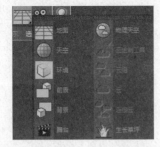（地面）工具即可给场景创建一个"地面"对象，如图 2-184 所示。

提示：通过 （地面）工具和 （平面）工具都可以在场景中创建一个平面，但两者的渲染效果是完全不同的。通过 （地面）工具创建的平面在视图中看起来是有边界的，但实际渲染中是无限延伸、没有边界的，如图 2-185 所示。而通过 （平面）工具创建的平面，在渲染时是有边界的，如图 2-186 所示。另外在给"平面"添加 （碰撞体）标签后，进行动力学计算会出现物体穿通平面的错误，如图 2-187 所示；而给"平面"添加 （碰撞体）标签后，再进行动力学计算就不会出现错误。因此在使用动力学制作动画时，是利用 （地面）工具创建地面，而不是利用 （平面）工具创建地面。比如"7.2 鸡尾酒杯摔碎效果"和"7.4 Q 弹效果"。

图 2-183　隐藏工具

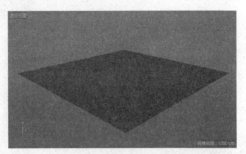

图 2-184　给场景创建一个"地面"对象

图 2-185　创建 （地面）的渲染效果

图 2-186　创建 （平面）的渲染效果

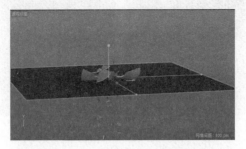

图 2-187　出现物理穿通平面的错误

2. 物理天空

"物理天空"可以模拟出不同时间、不同地区的真实的太阳光照效果。在工具栏中单击 （地面）工具并按住鼠标左键，从弹出的隐藏工具中选择 （物理天空），即可给场景添加一个

"物理天空"对象,如图 2-188 所示。 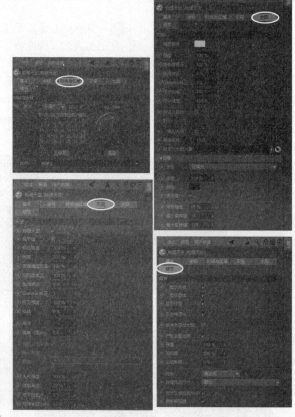(物理天空)的属性面板主要包括"基本""坐标""时间与区域""天空""太阳"和"细节"6 个选项卡,如图 2-189 所示,主要参数含义如下。

图 2-188　给场景创建一个"物理天空"对象　　　　图 2-189　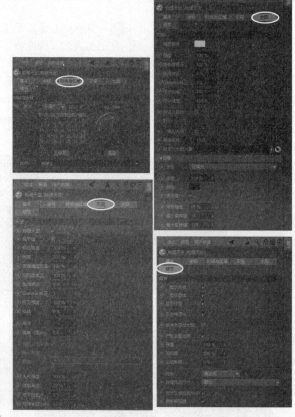(物理天空)的属性面板

● 时间:用于设置在不同时间段呈现的光照效果。图 2-190 为设置不同"时间"的效果比较。

a)　　　　　　　　　　　　　　　　　　　　　　b)

图 2-190　设置不同"时间"的效果比较
a)"时间"为上午 11 点　b)"时间"为下午 4 点

● 城市:用于设置不同的国家、不同的城市类型。

● 物理天空:勾选该复选框,将使用真实的物理天空,默认为勾选状态;未勾选该复选框,将激活下方的"颜色"参数,此时可以通过调整"颜色"参数来设置物理天空的颜色。

● 颜色暖度:用于设置天空的暖色效果。图 2-191 为设置不同"颜色暖度"数值的效果比较。

 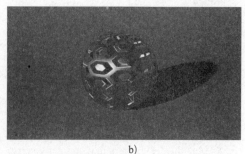

a)　　　　　　　　　　　　　　　　　　　　b)

图 2-191　设置不同"颜色暖度"数值的效果比较

a)"颜色暖度"为 100%　b)"颜色暖度"为 10%

● 强度：用于设置物理天空的亮度。

● 自定义颜色：用于自定义太阳的颜色。

● 密度：用于设置投影的强度。图 2-192 为设置不同"密度"数值的效果比较。

a)　　　　　　　　　　　　　　　　　　　　b)

图 2-192　设置不同"密度"数值的效果比较

a)"密度"为 100%　b)"密度"为 30%

3. 天空

"天空"环境可以模拟出无限大的球体包裹效果。在工具栏中单击 ▥（地面）工具并按住鼠标左键，从弹出的隐藏工具中选择 ●（天空），即可给场景添加一个"天空"对象。"天空"对象通常被赋予 HDR 贴图，如图 2-193 所示，并结合全局光照，从而模拟出真实环境中的环境光和反射效果。图 2-194 为赋予天空 HDR 贴图前后的渲染效果比较。关于 HDR 贴图请参见"2.10 C4D 常用 HDR 的预置插件安装"。

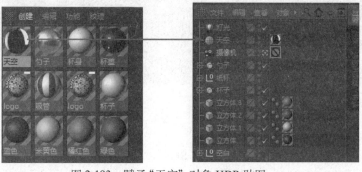

图 2-193　赋予"天空"对象 HDR 贴图

图 2-194　赋予天空 HDR 贴图前后的渲染效果比较

a) 赋予天空 HDR 贴图前　b) 赋予天空 HDR 贴图后

2.8.2　灯光

灯光是设计中十分重要的一个元素，它可以照亮物体表面，还可以在暗部产生投影，从而使物体产生立体效果。在 Cinema 4D 中通常是在添加全局光照和天空 HDR 贴图后，添加灯光作为辅助光源（补光）来使用。

在工具栏中单击█（灯光）工具，即可给场景添加一个默认的泛光灯对象，如图 2-195 所示。"灯光"的属性面板主要包括"常规""细节""可见"和"投影"等选项卡，如图 2-196 所示，主要参数含义如下。

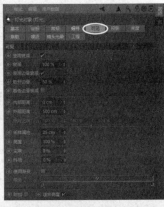

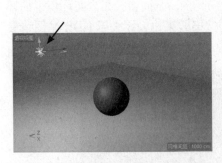

图 2-195　给场景添加一个默认的泛光灯对象　　　　图 2-196　"灯光"的属性面板

- 颜色：用于设置灯光的颜色。
- 类型：用于设置灯光的类型，在右侧下拉列表中有"泛光灯""聚光灯""远光灯""区域光""四方聚光灯""平行光""圆形平行聚光灯""四方平行聚光灯"和"IES"9 种灯光类型可供选择。

- 投影：用于设置灯光是否产生投影效果。在右侧下拉列表中有"无""投影贴图（软投影）""光线跟踪（强烈）"和"区域"4 个选项可供选择。图 2-197 为选择不同"投影"选项的效果比较。

a)　　　　　　　　 b)　　　　　　　　 c)　　　　　　　　 d)

图 2-197　选择不同"投影"选项的效果比较

a) 选择"无" b) 选择"投影贴图（软投影）" c) 选择"光线跟踪（强烈）" d) 选择"区域"

提示：在视图中默认是不显示灯光投影的，如果要在视图中显示灯光投影，以便调整灯光的位置，可以执行视图菜单中"选项 | 投影"命令，在视图中显示出投影，效果如图 2-198 所示。

图 2-198　在视图中显示投影

- 没有光照：勾选该复选框，将不显示灯光效果，如图 2-199 所示。默认为不勾选状态。
- 环境光照：勾选该复选框，将显示环境光，如图 2-200 所示。默认为不勾选状态。
- 漫射：取消勾选该复选框，视图中对象本来的颜色会被忽略，从而突出灯光光泽部分，如图 2-201 所示。
- 高光：取消勾选该复选框，将不显示高光效果，如图 2-202 所示。

图 2-199　未勾选"没有光照"复选框　　　图 2-200　勾选"环境光照"复选框　　　图 2-201　未勾选"漫射"复选框　　　图 2-202　未勾选"高光"复选框

- 形状：用于设置视图中灯光显示的形状，在右侧下拉列表中有"圆形""矩形""直线""球体""圆柱""圆柱（垂直的）""立方体""半球体"和"对象 / 样条"9 个选项可供选择。

该项只有在"投影"设置为"区域"时才能使用。

- 衰减：用于设置灯光的衰减方式，在右侧下拉列表中有"无""平方倒数（物理精度）""线性""步幅"和"倒数立方限制"5个选项可供选择。
- 衰减半径：用于设置灯光中心到边缘的距离。图2-203为设置不同"衰减半径"数值的效果比较。
- 使用衰减：勾选该复选框，可以设置衰减和内部距离数值。
- 内部距离／外部距离：用于设置灯光的内部距离／外部距离的数值。
- 采样精度：用于设置阴影采样的数值，数值越大，阴影噪点越少。图2-204为设置不同"采样精度"数值的效果比较。

图 2-203　设置不同"衰减半径"数值的效果比较　　图 2-204　设置不同"采样精度"数值的效果比较

a)"衰减半径"为200cm　b)"衰减半径"为500cm　　　　a)"采样精度"为10%　b)"衰减半径"为100%

- 密度：用于设置投影的强度。图2-205为设置不同"密度"数值的效果比较。

图 2-205　设置不同"密度"数值的效果比较

a)"密度"为50%　b)"密度"为100%

2.9　全局光照和渲染设置

全局光照在 Cinema 4D 中是一个重要的功能，而在设计完作品进行渲染输出前必须进行渲染设置。本节将具体讲解在 Cinema 4D 中设置全局光照和渲染选项的方法。

2.9.1　全局光照

全局光照全称为 Global Illumination，简称 GI。在真实环境下，太阳光照射到物体后会变成无数条光线，经过与场景其他物体的反射、折射等一系列反应后，再次照射到物体，并不断循环这种光能传递，这就是全局光照。简单地说，全局光照就是模拟真实环境中的反射和折射效果。

在 Cinema 4D 中对于使用默认的标准渲染器进行渲染，添加全局光照是必不可少的环节。

在 Cinema 4D 添加全局光照的方法为：在工具栏中单击 ▨（渲染设置）按钮，然后在弹出的"渲染设置"对话框中单击左下方的 效果 按钮，从弹出的快捷菜单中选择"全局光照"命令，如图 2-206 所示，即可添加"全局光照"选项。接着在右侧"预设"中选择一种全局光照的类型，通常选择的是"室内 - 预览（小型光源）"，如图 2-207 所示，即可完成全局光照的设置。

> 提示：在添加全局光照后进行渲染，会发现整个画面是黑的。这是因为全局光照模拟的是真实环境中的反射和折射效果，而自身不带有任何光源，因此也就不能产生光照效果。产生光照效果主要有两种方法。一种是在场景中添加灯光，这种方法的使用请参见"5.1　排球展示场景"；另一种是在场景中添加天空 HDR 来模拟真实环境中的光照效果，这种方法的使用请参见"5.3　篮球展示场景"。此外对于场景中的某个对象，还可以通过对其材质添加一个"发光"贴图来产生局部的发光效果，这种方法的使用请参见"5.2　鸡蛋展示场景"。

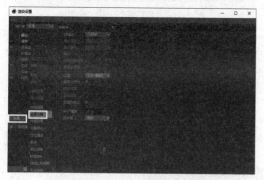
图 2-206　添加"全局光照"选项

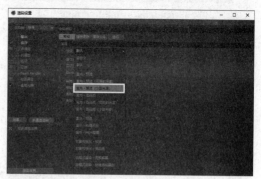
图 2-207　选择"室内 - 预览（小型光源）"选项

2.9.2　渲染设置

在渲染输出作品前首先要在"渲染设置"对话框中进行渲染设置。下面介绍 Cinema 4D 中常用的渲染设置参数。

1. 渲染器

在"渲染设置"对话框左上方的列表框中可以设置渲染器的类型，在右侧下拉列表中有"标准""物理""软件 OPenGL""硬件 OpenGL""ProRender"和"CineMan"6 个选项可供选择。其中"标准"渲染器是 Cinema 4D 默认的渲染器，可以渲染几乎全部场景，但不能渲染景深和运动模糊效果；"物理"渲染器可以渲染景深和运动模糊效果，但渲染速度比"标准"渲染器慢；"ProRender"渲染器是 Cinema 4D 新增的 GPU 渲染器（依靠显卡进行渲染），该渲染器比"标准"和"物理"渲染速度快，但对计算机的显卡要求也高。下面就以 Cinema 4D 默认的"标准"渲染器为例介绍常用的"输出""保存""抗锯齿"参数。

2. 输出

"输出"选项如图 2-208 所示，用于设置渲染的渲染尺寸、分辨率和渲染的帧范围。主要参数含义如下。

● 宽度 / 高度：用于指定输出图片的宽度 / 高度，默认单位是像素。

● 分辨率：用于指定图片的分辨率。

● 帧频：用于设置动画播放的帧率。这里需要说明的是"帧频"数值要和图 2-209 所示的"工程设置"选项卡中的"帧率"数值保持一致，通常设置的数值为 25。

图 2-208 "输出"选项

图 2-209 "工程设置"选项卡

● 帧范围：用于设置渲染动画时的渲染帧范围，在右侧下拉列表中有"手动""当前帧""全部帧"和"预览范围"4 个选项可供选择。

● 起点/终点：用于设置渲染帧的起点/终点。

3. 保存

"保存"选项如图 2-210 所示，用于设置渲染图片的保存路径和格式，主要参数含义如下。

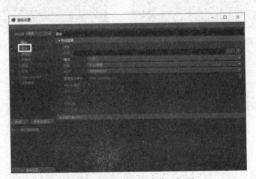

图 2-210 "保存"选项

● 文件：用于设置文件的保存路径和名称。

● 格式：用于设置文件的保存格式。

4. 抗锯齿

"抗锯齿"选项如图 2-211 所示，用于设置渲染的精度，主要参数含义如下。

● 抗锯齿：用于设置抗锯齿类型，在右侧下拉列表中有"几何体""最佳"和"无"3 个选项可供选择。"最佳"渲染效果是最好的，但渲染速度却是最慢的。通常是在制作过程中将"抗锯齿"设置为"几何体"，而在最终渲染时再将"抗锯齿"设置为"最佳"。

● 最小级别/最大级别：在将"抗锯齿"设置为"最佳"时，该选项才能使用，通常设置的"最小级别"是 2×2，"最大级别"是 4×4，如图 2-212 所示。

图 2-211　"抗锯齿"选项

图 2-212　设置"抗锯齿"参数

2.10　C4D 常用 HDR 的预置插件安装

全局光照用来模拟真实环境中的反射和折射效果，但自身不带光源。而给"天空"对象添加 HDR 贴图则可以作为被渲染环境中的光源来模拟真实的环境背景。图 2-213 为一张 HDR 贴图。全局光照和给"天空"对象添加 HDR 贴图两者往往一起使用，使用 HDR 贴图可以减少给场景添加灯光的数量（在实际工作中往往是先给天空添加 HDR 贴图，然后添加灯光作为辅助光源（补光）来使用），从而大大提高了工作效率。在 Cinema 4D 中安装常用 HDR 贴图的具体操作步骤如下。

1）找到网盘中的"插件 |HDR.lib4d"文件，按快捷键〈Ctrl+C〉进行复制。

2）在 Cinema 4D 中执行菜单中的"编辑 | 设置"命令，然后在弹出的对话框中单击 打开配置文件夹 按钮，从中找到并打开 Cinema 4D 安装目录下的 browser 文件夹后（默认位置为 C:/Program Files/MAXON/Cinema 4D R19/library/browser），最后按快捷键〈Ctrl+V〉进行粘贴，即可完成 HDR 贴图的安装。

3）重新启动 Cinema 4D，然后按快捷键〈Shift+F8〉，调出"内容浏览器"窗口，从中就可以看到安装后的 HDR 贴图，如图 2-214 所示。

提示：关于 HDR 的具体使用方法请参见"5.2　鸡蛋展示场景""5.3　篮球展示场景""10.1　红超牌羽毛球展示效果"和"10.2　沙宣洗发水展示效果"。

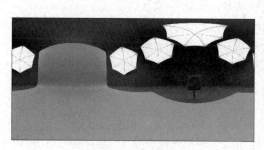

图 2-213　HDR 贴图

图 2-214　安装后的 HDR 贴图

2.11 动画

在 Cinema 4D 中利用关键帧动画、运动图形工具、效果器、粒子、力场和动力学可以制作出各种动画效果。本节介绍这些功能。

2.11.1 关键帧动画

关键帧动画是 Cinema 4D 中的基础动画。帧是指一幅画面，国内电视播放的帧频是25 帧 / 秒，也就是 1 秒播放 25 幅画面。Cinema 4D 动画栏中包含了很多动画工具，如图 2-215 所示，利用这些工具可以进行关键帧动画的设置、播放动画等操作。

图 2-215　动画栏

下面介绍动画栏中各工具的含义。

- ：用于设置场景的起始帧。
- ：用于设置在时间轴中显示的帧范围。
- ：用于设置场景的结束帧。
- ：单击该按钮，可以跳转到开始帧的位置。
- ：单击该按钮，可以跳转到上一关键帧的位置。
- ：单击该按钮，可以跳转到上一帧的位置。比如当前帧是第 50 帧，单击该按钮可以跳转到第 49 帧。
- ：单击该按钮，将正向播放动画。
- ：单击该按钮，可以跳转到下一帧的位置。
- ：单击该按钮，可以跳转到下一关键帧的位置。
- ：单击该按钮，可以跳转到结束帧的位置。
- ：单击该按钮，窗口边缘会变为红色，此时单击该按钮，可以在当前帧记录一个关键帧。
- ：单击该按钮，窗口边缘会变为红色，当在不同帧对模型、材质、灯光、摄像机等进行参数调整时，会自动添加关键帧。
- ：单击该按钮，可以为关键帧设置选集对象。
- ：激活该按钮，表示可以记录移动关键帧动画，默认为激活状态。
- ：激活该按钮，表示可以记录缩放关键帧动画，默认为激活状态。
- ：激活该按钮，表示可以记录旋转关键帧动画，默认为激活状态。
- ：激活该按钮，表示可以记录对象参数层级动画，默认为激活状态。
- 点级别动画：激活该按钮，将记录对象的点层级动画，默认为不激活状态。
- 方案设置：用于设置回放比率。

2.11.2 运动图形工具和效果器

运动图形是 Cinema 4D 中极具特色的模块，运动图形的相关命令位于"运动图形"菜单中，如图 2-216 所示，其中包括运动图形工具和效果器两部分。

1. 运动图形工具

Cinema 4D 中常用的运动图形工具有以下几种。

- 克隆：用于按照设定的方式复制对象。
- 矩阵：用于规律地复制对象，它与"克隆"的重要区别是在渲染中不会被渲染。
- 分裂：用于将模型按照多边形的形状分割成相互独立的部分。这里需要注意的是要进行分裂的模型必须转换为可编辑对象。
- 破碎：用于将模型处理为碎片效果。该工具要与效果器一起使用。
- 实例：用于制作模型的拖尾动画效果。该工具需要在动画栏中先单击 ▶ 按钮播放动画，再激活 ◎ 按钮后在视图中移动模型，就能看到模型的拖尾动画效果。
- 文本：用于创建三维立体文字。
- 追踪对象：用于显示运动对象的运动轨迹。
- 运动样条：用于制作模型的生长动画。
- 运动挤压：用于制作模型逐渐挤压变形的效果。该工具要作为模型的子集才能使用。
- 多边形 FX：用于使模型和线条呈现分裂效果。该工具要作为模型的子集才能使用。

图 2-216　"运动图形"菜单

2. 效果器

Cinema 4D 中常用的效果器有以下几种。

- 时间：可以设置关键帧，就可以对动画进行旋转、移动和缩放变换。
- 简易：用于控制克隆对象的旋转、移动和缩放。
- 随机：用于使克隆的对象在运动过程中呈现随机的效果。
- 步幅：用于将克隆的对象逐渐形成不同的大小。
- 推散：用于将克隆的对象沿着任意方向进行推离。
- 样条：用于使模型沿着样条进行分布。

2.11.3　粒子和力场

在 Cinema 4D 中粒子和力场是密不可分的。下面介绍粒子反射器和力场的相关参数。

1. 粒子发射器

执行菜单中的"模拟|粒子|发射器"命令，如图 2-217 所示，可以在场景中创建一个粒子发射器。"发射器"属性面板主要包括"粒子"和"发射器"等选项卡，如图 2-218 所示，主要参数含义如下。

图 2-217　选择"发射器"命令

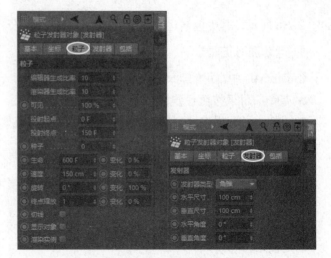

图 2-218　"发射器"属性面板

- 编辑器生成比率 / 渲染器生成比率：用于设置在视图中 / 渲染时的粒子数量。
- 可见：用于设置粒子在视图中的百分比数量，数值越大，显示的粒子越多。
- 投射起点：用于设置粒子开始发射的最初时间。
- 投射终点：用于设置粒子停止发射的最后时间。
- 种子：用于设置粒子发射的随机效果。
- 生命 / 变化：用于设置粒子的寿命和随机变化。
- 速度 / 变化：用于设置粒子的速度和随机变化。
- 旋转 / 变化：用于设置粒子的旋转和随机变化。
- 终点缩放 / 变化：用于设置粒子最后的尺寸和随机变化。
- 切线：勾选该复选框，发射的粒子方向将与 z 轴水平对齐。
- 显示对象：勾选该复选框，将使用三维模型替换当前的粒子。但前提是需要在反射器下方添加三维模型的子集。
- 发射器类型：用于设置发射器的类型，在右侧下拉列表中有"角锥"和"圆锥"两个选项可供选择。
- 水平尺寸 / 垂直尺寸：用于设置发射器水平方向 / 垂直方向的大小。
- 水平角度 / 垂直角度：用于设置粒子水平向外 / 垂直向外发射的角度。

2. 力场

在 Cinema 4D 中力场包括"引力""反弹""破坏""摩擦""重力""旋转""湍流"和"风力"8 种，它们位于"模拟 | 粒子"下的子菜单中。这些力场的功能如下。

- 引力：用于对粒子产生吸引和排斥的作用。
- 反弹：用于对粒子产生反弹效果。
- 破坏：用于设置粒子接触到该力场时消失的效果。

- 摩擦：用于降低粒子的运动速度。
- 重力：用于设置粒子在运动过程中下落的效果。
- 旋转：用于设置粒子在运动中产生螺旋旋转的力场。
- 湍流：用于设置粒子在运动中产生随机的抖动效果。
- 风力：用于设置粒子被风吹散的效果。

2.11.4　动力学

动力学是 Cinema 4D 中非常重要的模块，利用它可以模拟出物体破碎、建筑倒塌等真实的自然现象。制作动力学需要给"属性"面板中的对象添加相应的"模拟标签"，如图 2-219 所示。Cinema 4D 模拟标签中包括"刚体""柔体""碰撞体""检测体""布料""布料碰撞器"和"布料绑带"7 种标签。

图 2-219　模拟标签

- 刚体：用于制作参与动力学运算的坚硬的对象。
- 柔体：用于制作参与动力学运算的柔软、有弹性的对象，比如皮球。
- 碰撞体：用于模拟与动力学对象进行碰撞的对象。碰撞体在动力学计算中是静止的，主要作用是与刚体或柔体进行碰撞，如果没有碰撞体，则刚体或柔体对象将一直下落。
- 检测体：用于动力学的检测。
- 布料：用于模拟布料碰撞的效果。
- 布料碰撞器：用于模拟布料是否碰撞，并可以设置反弹和摩擦参数。
- 布料绑带：当给添加了"布料"标签的对象添加了该标签，就可以与相连接的对象形成连接关系，从而设置影响、悬停等参数。

2.12　毛发

毛发系统是 Cinema 4D 的一个重要模块，用于创建动物的毛发、羽毛、绒毛等效果。本节将讲解添加和编辑毛发，以及设置毛发材质的方法。

2.12.1　添加和编辑毛发

添加和编辑毛发的具体操作步骤如下。

1）选择要添加毛发的对象，然后执行菜单中的"模拟|毛发对象|添加毛发"命令，即可为对象添加毛发，如图 2-220 所示。

2）在"毛发"属性面板的"引导线"选项卡中可以设置毛发引导线的相关参数。

- 链接：用于设置毛发的对象。
- 数量：用于设置引导线在视图中显示的数量。
- 分段：用于设置引导线的分段。
- 长度：用于设置毛发的长度。

● 发根：用于设置发根生长的位置。

3）在"毛发"属性面板的"毛发"选项卡中可以设置毛发的相关参数，如图 2-221 所示。

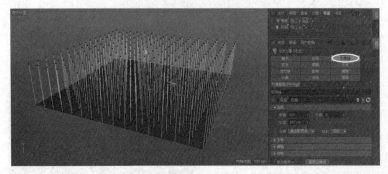

图 2-220　为对象添加毛发　　　　　　　　　　图 2-221　"毛发"选项卡

● 数量：用于设置毛发的数量。

● 分段：用于设置毛发的分段，数值越大，产生的毛发越精细。

2.12.2　毛发材质

当给对象添加毛发后，材质栏中会自动产生一个"毛发材质"，如图 2-222 所示。双击"毛发材质"，进入图 2-223 所示的材质编辑器，可以对毛发材质的"颜色""粗细""卷发""纠结"和"弯曲"等参数进行具体设置。

图 2-222　材质栏中的"毛发材质"　　　　　图 2-223　"毛发材质"的材质编辑器

2.13　文件打包

当 C4D 作品制作完成后，为了便于后面继续编辑，而不会出现打开文件时提示贴图丢失需要重新指定贴图的情况，一定要对制作好的 c4d 文件进行打包。打包 c4d 文件的具体操作步骤如下。

1）执行菜单中的"文件 | 保存工程（包含资源）"命令，然后在弹出的"保存文件"对话框中指定文件要保存的位置和名称，如图 2-224 所示，单击 保存(S) 按钮。

图 2-224　指定打包文件要保存的位置和名称

2）当文件打包好后，就可以看到打包好的文件夹，如图 2-225 所示。打开这个文件夹就可以看到其中包含两个子文件夹和 1 个 c4d 工程文件，如图 2-226 所示。其中"illum"文件夹是开启全局光照后计算的渲染缓存文件夹，用于提高渲染的效率，如果 c4d 文件没有使用全局光照，打包文件后就不会出现这个文件夹；"tex"文件夹用于存放 c4d 文件中使用的所有贴图。

图 2-225　打包好的文件夹

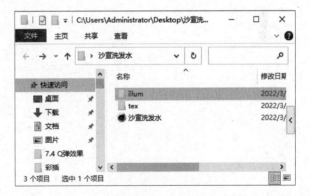

图 2-226　打包文件夹中包含 2 个子文件夹和 1 个 c4d 工程文件

2.14　课后练习

1. 填空题

（1）＿＿＿＿＿可以模拟出不同时间、不同地区的真实的太阳光照效果。

（2）＿＿＿＿＿变形器可以对模型进行任意角度的弯曲，从而制作出拐杖、水龙头弯管等效果。

2. 选择题

(1) 给创建二维文本添加下列哪种生成器可以制作出三维文本？（　　）
　　A.“挤压”生成器　　　　　　　　　B.“倒角”生成器
　　C.“置换”生成器　　　　　　　　　D.“锥化”生成器

(2) 下列哪种生成器用于对表面粗糙的模型进行平滑处理，使之变得更精细。（　　）
　　A.“细分曲面”生成器　　　　　　　B.“放样”生成器
　　C.“扫描”生成器　　　　　　　　　D.“挤压”生成器

3. 问答题

(1) 简述全局光照和给“天空对象”添加 HDR 贴图的作用。
(2) 简述给对象添加毛发的方法。
(3) 简述打包文件的方法。

第 2 部分　基础实例演练

第 3 章　创建模型

本章重点：

在 Cinema 4D 中，自带了很多基础三维几何体和二维样条线。用户可以通过对它们进行编辑，从而创建出各种复杂模型。通过本章的学习，读者应掌握多种创建模型的方法。

3.1　景泰蓝花瓶模型

 要点：

本例将制作一个景泰蓝花瓶模型，如图 3-1 所示。通过本例的学习，读者应掌握"旋转"生成器的使用方法。

3.1　景泰蓝
的花瓶模型

操作步骤：

1）按快捷键〈F4〉，切换到正视图。执行视图菜单中的"过滤 | 网格"命令，即可在视图中显示网格。

2）选择工具栏中的 （画笔工具），绘制出景泰蓝花瓶的大体轮廓，当绘制完成后按〈Esc〉键退出绘制状态，效果如图 3-2 所示。

3）为了保证花瓶底部中央位置不会出现空洞的情况，下面利用工具栏中的 （框选工具）框选底部最左侧的顶点，然后在变换栏中将"位置"的"X"的数值设置为 0cm，如图 3-3 所示。

图 3-1　景泰蓝花瓶模型

图 3-2　绘制出景泰蓝花瓶
的大体轮廓

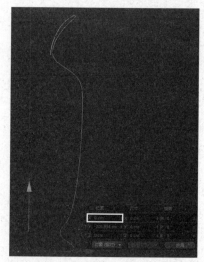

图 3-3　将底部最左侧顶点的"位
置"的"X"数值设置为 0cm

4）将样条线转换为三维对象。方法：按住键盘上的〈Alt〉键，在工具栏 （细分曲面）工具上按住鼠标左键，从弹出的隐藏工具中选择 ，如图 3-4 所示，给绘制的样条添加一个"旋转"生成器的父级，效果如图 3-5 所示。

图 3-4　选择 　　　　　　图 3-5　给绘制的样条添加"旋转"生成器的效果

5）至此，景泰蓝花瓶模型制作完毕。下面执行菜单中的"文件 | 保存工程（包含资源）"命令，将文件保存打包。

3.2　烟灰缸

要点：

本例将制作一个烟灰缸模型，如图 3-6 所示。本例的重点是制作烟灰缸上中间和四周的凹槽。通过本例的学习，读者应掌握"细分曲面"生成器、"布尔"造型工具、"优化""倒角""连接对象 + 删除"和"克隆"命令，以及创建简单材质和调整贴图坐标的方法。

操作步骤：

1. 创建模型

图 3-6　烟灰缸

1）在工具栏 （立方体）工具上按住鼠标左键，从弹出的隐藏工具中选择 ，从而在视图中创建一个圆柱体。然后执行视图菜单中的"显示 | 光影着色（线条）"（快捷键是〈N+B〉）命令，将其以光影着色（线条）的方式进行显示，接着在属性面板中设置参数如图 3-7 所示。

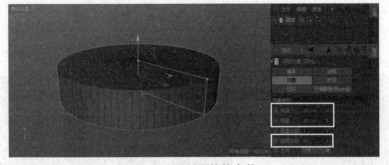

图 3-7　设置圆柱体参数

2）在"对象"面板中按住〈Ctrl〉键复制出一个"圆柱 1"，再在属性面板中将"半径"设置为 40cm，然后在视图中将其沿 Y 轴向上移动一段距离，效果如图 3-8 所示。

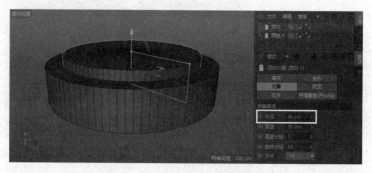

图 3-8 复制圆柱并设置其参数

3) 在"对象"面板中同时选择"圆柱"和"圆柱 1"，然后按住键盘上的〈Ctrl+Alt〉键，在工具栏 ■ （阵列）工具上按住鼠标左键，从弹出的隐藏工具中选择 ■ 布尔 ，如图 3-9 所示，给它们添加一个"布尔"的父级，效果如图 3-10 所示。

图 3-9 选择 ■ 布尔

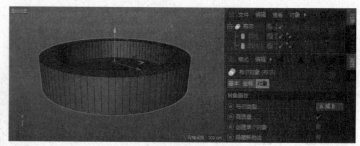

图 3-10 "布尔"效果

4) 在"对象"面板中同时选择所有对象，单击右键，从弹出的快捷菜单中选择"连接对象＋删除"命令，将它们转换为一个可编辑对象。

5) 进入 ■ （边模式），单击右键，从弹出的快捷菜单中选择"优化"命令，对模型进行优化。

提示：对模型进行优化是为了避免在后面倒角时出现错误。

6) 对模型边缘进行倒角处理。方法：在工具栏中选择 ✛ （移动工具），进入 ■ （边模式），然后在对象的边缘处双击，从而选中边缘的一圈边。再配合〈Shift〉键加选另外两圈边，如图 3-11 所示。接着单击右键，从弹出的快捷菜单中选择"倒角"命令，再对选中的边进行倒角处理，效果如图 3-12 所示。

图 3-11 加选另外两圈边

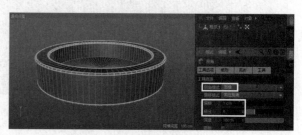

图 3-12 "倒角"效果

7）为了便于观看效果，下面执行视图菜单中的"显示 | 光影着色"（快捷键是〈N+A〉）命令，将模型以光影着色的方式进行显示，然后按住〈Alt〉键 + 鼠标中键，将其旋转到合适角度，效果如图 3-13 所示。

8）制作烟灰缸上的凹槽。方法：在视图中创建一个圆柱，然后在属性面板中设置其参数，再在视图中将其移动到合适位置，如图 3-14 所示。接着执行菜单中的"运动图形 | 克隆"命令，再在属性面板中设置参数，效果如图 3-15 所示。

图 3-13　将模型以光影着色的方式进行显示

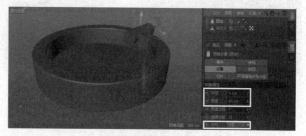

图 3-14　创建圆柱并将其移动到合适位置

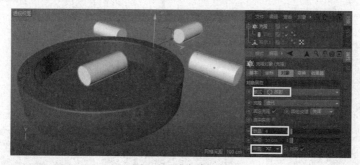

图 3-15　"克隆"效果

9）此时克隆后的圆柱不以烟灰缸为轴心，下面进入 （模型模式），在变换栏中将 Z 的位置设置为 0cm，效果如图 3-16 所示。

提示：利用 （阵列）工具也可以制作出上面的效果。

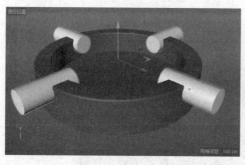

图 3-16　调整阵列的中心

10）在"对象"面板中同时选择"克隆"和"圆柱"，如图 3-17 所示，然后从弹出的快捷菜单中选择"连接对象 + 删除"命令，将它们转换为一个可编辑对象。

11) 在"对象"面板中将"布尔 .1"移动到"克隆 .1"的上方,然后按住键盘上的〈Ctrl+Alt〉键,在工具栏 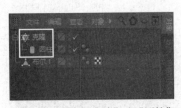（阵列）工具上按住鼠标左键,从弹出的隐藏工具中选择 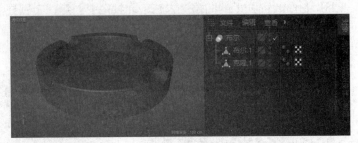,给它们添加一个"布尔"的父级,效果如图 3-18 所示。

图 3-17　选择"克隆"和"圆柱"　　　　　图 3-18　"布尔"效果

2. 赋予材质

1) 在材质栏中双击鼠标,新建一个材质球,然后在属性栏中将"颜色"设置为一种橘黄色 (HSV 的数值为 (30, 100, 80)),如图 3-19 所示。接着将这个材质分别拖给"对象"面板中的"克隆 .1"和"布尔 .1",如图 3-20 所示,效果如图 3-21 所示。

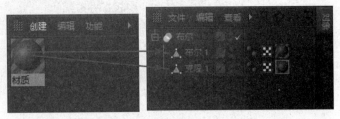

图 3-19　将"颜色"设置为一种橘黄　　图 3-20　将材质分别拖给"对象"面板中的"克隆 .1"和"布尔 .1"
色 (HSV 的数值为 (30, 100, 80))

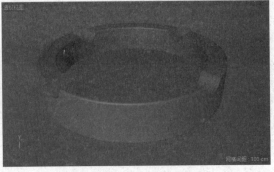

图 3-21　赋予材质后的效果

2）至此，烟灰缸模型制作完毕。下面执行菜单中的"文件 | 保存工程（包含资源）"命令，将文件保存打包。

3.3　矿泉水瓶

3.3　矿泉水瓶

 要点：

　　本例将制作一个矿泉水瓶模型，如图 3-22 所示。通过本例的学习，读者应掌握"放样"生成器的使用方法。

操作步骤：

　　1）选择顶视图，然后在工具栏 （画笔）工具上按住鼠标左键，从弹出的隐藏工具中选择 ，如图 3-23 所示，从而在视图中创建一个圆环作为瓶盖截面图形，接着在属性面板中将圆环的"半径"设置为 100cm，如图 3-24 所示。

　　2）按快捷键〈F4〉，切换到正视图。然后按住键盘上的〈Ctrl〉键，沿 Y 轴向下复制出一个"圆环 1"，如图 3-25 所示。

　　3）同理，沿 Y 轴继续向下复制出一个"圆环 2"作为瓶口截面图形，然后在属性面板中将其"半径"设置为 100cm，如图 3-26 所示。

图 3-22　矿泉水瓶

图 3-23　创建一个圆环

图 3-24　设置圆环半径

图 3-25　沿 Y 轴向下复制出一个圆环

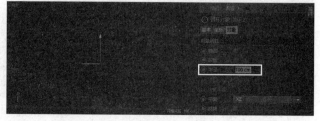

图 3-26　沿 Y 轴继续向下复制出一个圆环

　　4）同理，沿 Y 轴继续向下复制出一个"圆环 3"，然后在属性面板中将其"半径"设置为 300cm，如图 3-27 所示。

图 3-27　将"圆环 3"的"半径"设置为 300cm

5) 按快捷键〈F2〉，切换到正视图。然后在工具栏 ✐（画笔）工具上按住鼠标左键，从弹出的隐藏工具中选择 ⬡ 多边。接着在属性面板中将其"半径"设置为 295cm，"侧边"设置为 8，如图 3-28 所示。最后按快捷键〈F4〉，切换到正视图，再将八边形沿 Y 轴移动到"圆环 3"的下方，如图 3-29 所示。

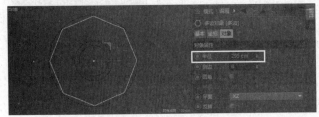

图 3-28　创建八边形　　　　　　图 3-29　将八边形沿 Y 轴移动到"圆环 3"的下方

6) 按住键盘上的〈Ctrl〉键，沿 Y 轴向下复制出一个"多边 1"，如图 3-30 所示。

7) 选择"圆环 3"，按住〈Ctrl〉键，沿 Y 轴向下复制出一个"圆环 4"，如图 3-31 所示。

8) 同理，按住键盘上的〈Ctrl〉键，沿 Y 轴向下复制出 3 个副本，然后将中间圆环的"半径"设置为 280cm，效果如图 3-32 所示。

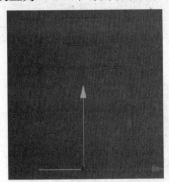  

图 3-30　复制出"多边 1"　　　图 3-31　复制出"圆环 4"　　　图 3-32　将中间圆环的
　　　　　　　　　　　　　　　　　　　　　　　　　　　　　　　"半径"设置为 280cm

9) 同理，按住键盘上的〈Ctrl〉键，沿 Y 轴向下复制出其余圆环，并将中间圆环的"半径"设置为 280cm，效果如图 3-33 所示。

提示：这里需要注意的是圆环一定要逐个向下复制，如果一次复制多个，后面放样会出现错误。

10) 在"对象"面板中选中所有的图形，然后按住键盘上的〈Ctrl+Alt〉键，在工具栏 🔘（细分曲面）工具上按住鼠标左键，从弹出的隐藏工具中选择，如图 3-34 所示，给所有的样条添加一个"放样"生成器的父级，效果如图 3-35 所示。

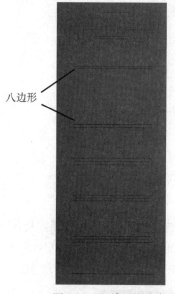

八边形

图 3-33　二维图形分布

图 3-34　选择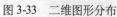 放样

图 3-35　"放样"效果

11）制作矿泉水瓶的顶部和底部的圆角效果。方法：在"放样"属性面板"封顶"选项卡中将"顶端"和"末端"均设置为"圆角封顶"，然后将"半径"设置为 20cm，"步幅"设置为 5，接着勾选"约束"复选框，效果如图 3-36 所示。

图 3-36　制作矿泉水瓶的顶部和底部的圆角效果

12）至此，矿泉水瓶模型制作完毕。下面执行菜单中的"文件 | 保存工程（包含资源）"命令，将文件保存打包。

3.4　握力器

　要点：

本例将制作一个握力器模型，如图 3-37 所示。本例的重点是制作圆环上分布的球体。通过本例的学习，读者应掌握"点"和"模型"模式、"缩放"工具、"转为可编辑对象"命令、"克

隆"和"设置选集"命令的应用。

图 3-37　握力器

操作步骤：

1. 创建模型

1）在工具栏（立方体）工具上按住鼠标左键，从弹出的隐藏工具中选择 ，从而在视图中创建一个圆环。然后执行视图菜单中的"显示 | 光影着色（线条）"（快捷键是〈N+B〉）命令，将其以光影着色（线条）的方式进行显示，接着在属性面板中设置参数如图 3-38 所示。

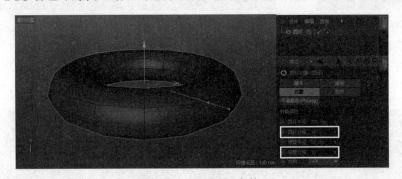

图 3-38　设置圆环参数

2）在编辑模式工具栏中单击 （可编辑对象）按钮（快捷键是〈C〉），将其从参数对象转换为可编辑对象。

3）进入 （点模式），执行菜单中的"选择 | 循环选择"（快捷键是〈U+L〉）命令，然后选择圆环上的四圈顶点，如图 3-39 所示。然后执行菜单中的"选择 | 设置选集"命令，将它们设置为一个选集。

4）在视图中创建一个球体，并在属性栏中设置相关参数，从而制作出半球体，效果如图 3-40 所示。

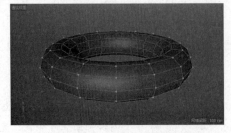

图 3-39　选择四圈顶点

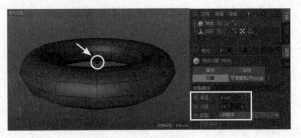

图 3-40　创建球体

5）执行菜单中的"运动图形|克隆"命令，然后在"克隆"属性面板的"对象"选项卡中将"模式"设置为"对象"，再将"对象"面板中的"圆柱"拖入属性面板"对象"选项卡中的"对象"右侧，此时球体会分布在圆环的每个顶点上，效果如图 3-41 所示。

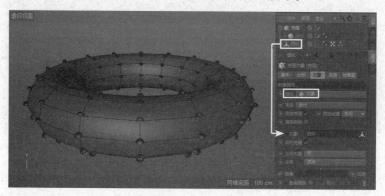

图 3-41　"克隆"效果

6）将球体放置在点选集的每个顶点上。方法：将前面设置好的 （点选集）拖入属性面板"对象"选项卡"选集"右侧，效果如图 3-42 所示。

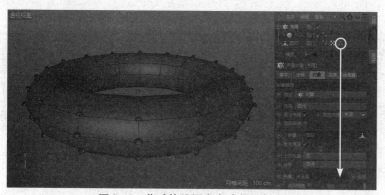

图 3-42　将球体放置在点选集的每个顶点上

7）此时分布在圆环上的球体方向是错误的，下面进入属性面板"对象"选项卡中将"旋转.P"设置为 -90°，效果如图 3-43 所示。

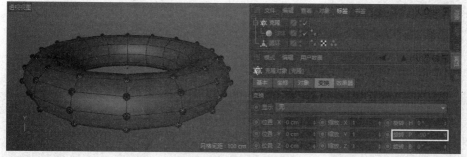

图 3-43　将球体"旋转.P"设置为 -90°的效果

8）此时球体分布过于规则，下面在克隆属性面板"对象"选项卡中将"分布"设置为"边"，效果如图 3-44 所示。

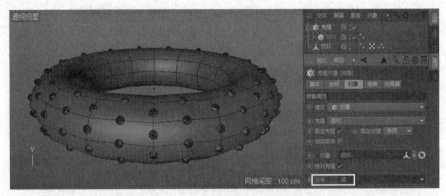

图 3-44　将"分布"设置为"边"的效果

9) 调整球体的形状。方法：在"对象"面板中选择"球体"，然后按快捷键〈C〉，将其转换为可编辑对象。接着进入 ![icon]（模型模式），利用 ![icon]（缩放工具）将其沿 Y 轴适当放大，效果如图 3-45 所示。

10) 此时圆环不够圆滑，先在"对象"面板中隐藏"圆环"，然后创建一个新的"圆环 1"。接着执行视图菜单中的"显示 | 光影着色"（快捷键是〈N+A〉），效果如图 3-46 所示。

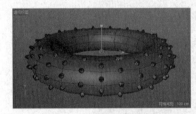

图 3-45　调整球体的形状

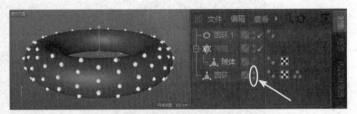

图 3-46　以光影着色的方式显示模型

2. 赋予材质

1) 在材质栏中双击鼠标，新建一个材质球，然后在属性栏中将"颜色"设置为一种橘黄色（HSV 的数值为 (30，100，80)），如图 3-47 所示。接着将这个材质分别拖给"对象"面板中的"圆环 1"和"球体"，如图 3-48 所示，效果如图 3-49 所示。

图 3-47　将"颜色"设置为一种橘黄
色（HSV 的数值为 (30，100，80)）

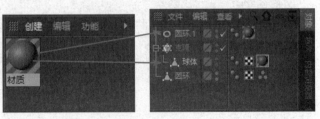

图 3-48　将材质分别拖给"对象"面板中的"圆环 1"和"球体"

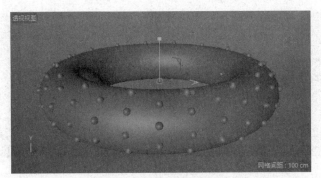

图 3-49　赋予材质后的效果

2) 至此，握力器模型制作完毕。下面执行菜单中的"文件 | 保存工程（包含资源）"命令，将文件保存打包。

3.5　象棋

要点：

本例将制作一个象棋模型，如图 3-50 所示。本例的重点是制作棋子侧面的圆滑效果和象棋上的文字镂空效果。通过本例的学习，读者应掌握"细分曲面"生成器、"布尔"造型工具、"转为可编辑对象"命令、创建简单材质和调整贴图坐标的方法。

图 3-50　象棋

操作步骤：

1. 创建模型

1) 在工具栏 📦（立方体）工具上按住鼠标左键，从弹出的隐藏工具中选择 ⬛▮▮，从而在视图中创建一个圆柱体。然后执行视图菜单中的"显示 | 光影着色（线条）"（快捷键是〈N+B〉）命令，将其以光影着色（线条）的方式进行显示，接着在属性面板中设置参数如图 3-51 所示。

2) 在编辑模式工具栏中单击 🌐（可编辑对象）按钮（快捷键是〈C〉），将其转换为可编辑对象。

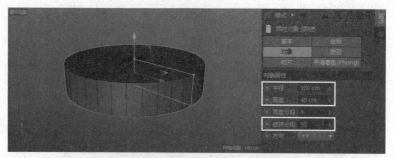

图 3-51　创建圆柱体并设置参数

3）进入 ◻（边模式），然后按快捷键〈K+L〉，切换到循环 / 路径切割工具，接着在圆柱的侧面切割出一圈边，并单击 ⬛ 按钮，将其居中对齐，如图 3-52 所示。

4）利用工具栏中的 ✛（移动工具）双击选择切割出的一圈边，从而选中整圈边。然后利用 ◻（缩放工具）适当放大，如图 3-53 所示。

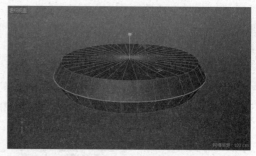

图 3-52　在圆柱的侧面切割出一圈边　　　　　图 3-53　对边适当放大

5）对模型进行平滑处理。方法：按住键盘上的〈Alt〉键，单击工具栏中的 ◻（细分曲面）工具，给它添加一个"细分曲面"生成器的父级，效果如图 3-54 所示。

提示：通过创建一个"高度分段"多一些的圆柱体，然后利用"膨胀"变形器也可以制作出圆柱的平滑效果。

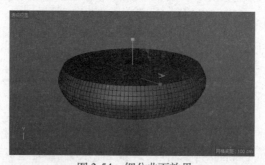

图 3-54　细分曲面效果

6）在"对象"面板中隐藏"细分曲面"的显示，然后在视图中创建一个"管道"，接着在属性面板中设置"管道"的参数，如图 3-55 所示。

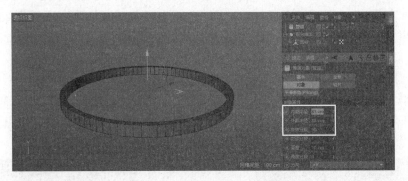

图 3-55　在视图中创建一个"管道"

7) 创建三维文字。方法：执行菜单中的"运动图形 | 文本"命令，在视图中创建一个三维文本。将其旋转 90°，再在属性面板中将"文本"设置为"象"，并设置相关参数后将其移动到管道中间位置，如图 3-56 所示。

图 3-56　创建三维文本"象"，并将其移动到管道中间位置

8) 恢复"细分曲面"的显示，然后在透视视图中将"管道"和"文本"沿 Y 轴向上移动，如图 3-57 所示。

9) 在"对象"面板中同时选择"管道"和"文本"，如图 3-58 所示，单击右键，从弹出的快捷菜单中选择"连接对象＋删除"命令，将它们转换为一个可编辑对象，如图 3-59 所示。

图 3-57　将"管道"和"文本"沿 Y 轴向上移动

图 3-58　同时选择"管道"和"文本"

图 3-59　转换为一个可编辑对象

10) 在"对象"面板中选择"细分曲面",然后在编辑模式工具栏中单击 (可编辑对象)按钮(快捷键是〈C〉),将其转换为可编辑对象。接着将其移动到"文本 .1"的上方,如图 3-60 所示。

11) 同时选择"细分曲面"和"文本 .1",然后按住键盘上的〈Ctrl+Alt〉键,在工具栏 (阵列)工具上按住鼠标左键,从弹出的隐藏工具中选择 布尔,如图 3-61 所示,给它们添加一个"布尔"的父级。接着为了便于观看,执行视图菜单中的"显示 | 光影着色"(快捷键是〈N+A〉)命令,将其以光影着色的方式进行显示,效果如图 3-62 所示。

图 3-60　将细分曲面移动到"文本 .1"的上方

图 3-61　选择 布尔

图 3-62　以光影着色的方式显示模型

2. 赋予材质

1) 在材质栏中双击鼠标,新建一个材质球,然后双击材质球进入"材质编辑器",再将"颜色"设置为一种红色(HSV 的数值为 (0, 100, 100)) 如图 3-63 所示。接着单击右上方的 按钮,关闭材质编辑器。再将这个材质拖给"对象"面板中的"文本 .1",如图 3-64 所示,效果如图 3-65 所示。

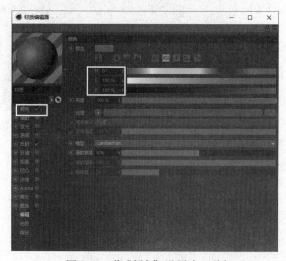

图 3-63　将"颜色"设置为一种红色(HSV 的数值为 (0, 100, 100))

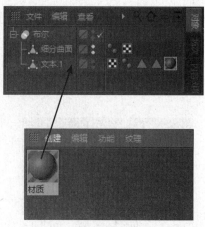

图 3-64　将这个材质拖给"对象"面板中的"文本 .1"

图 3-65 赋予"文本 .1"材质后的效果

2）在材质栏中双击鼠标，新建一个材质球，然后双击材质球进入"材质编辑器"，再给"颜色"右侧"纹理"指定网盘中的"源文件 \3.5 象棋 \tex\ASHSEN_2.jpg"贴图，如图 3-66 所示。接着单击右上方的 ✕ 按钮，关闭材质编辑器。再将这个材质拖给"对象"面板中的"细分曲面"，效果如图 3-67 所示。

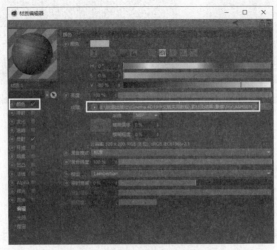

图 3-66 指定"颜色"纹理贴图

图 3-67 赋予"细分曲面"材质后的效果

3）此时木纹显示是错误的。先在"对象"面板中选择 ▓，再在属性面板"标签"选项卡中将"投射"设置为"空间"，然后将"长度 U"和"长度 V"均设置为 50%，如图 3-68 所示，效果如图 3-69 所示。

4）至此，象棋效果制作完毕。下面执行菜单中的"文件 | 保存工程（包含资源）"命令，将文件保存打包。

图 3-68　调整木纹的贴图坐标　　　　　　　　图 3-69　调整木纹贴图坐标后的效果

3.6　勺子

 要点：

本例将制作一个勺子模型，如图 3-70 所示。本例的重点是制作勺子模型，制作勺子的厚度，对勺子模型进行平滑处理和不锈钢材质的制作。通过本例的学习，读者应掌握将参数对象转换为可编辑对象后对其点、边、多边形的操作，以及"挤压"命令和"细分曲面"生成器的应用。

图 3-70　勺子

 操作步骤：

1. 创建模型

1）在工具栏 （立方体）工具上按住鼠标左键，从弹出的隐藏工具中选择 　，从而

在视图中创建一个平面。然后执行视图菜单中的"显示 | 光影着色（线条）"（快捷键是〈N+B〉）命令，将其以光影着色（线条）的方式进行显示，接着在属性面板中将"平面"的"宽度分段"和"高度分段"均设置为 3，如图 3-71 所示。

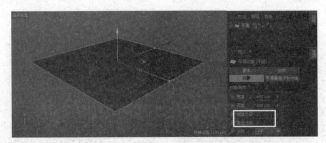

图 3-71　创建平面并设置参数

2）在编辑模式工具栏中单击 （可编辑对象）按钮（快捷键是〈C〉），将其从参数对象转换为可编辑对象。

3）制作勺子顶端的形状。方法：按快捷键〈F2〉，切换到顶视图。然后进入 （点模式），利用 （框选工具）框选水平方向上中间的顶点，如图 3-72 所示。再利用 （缩放工具）沿 X 轴进行放大，如图 3-73 所示。

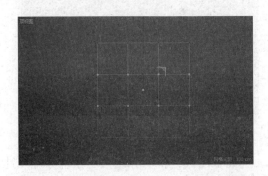

图 3-72　利用 （框选工具）框选中间的顶点

图 3-73　利用 （缩放工具）沿 X 轴放大

4）按空格键，切换到上一步使用的 （框选工具），然后框选垂直方向上中间的顶点，如图 3-74 所示。接着按空格键切换到上一步使用的 （缩放工具），再将其沿 Z 轴进行放大，如图 3-75 所示。

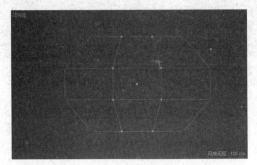

图 3-74　框选垂直方向上中间的顶点

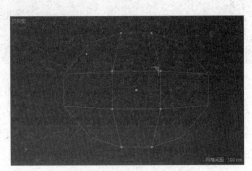

图 3-75　沿 Z 轴进行放大

提示：利用空格键切换到上一步使用的工具，可以大大提高工作效率。

5）制作勺子的深度。方法：按快捷键〈F1〉，切换到透视视图，然后进入 ![] （多边形模式），利用 ![] （移动工具）选择中间的多边形，如图 3-76 所示。接着将其沿 Z 轴向下移动，效果如图 3-77 所示。

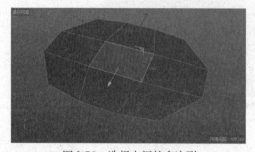 

图 3-76　选择中间的多边形　　　　　　　　图 3-77　沿 Z 轴向下移动

6）制作勺柄。方法：进入 ![] （边模式），然后选择要挤出勺柄的边，如图 3-78 所示。接着利用 ![] （缩放工具）将其沿 X 轴进行缩小，如图 3-79 所示。

 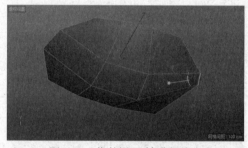

图 3-78　选择要挤出勺柄的边　　　　　　　图 3-79　将其沿 X 轴进行缩小

7）此时坐标使用的是对象坐标，是切斜的，下面在工具栏中单击 ![] （对象坐标），切换到 ![] （全局坐标），如图 3-80 所示。然后利用 ![] （移动工具），配合〈Ctrl〉键，将其沿 X 轴进行挤压，如图 3-81 所示。接着再将其沿 Y 轴向上移动一段距离，如图 3-82 所示。

图 3-80　切换到 ![] （全局坐标）　图 3-81　将其沿 X 轴进行挤压　图 3-82　将其沿 Y 轴向上移动一段距离

8）同理，对选择的边继续进行挤压和旋转，从而制作出勺柄的长度，如图 3-83 所示。

9）按快捷键〈F2〉，切换到顶视图。然后进入 ![] （点模式），利用 ![] （框选工具）框选相应的顶点，再利用 ![] （缩放工具）沿 Z 轴进行缩放，从而制作出勺柄的大体形状，如图 3-84 所示。

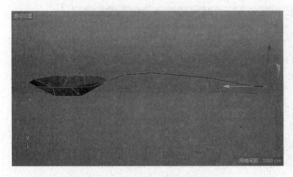

图 3-83　制作出勺柄的长度　　　　　　　　　图 3-84　制作出勺柄的大体形状

10）制作勺子顶端的弯曲效果。方法：选择 （框选工具），进入 （多边形模式），框选勺子顶部的所有多边形，如图 3-85 所示。然后按快捷键〈F4〉，切换到正视图，再利用 （旋转工具）将其旋转移动一定角度，接着利用 （移动工具）将其沿 Z 轴向上移动一段距离，如图 3-86 所示。

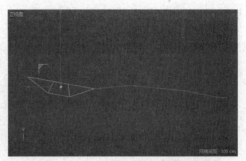

图 3-85　框选勺子顶部的所有多边形　　　　　图 3-86　在顶视图中旋转并移动多边形

11）制作勺子的厚度。方法：按快捷键〈Ctrl+A〉，选中所有的多边形，然后单击右键，从弹出的快捷菜单中选择"挤压"命令，接着在视图中对多边形进行挤压，再在属性面板中将"挤压"偏移设置为 20cm，并勾选"创建封顶"复选框，如图 3-87 所示。

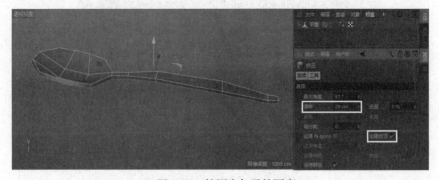

图 3-87　挤压出勺子的厚度

12）对勺子模型进行平滑处理。方法：按住键盘上的〈Alt〉键，单击工具栏中的 （细分曲面）工具，给它添加一个"细分曲面"生成器的父级，效果如图 3-88 所示。

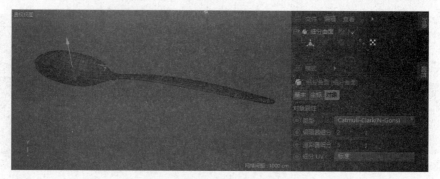

图 3-88　"细分曲面"效果

13）执行视图菜单中的"显示 | 光影着色"（快捷键是〈N+A〉）命令，将其以光影着色的方式进行显示，如图 3-89 所示。

14）此时勺子的厚度感表现得不是很充分，先在"对象"面板中关闭"细分曲面"的效果，然后选择"平面"，如图 3-90 所示。接着在视图中单击右键，从弹出的快捷菜单中选择"循环 /l 路径切割"（快捷键是〈K+L〉）命令，再在勺子厚度处添加一圈边，如图 3-91 所示。

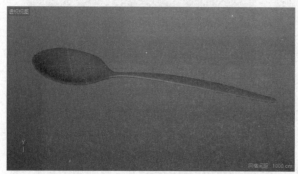

图 3-89　以光影着色的方式进行显示　　　　图 3-90　关闭"细分曲面"的效果，然后选择"平面"

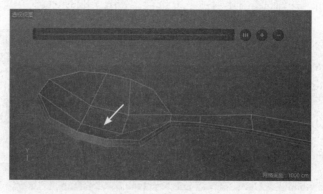

图 3-91　在勺子厚度处添加一圈边

15）在"对象"面板中恢复"细分曲面"的效果显示，并将其重命名为"勺子"，如图 3-92 所示，此时勺子的厚度感就表现得很充分了，如图 3-93 所示。

图 3-92　恢复"细分曲面"的效果显示　　　图 3-93　勺子的厚度感表现得很充分

2. 赋予材质

1）在材质栏中双击鼠标，新建一个材质球，然后在名称处双击鼠标将其重命名为"勺子"。再双击材质球进入"材质编辑器"，取消勾选"颜色"复选框。接着在左侧选择"反射"，再在右侧单击"添加"按钮，从弹出的下拉菜单中选择"GGX"，如图 3-94 所示。

2）展开"层菲涅耳"选项组，单击"菲涅耳"右侧下拉列表，从中选择"导体"。再从"预置"下拉列表中选择"钢"，如图 3-95 所示。

图 3-94　选择"GGX"　　　　　　　图 3-95　设置"层菲涅耳"参数

3）单击右上方的 按钮，关闭材质编辑器。然后将"勺子"材质拖给场景中的勺子模型，如图 3-96 所示。

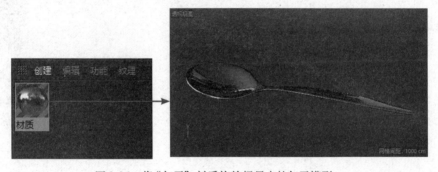

图 3-96　将"勺子"材质拖给场景中的勺子模型

4）在"对象"面板中选择"勺子"，按快捷键〈Ctrl+C〉，进行复制。

3. 合并场景

1）执行菜单中的"文件 | 打开"（快捷键是〈Ctrl+O〉）命令，打开网盘中的"源文件 \3.6 勺子 \ 杯子 .c4d"文件，如图 3-97 所示。然后按快捷键〈Ctrl+V〉，进行粘贴，如图 3-98 所示。

图 3-97　打开"杯子 .c4d"文件

图 3-98　将"勺子"粘贴到"杯子 .c4d"文件中

2）此时勺子模型过大，下面利用 （缩放工具）对其进行缩小，然后利用 ✛（移动工具）将其移动到合适位置，接着利用 ⟳（旋转工具）将其旋转到合适角度，效果如图 3-99 所示。

3）在工具栏中单击 ▧（渲染到图片查看器）按钮，渲染效果如图 3-100 所示。

图 3-99　调整"勺子"的大小、位置和旋转角度

图 3-100　渲染效果

4）至此，勺子和杯子场景制作完毕。下面执行菜单中的"文件 | 保存工程（包含资源）"命令，将文件保存打包。

3.7　凸起立体文字

🎨 **要点**：

3.7　凸起立体文字效果

本例将制作一个凸起立体文字效果，如图 3-101 所示。本例的重点是制作文字前面的凸起效果和背面的直角效果。通过本例的学习，读者应掌握"扭曲"变形器、"连接对象＋删除"命令、调整轴心、循环选择和挤压的应用。

图 3-101 凸起立体文字

操作步骤：

1）创建三维文字。方法：执行菜单中的"运动图形 | 文本"命令，在视图中创建一个三维文本。然后在属性面板中将"文本"内容设置为"HAUM"，"字体"设置为 Impact，效果如图 3-102 所示。

图 3-102 设置三维文本参数

2）制作文字的弯曲效果。方法：按住键盘上的〈Shift〉键，在工具栏中选择 （扭曲）工具，从而给文字添加一个"扭曲"的子集。然后在"扭曲"属性面板中调整"强度"数值，会发现文字扭曲方向是错误的，如图 3-103 所示。下面将"扭曲"的"角度"设置为 90°，此时文字扭曲方向就正确了。接着将"强度"数值设置为 60°，效果如图 3-104 所示。

图 3-103 文字扭曲方向错误

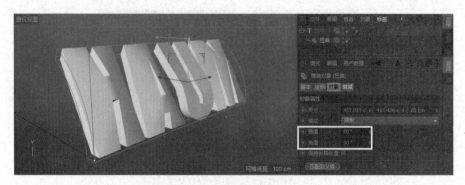

图 3-104　文字扭曲方向正确

3）为了便于观看文字的布线分布，执行视图菜单中的"显示 | 光影着色（线条）"（快捷键是〈N+B〉）命令，将文字以光影着色（线条）的方式进行显示，如图 3-105 所示。

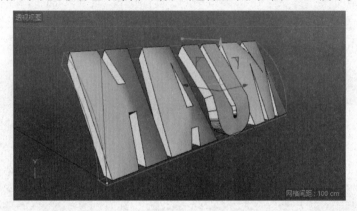

图 3-105　将文字以光影着色（线条）的方式进行显示

4）此时文字的凸起部分很不圆滑，可在"对象"面板中选择"文本"，然后在属性面板"对象"选项卡中将"点插值方式"设置为"统一"，"数量"设置为 20，此时文字就变圆滑了，效果如图 3-106 所示。

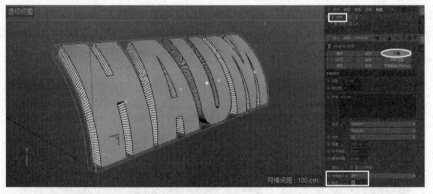

图 3-106　将文字"点插值方式"设置为"统一"，"数量"设置为 20 的效果

5）此时旋转视图会发现文字上会有折痕，如图 3-107 所示。下面进入"文本"属性面板的"封顶"选项卡，然后将"类型"设置为"四边形"，再勾选"标准网格"复选框，

接着将"宽度"设置为 5cm，效果如图 3-108 所示。最后执行视图菜单中的"显示 | 光影着色"（快捷键是〈N+A〉）命令，将文字以光影着色的方式进行显示，此时文字上的折痕就消失了，效果如图 3-109 所示。

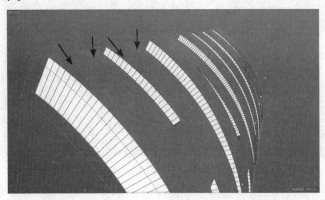

图 3-107　文字上有折痕

图 3-108　设置"封顶"类型的效果

图 3-109　以"光影着色"的方式显示文字

6）制作文字的倒角效果。方法：按快捷键〈N+B〉，以"光影着色（线条）"的方式显示文字，然后在"文本"属性面板"封顶"选项卡中将"顶端"设置为"圆角封顶"，"步幅"设置为 3，"半径"设置为 1cm，效果如图 3-110 所示。

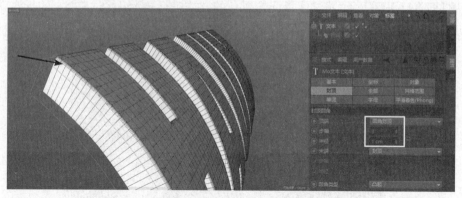

图 3-110　文字的倒角效果

7）按快捷键〈F3〉，切换到右视图，如图 3-111 所示，此时可以看到文字的旋转方向不是很美观。下面利用工具栏中的 ⊙（旋转工具），配合〈Shift〉键，将文字沿 P 轴旋转 30°，如图 3-112 所示。

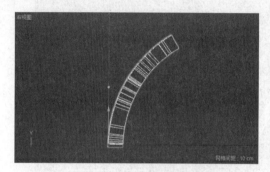

图 3-111　切换到右视图

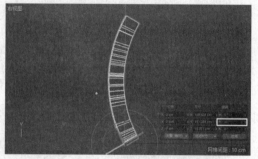

图 3-112　将文字沿 P 轴旋转 30°

8）在"对象"面板中同时选择"文本"和"扭曲"，单击右键，从弹出的快捷菜单中选择"连接对象 + 删除"命令，将它们转换为一个可编辑对象。

9）此时文本的坐标被旋转了，下面将文本的坐标恢复为默认状态。方法：在编辑模式工具栏中激活 （启用轴心）按钮，然后在变换栏中将"旋转"中"P"的数值设置为 0，如图 3-113 所示，此时文本的坐标恢复为默认状态。接着单击 （启用轴心）按钮，关闭启用轴心。

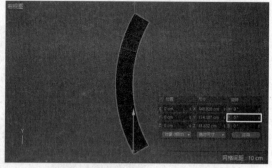

图 3-113　将"旋转"中"P"的数值设置为 0

提示：通过激活 （启用轴心）按钮，可以十分方便地调整对象的轴心。这里需要注意的是调整完对象轴心后，一定要关闭 （启用轴心）按钮。

10）制作文字后面的直角效果。方法：进入 （点模式），选择工具栏中的 （实体选择工具），然后在属性栏中取消勾选"仅选择可见元素"复选框，再选择文字背面的所有顶点，如图 3-114 所示，按〈Delete〉键删除所有顶点，效果如图 3-115 所示。

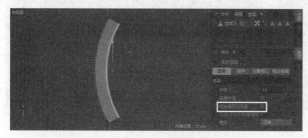

图 3-114　选择文字背面的所有顶点

图 3-115　删除文字背面的所有顶点

11）按快捷键〈F1〉，切换到透视视图。然后进入 （边模式），执行菜单中的"选择 | 循环选择"（快捷键〈U+L〉）命令，再配合〈Shift〉键，选择文字背面外侧的一圈边，如图 3-116 所示，按〈Delete〉键删除文字背面外侧的一圈边。再次执行菜单中的"选择 | 循环选择"（快捷键是〈U+L〉）命令，并配合〈Shift〉键，选择文字背面外侧的一圈边；利用 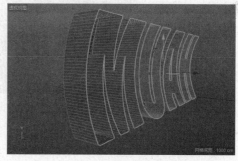（移动工具），并配合〈Ctrl〉键，将其沿 Z 轴挤压出一个厚度，如图 3-117 所示。

图 3-116　选择文字背面外侧的一圈边　　　　图 3-117　沿 Z 轴挤压出一个厚度

提示：之所不使用第一次"循环选择"的文字背面的一圈边进行挤压，是因为这时候挤压的文字倒角位置会出现斜角的错误，如图 3-118 所示。而利用第二次"循环选择"的文字背面的一圈边进行挤压就不会出现斜角的错误，如图 3-119 所示。

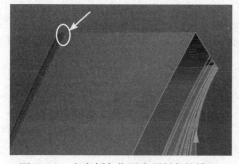

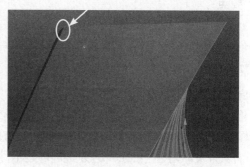

图 3-118　文字倒角位置出现斜角的错误　　　图 3-119　文字倒角位置没有出现斜角的错误

12）按快捷键〈F3〉，切换到右视图，如图 3-120 所示，然后在"变换栏"中将"尺寸"中"Z"的数值设置为 0cm，此时文字的背面就变为了直角，如图 3-121 所示。

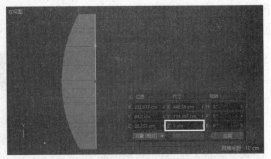

图 3-120　切换到右视图　　　　　　　　　　　图 3-121　文字背面的直角效果

13）按快捷键〈F1〉，切换到透视视图，然后按快捷键〈N+A〉，以"光影着色"的方式显示文字，效果如图 3-122 所示。

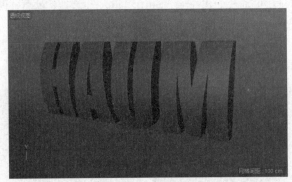

图 3-22　以"光影着色"的方式显示文字

14）至此，凸起立体文字效果制作完毕。下面执行菜单中的"文件 | 保存工程（包含资源）"命令，将文件保存打包。

3.8　排球模型

　要点：

　　本例将制作一个排球模型，如图 3-123 所示。本例的重点是制作排球上凹痕。通过本例的学习，读者应掌握将模型转为可编辑对象、分裂、扩展选区、挤压、循环选择、填充选择、设置选集、组合对象和细分曲面的应用。

　　操作步骤：

　　1）在工具栏 ⬛（立方体）工具上按住鼠标左键，从弹出的隐藏工具中选择 🔵 球体，从而在视图中创建一个球体。然后执行视图菜单中的"显示 | 光影着色（线条）"（快捷键是〈N+B〉）命令，将其以光影着色（线条）的方式进行显示，接着在属性面板中将球体的"类型"设置为"六面体"，"分段"设置为 37，如图 3-124 所示。

　　2）在编辑模式工具栏中单击 🌐（可编辑对象）按钮（快捷键是〈C〉），将其转换为可编辑对象。

图 3-123　排球模型

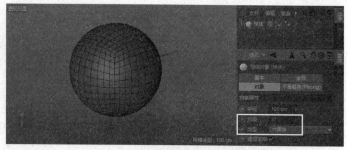

图 3-124　创建球体并设置参数

3) 进入 ▨ (边模式)，然后在球体边界处双击鼠标，选中边界处的一圈边，如图 3-125 所示。然后配合〈Shift〉键，进行加选，再选中其余 3 圈边，如图 3-126 所示。

4) 执行菜单中的"选择 | 填充选择"（快捷键是〈U+F〉）命令，然后在 4 圈边的中间单击鼠标，选中 4 条边中间的多边形，如图 3-127 所示。接着单击右键，从弹出的快捷菜单中选择"分裂"命令，将选中的多边形分裂成一个新的对象。最后在"对象"面板中隐藏"球体"的显示，只显示分裂出来的"球体 .1"，如图 3-128 所示。

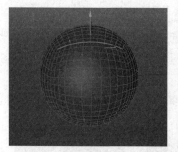

图 3-125　选中边界处的一圈边

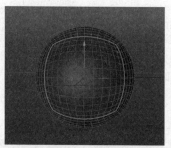

图 3-126　选中 4 圈边界处的边

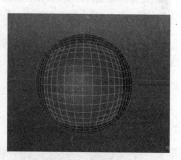

图 3-127　选中多边形

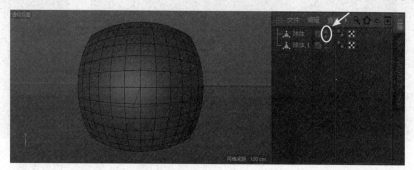

图 3-128　隐藏"球体"的显示，只显示分裂出来的"球体 .1"

5) 在"对象"面板中选择"球体 .1"，然后执行菜单中的"选择 | 循环选择"（快捷键是〈U+L〉）命令，配合〈Shift〉键，选中上下各 4 圈多边形，如图 3-129 所示。接着单击右键，从弹出的快捷菜单中选择"挤压"命令，再对选中的多边形进行挤压，并在"属性"面板中将"挤压"的"偏移"设置为 4cm，效果如图 3-130 所示。

6) 执行菜单中的"选择 | 扩展选区"命令，从而向外加选出一圈多边形，如图 3-131 所示。然后执行菜单中的"选择 | 反选"（快捷键是〈U+I〉）命令，反选多边形，如图 3-132 所示。

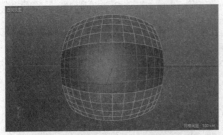

图 3-129 选中上下各 4 圈多边形

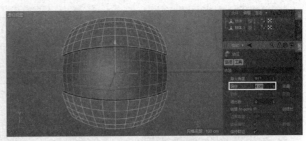

图 3-130 挤压多边形

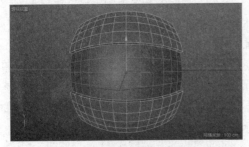

图 3-131 向外加选出一圈多边形

图 3-132 反选多边形

7）单击右键，从弹出的快捷菜单中选择"挤压"命令，对选中的多边形进行挤压，并在"属性"面板中将"挤压"的"偏移"设置为 4cm，效果如图 3-133 所示。接着执行菜单中的"选择 | 扩展选区"命令，向外加选出一圈多边形。

8）为了便于后面赋予材质，执行菜单中的"选择 | 设置选集"命令，将选中的多边形设置为一个选集，如图 3-134 所示。

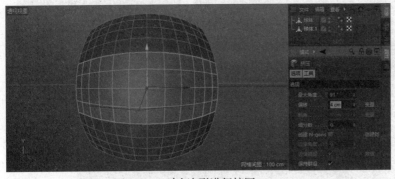

图 3-133 对多边形进行挤压

图 3-134 将选中的多边形设置为一个选集

9）制作出整个排球。方法：进入 <!-- 图标 --> （模型模式），然后在"对象"面板中按住〈Ctrl〉键复制出一个"球体 2"，接着利用工具栏中的 <!-- 图标 --> （旋转工具）将其沿 H 轴旋转 180°，效果如图 3-135 所示。

10）在"对象"面板中同时选择"球体 1"和"球体 2"，按住〈Ctrl〉键复制出一个"球体 3"和"球体 4"。将其沿 H 轴旋转 90°，再将其沿 P 轴旋转 90°，效果如图 3-136 所示。

11）同理，在"对象"面板中同时选择"球体 3"和"球体 4"，按住〈Ctrl〉键复制出一个"球体 5"和"球体 6"。将其沿 P 轴旋转 90°，再将其沿 B 轴旋转 90°，效果如图 3-137 所示。

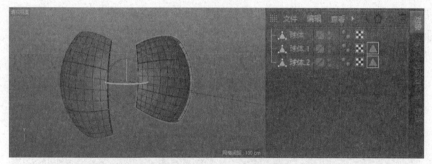

图 3-135 将"球体 2"沿 H 轴旋转 180°

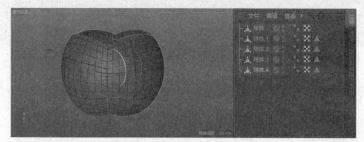

图 3-136 将"球体 3"和"球体 4"沿 H 轴旋转 90°，再沿 P 轴旋转 90°

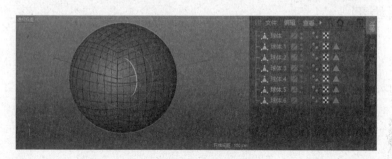

图 3-137 将"球体 5"和"球体 6"沿 P 轴旋转 90°，再沿 B 轴旋转 90°

12）在"对象"面板中同时选择"球体 1"～"球体 6"，然后按快捷键〈Alt+G〉，将它们组成一个组。

13）对模型进行平滑处理。方法：按住键盘上的〈Alt〉键，单击工具栏中的 （细分曲面）工具，给它添加一个"细分曲面"生成器的父级，效果如图 3-138 所示。

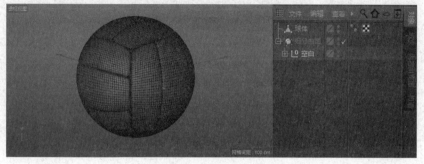

图 3-138 "细分曲面"效果

14) 在"对象"面板中显示出"球体",然后执行视图菜单中的"显示|光影着色"命令,将模型以光影着色的方式进行显示。为了便于管理,在"对象"面板中选择所有对象,按快捷键〈Alt+G〉,将它们组成一个组,并将组的名称重命名为"排球",如图 3-139 所示。

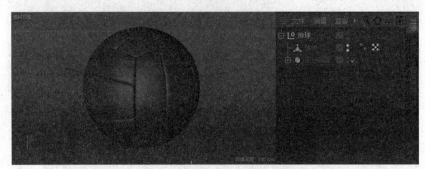

图 3-139　将组的名称重命名为"排球"

提示:之所以显示出球体,是因为细分曲面后的模型之间会出现缝隙,显示出球体则可以填补这些缝隙。

15) 至此,排球模型制作完毕。下面执行菜单中的"文件|保存工程(包含资源)"命令,将文件保存打包。

3.9　篮球模型

　要点:

本例将制作一个篮球模型,如图 3-140 所示。本例的重点是制作篮球上的凹痕。通过本例的学习,读者应掌握将模型转换为可编辑对象、消除、线性切割、滑动、对称、倒角、挤压、内部挤压、将边转为多边形、设置选集、细分曲面的应用。

操作步骤:

1) 在工具栏 （立方体）工具上按住鼠标左键,从弹出的隐藏工具中选择 ,从而在视图中创建一个球体。然后执行视图菜单中的"显示|光影着色(线条)"(快捷键是〈N+B〉)命令,将其以光影着色(线条)的方式进行显示,接着在属性面板中将球体的"分段"设置为16,如图 3-141 所示。

图 3-140　篮球模型

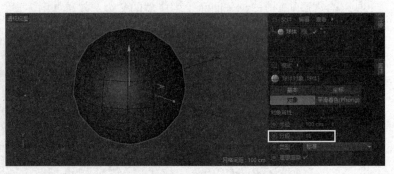

图 3-141　创建球体并设置参数

2) 在编辑模式工具栏中单击 ![icon] (可编辑对象) 按钮 (快捷键是 〈C〉), 将其转换为可编辑对象。

3) 按快捷键 〈F4〉, 切换到正视图, 如图 3-142 所示, 然后进入 ![icon] (点模式), 利用 ![icon] (框选工具) 框选相应的顶点, 按 〈Delete〉 键删除框选的顶点, 只保留四分之一的球体, 如图 3-143 所示。

图 3-142　切换到正视图

图 3-143　只保留四分之一球体

4) 进入 ![icon] (边模式), 然后利用工具栏中的 ![icon] (实体选择工具) 选中球体顶部的 6 条边, 如图 3-144 所示, 单击右键, 从弹出的快捷菜单中选择 "消除" 命令, 将它们去除, 效果如图 3-145 所示。

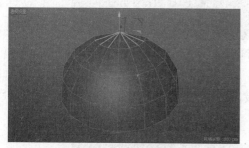
图 3-144　选中球体顶部的 6 条边

图 3-145　消除边的效果

5) 单击右键, 从弹出的快捷菜单中选择 "线性切割" (快捷键是 〈K+K〉) 命令, 然后在球体顶部切割出两条边, 如图 3-146 所示。单击右键, 从弹出的快捷菜单中选择 "滑动" 命令, 在视图中滑动以切割出边的中间顶点的位置, 使它们形成一定的弧度, 效果如图 3-147 所示。

图 3-146　在球体顶部切割出两条边

图 3-147　使切割出的边形成一定的弧度

6) 利用 "对称" 命令对称出整个球体。方法: 按住键盘上的 〈Alt〉 键, 在工具栏 ![icon] (阵列）工具上按住鼠标左键，从弹出的隐藏工具中选择  ，给它添加一个"对称"造型的父级，如图 3-148 所示，从而制作出一半球体，效果如图 3-149 所示。

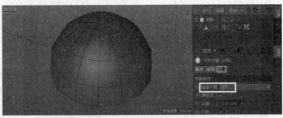

图 3-148　选择 ⬭ 对称　　　　　　　　　　图 3-149　制作出一半球体

7）同理，按住键盘上的〈Alt〉键，再添加一个"对称"造型的父级，并在属性面板中将"镜像平面"设置为 XZ，从而制作出整个球体，如图 3-150 所示。

图 3-150　制作出整个球体

8）对模型进行平滑处理。方法：按住键盘上的〈Alt〉键，单击工具栏中的 ⬚ （细分曲面）工具，给它添加一个"细分曲面"生成器的父级。然后在属性面板中将"编辑器细分"和"渲染器细分"均设置为 1，效果如图 3-151 所示。

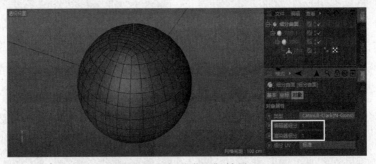

图 3-151　"细分曲面"效果

9）在"对象"面板中选择所有对象，单击右键，从弹出的快捷菜单中选择"连接对象＋删除"命令，将它们转换为一个可编辑对象。

10）制作篮球上的凹痕效果。方法：进入 ⬛ （边模式），然后在球体的中间位置双击鼠标，选中球体中间的一圈边，如图 3-152 所示。接着配合〈Shift〉键，加选出其余几圈要制作凹痕的边，如图 3-153 所示。

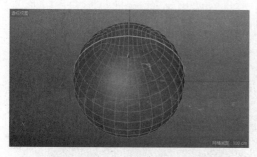

图 3-152　选中球体中间的一圈边

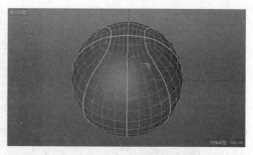

图 3-153　加选出其余几圈要制作凹痕的边

11）对选择的边进行倒角处理。方法：在视图中单击右键，从弹出的快捷菜单中选择"倒角"命令，对选择的边进行倒角处理，并在属性中将倒角"偏移"的数值为 3cm，效果如图 3-154 所示。

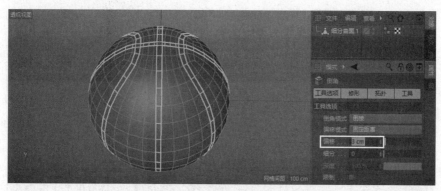

图 3-154　对选择的边进行倒角处理

12）按住键盘上的〈Ctrl〉键，在编辑模式工具栏中单击 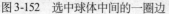（多边形）模式，将边转换为多边形。为了便于后面赋予材质，执行菜单中的"选择 | 设置选集"命令，将它们设置为一个选集，如图 3-155 所示。

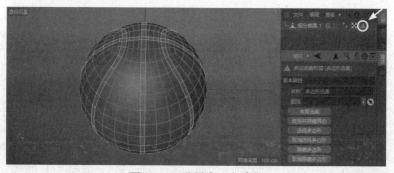

图 3-155　设置为一个选集

13）对选择的多边形进行挤压处理。方法：在视图中单击右键，从弹出的快捷菜单中选择"挤压"命令，对选择的多边形进行挤压，并在属性面板中将挤压"偏移"的数值设置为 -2cm，效果如图 3-156 所示。

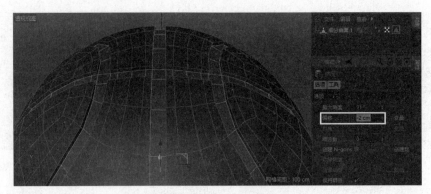

图 3-156　挤压 –2cm 的效果

14) 对选择的多边形进行内部挤压处理。方法：在视图中单击右键，从弹出的快捷菜单中选择"内部挤压"命令，对选择的多边形进行内部挤压，并在属性面板中将内部挤压"偏移"的数值设置为 1cm，效果如图 3-157 所示。

图 3-157　内部挤压 1cm 的效果

15) 对选择的多边形进行挤压处理。方法：在视图中单击右键，从弹出的快捷菜单中选择"挤压"命令，对选择的多边形进行挤压，并在属性面板中将挤压"偏移"的数值设置为 1cm，效果如图 3-158 所示。

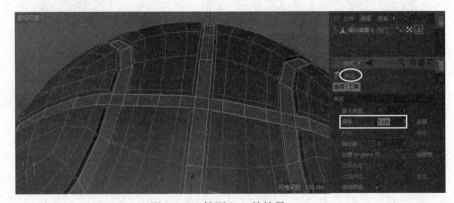

图 3-158　挤压 1cm 的效果

16) 对模型进行平滑处理。方法:按住键盘上的〈Alt〉键,单击工具栏中的 (细分曲面) 工具,给它添加一个"细分曲面"生成器的父级,效果如图 3-159 所示。

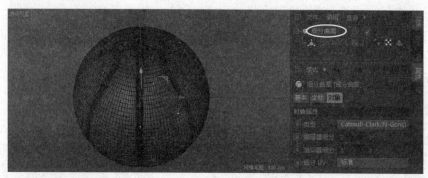

图 3-159　"细分曲面"效果

17) 执行视图菜单中的"显示 | 光影着色"(快捷键是〈N+A〉)命令,将模型以光影着色的 方式进行显示,如图 3-160 所示。

图 3-160　以光影着色的方式显示模型

18) 至此,篮球模型制作完毕。下面执行菜单中的"文件 | 保存工 程 (包含资源)"命令,将文件保存打包。

3.10　沐浴露瓶模型

要点:

　　本例将制作一个沐浴露瓶模型,如图 3-161 所示。本例的重点是根 据参考图创建模型。通过本例的学习,读者应掌握在视图中显示背景图 片以及使用循环/路径切割工具、挤压、内部挤压、倒角、细分曲面、 视窗单体独显等一系列操作的方法。

操作步骤:

1. 制作瓶身模型

1) 在正视图中显示作为参照的背景图。方法:选择正视图,按

图 3-161　沐浴露瓶

快捷键〈Shift+V〉，然后在属性面板"背景"选项卡中单击"图像"右侧的 ▅▅ 按钮，从弹出的对话框中选择网盘中的"源文件 \3.10 沐浴露 \ 正视图参照 .jpg"图片，如图 3-162 所示，单击"打开"按钮，此时正视图中就会显示出背景图片，如图 3-163 所示。

2）在工具栏 ▣ （立方体）工具上按住鼠标左键，从弹出的隐藏工具中选择 ▯ 圆柱，如图 3-164 所示，从而在视图中创建一个圆柱体，如图 3-165 所示。

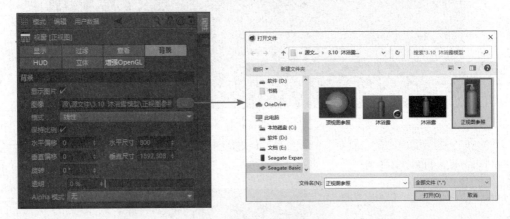

图 3-162　指定背景图片

图 3-163　显示出背景图片

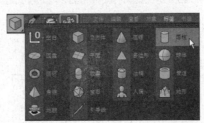

图 3-164　从弹出的隐藏工具中选择 ▯ 圆柱

图 3-165　在视图中创建一个圆柱体

3）按快捷键〈Shift+V〉，在属性面板"背景"选项卡中调整背景图的参数，使背景图与创建的圆柱的宽度尽量匹配，如图 3-166 所示。接着在视图中调整圆柱的高度，使之与背景图沐浴露瓶身的高度尽量匹配，如图 3-167 所示。

4）在视图菜单中选择"显示 | 线框"命令，将其以线框进行显示，如图 3-168 所示。此时图片过亮，为了便于后面操作，在属性面板中将背景图片的"透明"设置为 70%，效果如图 3-169 所示。

图 3-166　使背景图与创建的圆柱的宽度尽量匹配

图 3-167　调整圆柱的高度，使之与背景图沐浴露瓶身的高度尽量匹配

图 3-168　将圆柱以线框进行显示

图 3-169　将背景图片的"透明"设置为 70% 的效果

5）在圆柱的属性面板"封顶"选项卡中取消勾选"封顶"复选框，从而使圆柱两端为开口状态，然后在"对象"选项卡中将圆柱的"旋转分段"设置为 16，最后按快捷键〈C〉，将其转换为可编辑对象，效果如图 3-170 所示。

　　提示：后面是通过"细分曲面"生成器来实现瓶身的平滑的，所有此时不需要将圆柱的"旋转分段"设置得过大。

6）制作出瓶身顶部的圆滑效果。方法：在编辑模式工具栏中选择 ▣（边模式），然后按快捷键〈K+L〉，切换到循环 / 路径切割工具，参照背景图瓶身的转角位置，在圆柱的顶部切割出一圈边，如图 3-171 所示。接着在圆柱体上部单击，切割出另一圈边，如图 3-172 所示，再单击 ▣（添加边），切割出均匀分布的两圈边，如图 3-173 所示。

7）在工具栏中选择 ▣（框选工具）（快捷键是〈0〉），进入 ▣（点模式），框选圆柱顶部的一圈顶点，再利用工具箱中的 ▣（缩放工具）参照背景图瓶口的尺寸对其进行等比例缩小，效果如图 3-174 所示。同理，对其余两圈顶点进行缩放处理，效果如图 3-175 所示。

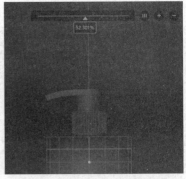

图 3-172　切割出另一圈边

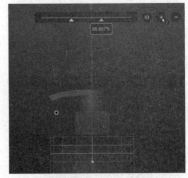

图 3-170　将其转换为可编辑对象　　图 3-171　在圆柱的顶部切割出一圈边　　图 3-173　切割出均匀分布的两圈边

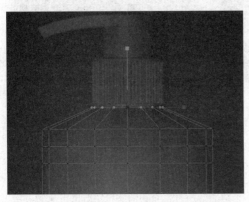
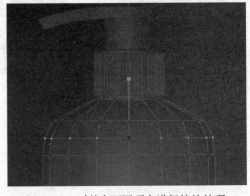

图 3-174　对顶部的一圈顶点进行等比例缩小　　图 3-175　对其余两圈顶点进行缩放处理

8）此时顶部不够圆滑，利用循环 / 路径切割工具在顶部切割出一圈边，然后单击 ▥（切割到中间）按钮，保证切割边在两条边的中间位置。接着利用 ⬚（缩放工具）对其进行适当缩小，效果如图 3-176 所示。

9）同理，参照参考图对圆柱的底部进行处理，制作出底部的圆滑效果，如图 3-177 所示。

10）对瓶身底部进行封口处理。方法：按快捷键〈F1〉，切换到透视视图，选择 ✥（移动工具），进入 ⬡（边模式），然后在圆柱的底部双击，选择底部的一圈边，如图 3-178 所示。接着利用 ⬚（缩放工具），按住〈Ctrl〉键对其进行适当缩小，再在变换栏中将 X、Y、Z 的尺寸均设置为 0，如图 3-179 所示，制作出底部的封口效果，如图 3-180 所示。

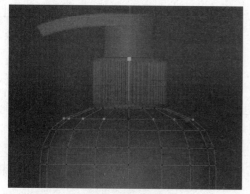

图 3-176　切割出均匀分布的两圈边

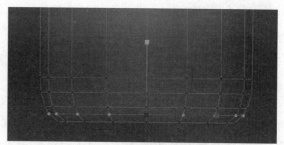

图 3-177　制作出底部的圆滑效果

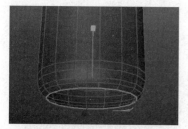

图 3-178　选择底部的一圈边

图 3-179　将 X、Y、Z 的
尺寸均设置为 0

图 3-180　底部的封口效果

11）对圆柱的顶部进行处理。方法：选择 ✛（移动工具），进入 ◈（边模式），在圆柱的顶部双击，选择顶部的一圈边，如图 3-181 所示。接着按快捷键〈F4〉，切换到正视图，再按住〈Ctrl〉键，将其沿 Y 轴向上挤压，效果如图 3-182 所示。

12）为了稳定瓶身顶部转角处的结构，选择顶部转角处的一圈边，然后单击右键，从弹出的快捷菜单中选择"倒角"命令，对其进行倒角处理，效果如图 3-183 所示。

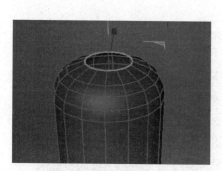

图 3-181　选择顶部的一圈边

图 3-182　沿 Y 轴向上挤压

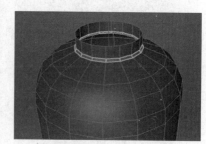

图 3-183　"倒角"效果

13）至此，沐浴露瓶身模型制作完毕，下面对整个瓶身进行平滑处理。方法：按住键盘上的〈Alt〉键，单击工具栏中的 （细分曲面）工具，给它添加一个"细分曲面"生成器的父级，效果如图 3-184 所示。

2. 制作防滑部分

1）在视图中创建一个圆柱，然后进入 （模型模式），调整其宽度和高度，并将其放置到合适位置，使之与背景图中的防滑部分尽量匹配，如图 3-185 所示。

2）在圆柱的属性面板"封顶"选项卡中取消勾选"封顶"复选框，使圆柱两端为开口状态，再在"对象"选项卡中将圆柱的"旋转分段"设置为 60，最后按快捷键〈C〉，将其转换为可编辑对象，效果如图 3-186 所示。

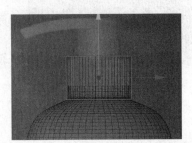

图 3-184 瓶身"细分曲面"效果　　图 3-185 调整圆柱大小，使之与背景图中的防滑部分尽量匹配　　图 3-186 将圆柱转换为可编辑对象

3）为了便于操作，在编辑模式工具栏中选择 Ⓢ（视窗单体显示）按钮，使视图中只显示圆柱。

4）按快捷键〈K+L〉，切换到循环／路径切割工具，在属性面板中勾选"镜像切割"复选框，如图 3-187 所示；参照背景图，在圆柱上单击，在圆柱上下各切割出一圈边，如图 3-188 所示。

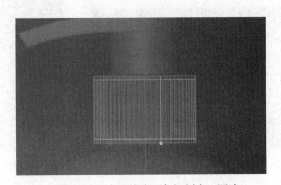

图 3-187 勾选"镜像切割"复选框　　图 3-188 在圆柱上下各切割出一圈边

5) 按快捷键〈F1〉，切换到透视视图，然后选择 框选工具，进入 多边形 模式，执行菜单中的"选择 | 循环选择"（快捷键是〈U+L〉）命令，再在圆柱的中间单击，循环选择多边形，如图 3-189 所示。

6) 单击右键，从弹出的快捷菜单中选择"内部挤压"（快捷键〈I〉命令，然后在属性面板中取消勾选"保持群组"复选框，接着对多边形向内进行挤压，效果如图 3-190 所示。

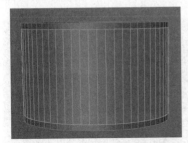

图 3-189　循环选择多边形

图 3-190　向内挤压多边形

7) 单击右键，从弹出的快捷菜单中选择"挤压"（快捷键是〈D〉）命令，对多边形向外挤压出一个厚度。接着在属性面板中将"偏移"设置为 1cm，并取消勾选"创建封顶"复选框，效果如图 3-191 所示。

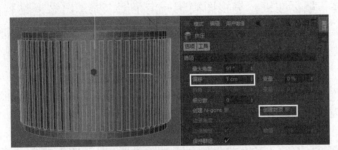

图 3-191　挤压多边形

8) 为了稳定挤压后的结构，利用循环 / 路径切割工具在挤压多边形的上下各切割出一圈边，如图 3-192 所示。

9) 对防滑部分进行平滑处理。方法：按住键盘上的〈Alt〉键，单击工具栏中的 细分曲面 （细分曲面）工具，给它添加一个"细分曲面"生成器的父级，效果如图 3-193 所示。

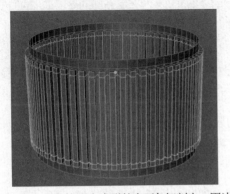

图 3-192　在挤压多边形的上下各切割出一圈边

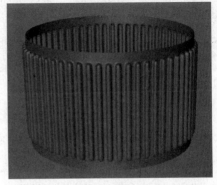

图 3-193　防滑部分"细分曲面"效果

10）此时防滑部分的大体结构已经制作完，在"对象"面板中关闭"细分曲面 1"的显示，再选择"圆柱"，如图 3-194 所示。选择 ✛（移动工具），进入 ⬤（边模式），再在圆柱的顶部双击，选择顶部的一圈边，如图 3-195 所示。接着按快捷键〈F4〉，切换到正视图，利用 ⬛（缩放工具），按住键盘上的〈Ctrl〉键，向内挤压出一圈边，再利用 ✛（移动工具），配合〈Ctrl〉键，将其沿 Y 轴向上挤压，效果如图 3-196 所示。

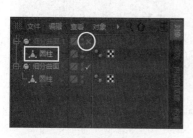
图 3-194 关闭"细分曲面"的显示，再选择"圆柱"

图 3-195 选择顶部的一圈边

图 3-196 继续挤压出防滑结构

11）制作出防滑结构底部的厚度感。方法：按快捷键〈F1〉，切换到透视视图。按住键盘上的〈Alt〉键＋鼠标左键，将视图旋转一定角度，显示出防滑结构的底部，接着选择 ✛（移动工具），进入 ⬤（边模式），在防滑结构的底部双击，选择顶部的一圈边。最后利用 ⬛（缩放工具），按住键盘上的〈Ctrl〉键，向内挤压，制作出底部的厚度，如图 3-197 所示。

12）为了稳定转角处的结构，下面选择 ✛（移动工具），进入 ⬤（边模式），配合〈Shift〉键选中转角处三圈边，如图 3-198 所示，再对其进行倒角处理，效果如图 3-199 所示。

图 3-197 制作出底部的厚度

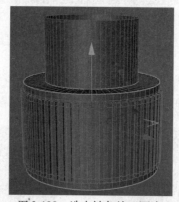
图 3-198 选中转角处三圈边

图 3-199 "倒角"效果

13）在"对象"面板中恢复"细分曲面 1"的显示，效果如图 3-200 所示。然后在编辑模式工具栏中选择 ⬛（关闭视窗独显）按钮，显示出所有模型，效果如图 3-201 所示。

3. 制作瓶盖部分

1）按快捷键〈F4〉，切换到正视图，在视图中创建一个圆柱，然后进入 ⬛（模型模式），调整其宽度和高度，并将其放置到合适位置，使之与背景图中的瓶盖部分尽量匹配，如图 3-202 所示。

图 3-200　恢复"细
分曲面 1"的显示

图 3-201　显示出所有模型

图 3-202　调整圆柱大小，使之与
背景图中的瓶盖部分尽量匹配

2）为了便于操作，在编辑模式工具栏中选择 Ⓢ（视窗单体显示）按钮，使视图中只显示作为瓶盖的圆柱。

3）在顶视图中显示作为参照的背景图。方法：按快捷键〈F2〉，切换到顶视图，按快捷键〈Shift+V〉，再在属性面板"背景"选项卡中指定给"背景"右侧网盘中的"源文件 \3.10 沐浴露 \ 顶视图参照 .jpg"图片，此时顶视图中就会显示出背景图片，如图 3-203 所示。

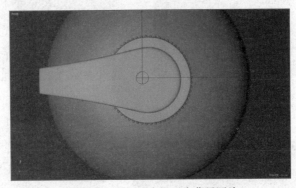

图 3-203　顶视图中显示出背景图片

4）在属性面板"背景"选项卡中调整背景图的大小，使背景图中的瓶盖半径与圆柱的半径尽量匹配，再将背景图的"透明"设置为 70%，效果如图 3-204 所示。

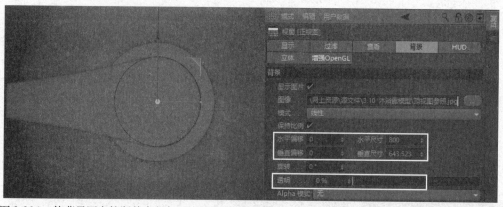

图 3-204　使背景图中的瓶盖半径与圆柱的半径尽量匹配，再将背景图的"透明"设置为 70% 的效果

5）在圆柱的属性面板"封顶"选项卡中取消勾选"封顶"复选框，使圆柱两端为开口状态，然后在"对象"选项卡中将圆柱的"旋转分段"设置为 16，最后按快捷键〈C〉，将其转换为可编辑对象，效果如图 3-205 所示。

6）在顶视图中调整出瓶盖的大体形状。方法：选择 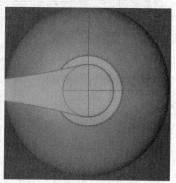（框选工具），进入 （多边形模式），框选如图 3-206 所示的多边形，再利用 （移动工具），配合〈Ctrl〉键将其沿 X 轴向左进行挤压，如图 3-207 所示。接着在变换栏中将 X 的尺寸设置为 0，如图 3-208 所示，效果如图 3-209 所示。再利用 （缩放工具）将其沿 Z 轴进行缩小，使之与背景图中的瓶嘴形状尽量匹配，效果如图 3-210 所示。

图 3-205　转换为可编辑对象

7）同理，对选中的多边形继续挤压和缩放，效果如图 3-211 所示。

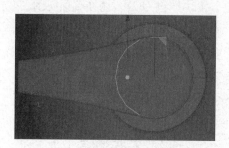

图 3-206　框选多边形

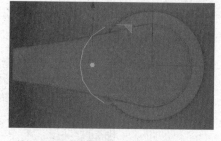

图 3-207　沿 X 轴向左进行挤压边

图 3-208　将 X 的尺寸设置为 0

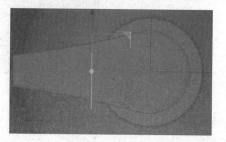

图 3-209　将 X 的尺寸设置为 0 的效果

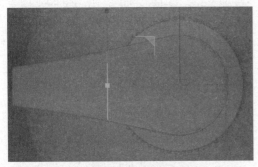 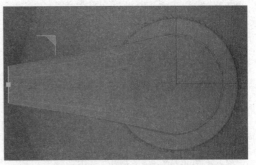

图 3-210　将其沿 Z 轴进行缩小边，使
之与背景图的瓶嘴形状尽量匹配
　　　　图 3-211　对选中的多边形继续挤压和缩放

8）按快捷键〈F4〉，切换到正视图，如图 3-212 所示。利用 （框选工具），进入 （点模式），框选相应的顶点沿 Y 轴向下移动，使之与背景图中的瓶盖形状尽量匹配，效果如图 3-213 所示。接着利用 （旋转工具）对前端的多边形进行旋转，从而形成瓶嘴的弯曲，如图 3-214 所示。

 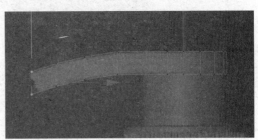

图 3-212　切换到正视图　　　　　　图 3-213　使之与背景图中的瓶盖形状尽量匹配

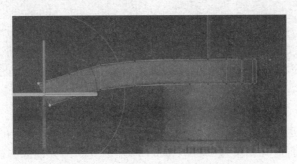

图 3-214　对前端的多边形进行旋转

9）按快捷键〈F1〉，切换到透视视图，进入 （多边形模式），如图 3-215 所示。再利用"内部挤压"命令对其进行挤压，效果如图 3-216 所示。

　　提示：此时在使用内部挤压命令之前，一定要勾选"保持群组"复选框。

10）按快捷键〈F4〉，切换到正视图，然后利用 （移动工具），配合〈Ctrl〉键将其向内进行挤压，从而形成瓶嘴的厚度，如图 3-217 所示。按〈Delete〉键，删除选中的多边形。

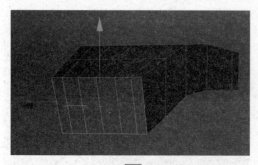

图 3-215　进入█（多边形模式）

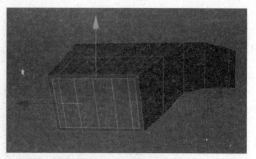

图 3-216　内部挤压多边形

图 3-217　挤压出瓶嘴的厚度

11）按快捷键〈F1〉，切换到透视视图，如图 3-218 所示。按快捷键〈K+L〉，切换到循环 /
路径切割工具，再在瓶口四周切割出几圈边来稳定瓶口的结构，如图 3-219 所示。

12）对瓶口进行平滑处理。方法：按住键盘上的〈Alt〉键，单击工具栏中的█（细分曲面）
工具，给它添加一个"细分曲面"生成器的父级，效果如图 3-220 所示。

图 3-218　切换到透视视图

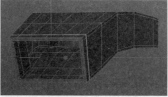

图 3-219　在瓶口四周切割出
几圈边来稳定瓶口的结构

图 3-220　瓶口"细
分曲面"的效果

13）对瓶盖顶部进行封口处理。方法：按住键盘上的〈Alt〉键 + 鼠标左键，将视图旋转
到合适角度，显示出瓶盖开口位置，如图 3-221 所示。关闭细分曲面的显示，再选择"圆柱"，
如图 3-222 所示。接着进入█（边模式），执行菜单中的"选择 | 循环选择"（快捷键是〈U+L〉）
命令，在属性面板中勾选"选择边界循环"命令，最后在瓶盖顶部开口处单击，选中顶部开口
处的一圈边，如图 3-223 所示。

图 3-221　显示出瓶盖开口位置

图 3-222　选择"圆柱"

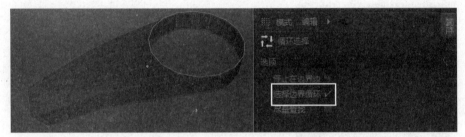

图 3-223　选中顶部开口处的一圈边

14）利用 ▣（缩放工具），配合〈Ctrl〉键，对选中的一圈边向内挤压两次，如图 3-224 所示。在变换栏中将 X、Y、Z 的尺寸均设置为 0，制作出瓶盖顶部的封口效果，如图 3-225 所示。

提示：向内挤压两次，而不是一次，是为了通过多添加一圈边稳定瓶盖封口处的结构。

图 3-224　对选中的一圈边向内挤压两次

图 3-225　制作出瓶盖顶部的封口效果

15）制作出瓶盖下方的收口形状。方法：将视图旋转到合适角度，显示出瓶盖下方的开口位置。按快捷键〈U+L〉，选择底部的一圈边，如图 3-226 所示。利用 ✛（移动工具），配合〈Ctrl〉键将其沿 Y 轴向上进行挤压。接着利用 ▣（缩放工具）将其适当缩小，效果如图 3-227 所示。

图 3-226　显示出瓶盖下方的开口位置

图 3-227　适当缩小挤压后的边

16）恢复"细分曲面"的显示，在编辑模式工具栏中选择 ⑤（关闭视窗独显）按钮，显示出所有模型，效果如图 3-228 所示。为了便于区分，在"对象"面板中将模型进行重命名，如图 3-229 所示。

17）至此，沐浴露瓶模型制作完毕。执行菜单中的"文件 | 保存工程（包含资源）"命令，将文件保存打包。

图 3-228　显示出所有模型

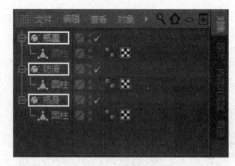

图 3-229　重命名模型

3.11　课后练习

1) 制作图 3-230 所示的香槟酒杯。
2) 制作图 3-231 所示的一字螺钉。
3) 制作图 3-232 所示的陶罐模型。

图 3-230　香槟酒杯

图 3-231　一字螺钉

图 3-232　陶罐模型

第4章　材质与贴图

本章重点：

在 Cinema 4D 中制作好模型，接下来就是赋予模型适合的材质。通过本章的学习，读者应掌握金、银、铝、翡翠、玻璃、皮革、镜面反射等一些常用材质的制作方法。

4.1　金、银、铝、翡翠材质

 要点：

本例将制作赋予文字模型金、银、铝和翡翠 4 种材质，如图 4-1 所示。通过本例的学习，读者应掌握金、银、铝和翡翠 4 种材质的制作方法。

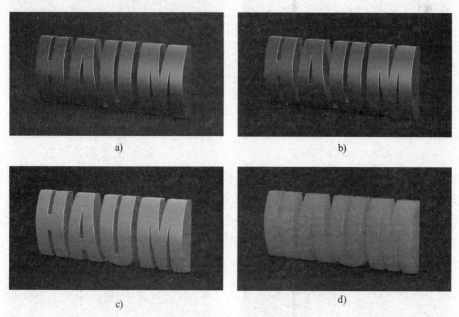

a)　　　　　　　　　　　　　　　b)

c)　　　　　　　　　　　　　　　d)

图 4-1　金、银、铝、翡翠材质

a) 金材质　b) 银材质　c) 铝材质　d) 翡翠材质

操作步骤：

1. 制作金材质

1）执行菜单中的"文件 | 打开"（快捷键是〈Ctrl+O〉）命令，打开网盘中的"源文件 \4.1 金、银、铝、翡翠材质 \ 源文件 .c4d"文件。

2）在材质栏中双击鼠标，新建一个材质球，然后在名称处双击鼠标，将其重命名为"金"，如图 4-2 所示。

图 4-2　新建并重命名材质球

3）双击材质球进入"材质编辑器"，取消勾选"颜色"复选框。在左侧选择"反射"，再在右侧单击"添加"按钮，从弹出的下拉菜单中选择"GGX"，如图 4-3 所示。展开"层菲涅耳"选项组，单击"菲涅耳"右侧下拉列表，从中选择"导体"。接着从"预置"下拉列表中选择"金"，如图 4-4 所示。

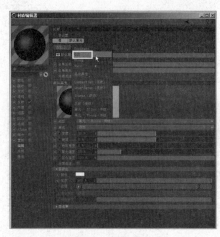

图 4-3　选择"GGX"

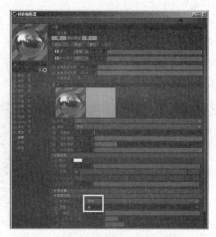

图 4-4　设置"层菲涅耳"参数（一）

4）此时金材质过于光滑，反射也过强。下面将"粗糙度"的数值设置为 30%，"反射强度"的数值设置为 80%，如图 4-5 所示。

5）此时金色颜色过浅。下面将"层颜色"选项组中的"颜色"设置为一种金黄色（HSB 的数值为（50，70，100）），如图 4-6 所示。再单击右上方的 ⊠ 按钮，关闭"材质编辑器"。

图 4-5　将"粗糙度"设置为
30%，"反射强度"设置为 80%，

图 4-6　将"颜色"设置为一种金黄色

6）将"金"材质拖给场景中的文字模型，接着在工具栏中单击 （渲染到图片查看器）按钮，渲染效果如图 4-7 所示。

图 4-7　金渲染效果

7）执行菜单中的"文件 | 保存工程（包含资源）"命令，将文件保存打包。

2. 制作银材质

1）执行菜单中的"文件 | 打开"（快捷键是〈Ctrl+O〉）命令，打开网盘中的"源文件 \4.1 金、银、铝、翡翠材质 \ 源文件 .c4d"文件。

2）在材质栏中双击鼠标，新建一个材质球，在名称处双击鼠标将其重命名为"银"。再双击材质球进入"材质编辑器"，取消勾选"颜色"复选框。接着在左侧选择"反射"，在右侧单击"添加"按钮，从弹出的下拉菜单中选择"GGX"。展开"层菲涅耳"选项组，单击"菲涅耳"右侧下拉列表，从中选择"导体"。从"预置"下拉列表中选择"银"，如图 4-8 所示。

3）此时银材质过于光滑，反射也过强。将"粗糙度"的数值设置为 30%，"反射强度"的数值设置为 80%，如图 4-9 所示。

图 4-8　设置"层菲涅耳"参数（二）

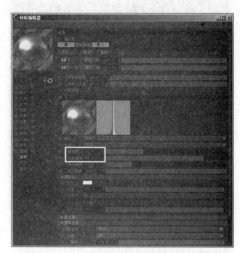

图 4-9　将"粗糙度"设置为 30%，
"反射强度"设置为 80%，

4）关闭"材质编辑器"。将"银"材质拖给场景中的文字模型，接着在工具栏中单击 （渲染到图片查看器）按钮，渲染效果如图 4-10 所示。

图 4-10　银渲染效果

5）执行菜单中的"文件|保存工程（包含资源）"命令，将文件保存打包。

3.制作铝材质

1）执行菜单中的"文件|打开"（快捷键是〈Ctrl+O〉）命令，打开网盘中的"源文件 \4.1 金、银、铝、翡翠材质 \ 源文件 .c4d"文件。

2）在材质栏中双击鼠标，新建一个材质球，在名称处双击鼠标将其重命名为"铝"。再双击材质球进入"材质编辑器"，在左侧选择"反射"，在右侧单击"添加"按钮，从弹出的下拉菜单中选择"GGX"。展开"层菲涅耳"选项组，单击"菲涅耳"右侧下拉列表，从中选择"导体"。从"预置"下拉列表中选择"铝"，如图 4-11 所示。

3）在"层颜色"选项组中将"颜色"设置为一种灰白色（HSV 的数值为 (0°，0%，70%)），如图 4-12 所示。

图 4-11　设置"层菲涅耳"参数（三）

图 4-12　将"颜色"设置为一种灰白色（HSV 的数值为 (0°，0%，70%)）

4）此时铝材质过于光滑，反射也过强。将"粗糙度"的数值设置为 30%，"反射强度"的数值设置为 80%，如图 4-13 所示。

5）关闭"材质编辑器"。将"银"材质拖给场景中的文字模型，接着在工具栏中单击 ▓（渲染到图片查看器）按钮，渲染效果如图 4-14 所示。

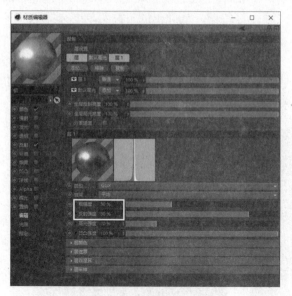

图 4-13　将"粗糙度"设置为
30%，"反射强度"设置为 80%，

图 4-14　铝渲染效果

4. 制作翡翠材质

1）执行菜单中的"文件 | 打开"（快捷键是〈Ctrl+O〉）命令，打开网盘中的"源文件 \4.1 金、银、铝、翡翠材质 \ 源文件 .c4d"文件。

2）在材质栏中双击鼠标，新建一个材质球，在名称处双击鼠标将其重命名为"翡翠"。再双击材质球进入"材质编辑器"，取消勾选"颜色"复选框。接着勾选"发光"复选框，单击"纹理"右侧▮按钮，从弹出的下拉菜单中选择"效果 | 次表面散射"命令，如图 4-15 所示。最后将"颜色"设置为一种绿色（HSB 的数值为（120，90，80）），如图 4-16 所示。

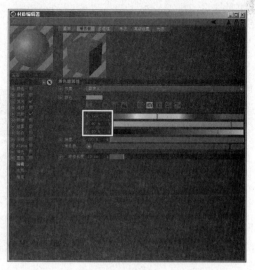

图 4-15　选择"效果 | 次表面散射"命令

图 4-16　将"颜色"设置为一种绿色

3) 在左侧选择"反射", 在右侧单击"添加"按钮, 从弹出的下拉菜单中选择"GGX"。展开"层菲涅耳"选项组, 单击"菲涅耳"右侧下拉列表, 从中选择"绝缘体"。接着从"预置"下拉列表中选择"翡翠", 如图 4-17 所示。

4) 关闭"材质编辑器"。将"翡翠"材质拖给场景中的"佛像"模型, 接着在工具栏中单击 (渲染到图片查看器) 按钮, 渲染效果如图 4-18 所示。

图 4-17　设置"层菲涅耳"参数 (四)

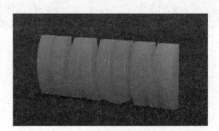

图 4-18　翡翠渲染效果

5) 执行菜单中的"文件 | 保存工程 (包含资源)"命令, 将文件保存打包。

4.2　银色拉丝和金色拉丝材质

4.2　银色拉丝和金色拉丝材质

要点:

本例将制作银色拉丝和金色拉丝材质, 如图 4-19 所示。通过本例的学习, 读者应掌握银色拉丝和金色拉丝材质的制作方法。

　　　　　a)　　　　　　　　　　　b)　　　　　　　　　　　c)

图 4-19　银色拉丝和金色拉丝材质

a) 模型效果　b) 银色拉丝材质　c) 金色拉丝材质

操作步骤：

1. 制作金色拉丝材质

1) 执行菜单中的"文件 | 打开"（快捷键是〈Ctrl+O〉）命令，打开网盘中的"源文件 \4.2 银色拉丝和金色拉丝材质 \ 银色拉丝和金色拉丝材质（白模）.c4d"文件。

2) 在材质栏中双击鼠标，新建一个材质球，在名称处双击鼠标将其重命名为"银色拉丝"，如图 4-20 所示。

图 4-20　新建并重命名材质球

3) 双击材质球进入"材质编辑器"，取消勾选"颜色"复选框。在左侧选择"反射"，在右侧单击"添加"按钮，从弹出的下拉菜单中选择"各向异性"，如图 4-21 所示。再展开"层各向异性"选项组，将"划痕"设置为"主级"，如图 4-22 所示。

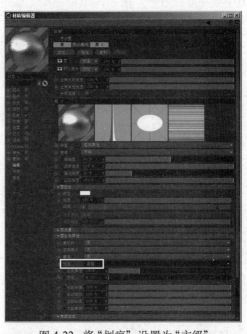

图 4-21　选择"各向异性"　　　　　图 4-22　将"划痕"设置为"主级"

4) 将"主级振幅"设置为 180%，使拉丝效果更明显。将"主级缩放"设置为 30%，使拉丝效果更细腻。接着将"主级长度"设置为 20%，使金属拉丝形成断断续续的效果，如图 4-23 所示。

5) 此时银色材质中自身就有白色的成分，为了防止曝光过度，展开"层颜色"选项组，将"亮度"设置为 80%，如图 4-24 所示。

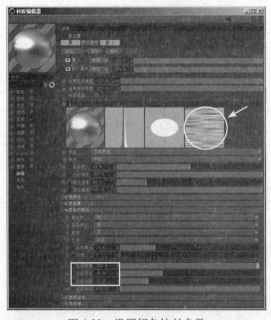

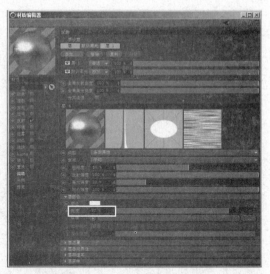

图 4-23　设置银色拉丝参数　　　　　　　　　　图 4-24　将"亮度"设置为 80%

6）关闭"材质编辑器"。将"银色拉丝"材质拖给场景中的模型，接着在工具栏中单击![](渲染到图片查看器）按钮，渲染效果如图 4-25 所示。

图 4-25　银色拉丝渲染效果

7）执行菜单中的"文件 | 保存工程（包含资源）"命令，将文件保存打包。

2．制作银色拉丝材质

1）执行菜单中的"文件 | 打开"（快捷键是〈Ctrl+O〉）命令，打开网盘中的"源文件 \4.2 银色拉丝和金色拉丝材质 \ 银色拉丝和金色拉丝材质（白模）.c4d"文件。

2）在材质栏中双击鼠标，新建一个材质球，在名称处双击鼠标将其重命名为"金色拉丝"。再双击材质球进入"材质编辑器"，取消勾选"颜色"复选框。接着在左侧选择"反射"，在右侧单击"添加"按钮，从弹出的下拉菜单中选择"各向异性"；展开"层各向异性"选项组，将"划痕"设置为"主级"。

3）将"主级振幅"设置为180%，使拉丝效果更明显。然后将"主级缩放"设置为30%，使拉丝效果更细腻。接着将"主级长度"设置为20%，使金属拉丝形成断断续续的效果，如图4-26所示。

4）展开"层菲涅耳"选项组，单击"菲涅耳"右侧下拉列表，从中选择"导体"。接着从"预置"下拉列表中选择"金"，如图4-27所示。

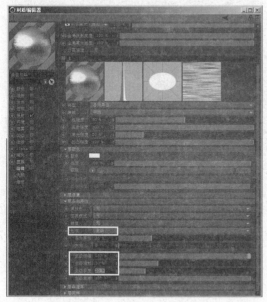

图 4-26 设置金色拉丝参数

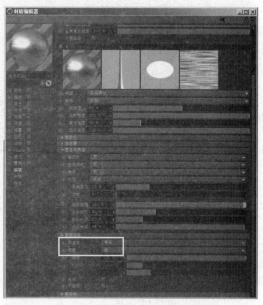

图 4-27 设置"层菲涅耳"参数

5）关闭"材质编辑器"。将"金色拉丝"材质拖给场景中的模型，接着在工具栏中单击 （渲染到图片查看器）按钮，渲染效果如图4-28所示。

图 4-28 金色拉丝渲染效果

6）执行菜单中的"文件|保存工程（包含资源）"命令，将文件保存打包。

4.3 光滑玻璃和毛玻璃材质

 要点：

4.3 光滑玻璃和毛玻璃材质

本例将制作光滑玻璃和毛玻璃材质，如图4-29所示。通过本例的学习，读者应掌握光滑玻璃和毛玻璃材质的制作方法。

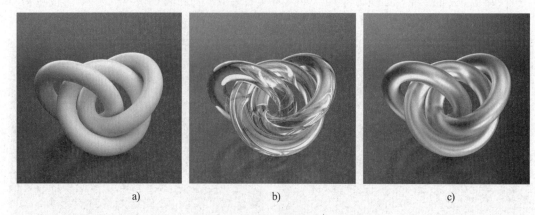

图 4-29　光滑玻璃和毛玻璃材质

a) 模型效果　b) 光滑玻璃材质　c) 毛玻璃材质

 操作步骤：

1. 制作光滑玻璃材质

1）执行菜单中的"文件 | 打开"（快捷键是〈Ctrl+O〉）命令，打开网盘中的"源文件 \4.3 光滑玻璃和毛玻璃材质 \ 光滑玻璃和毛玻璃（白模）.c4d"文件。

2）在材质栏中双击鼠标，新建一个材质球，在名称处双击鼠标将其重命名为"光滑玻璃"，如图 4-30 所示。

图 4-30　新建并重命名材质球

3）双击材质球进入"材质编辑器"，取消勾选"颜色"和"反射"复选框。勾选"透明"复选框，在右侧单击"折射率预设"右侧下拉列表，从中选择"钻石"，如图 4-31 所示。

4）关闭"材质编辑器"。将"光滑玻璃"材质拖给场景中的模型，接着在工具栏中单击 (渲染到图片查看器) 按钮，渲染效果如图 4-32 所示。

5）执行菜单中的"文件 | 保存工程（包含资源）"命令，将文件保存打包。

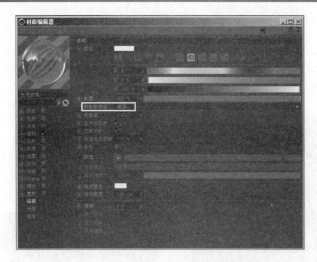

图 4-31　将"折射率预设"设为"钻石"　　　　　图 4-32　光滑玻璃渲染效果

2. 制作毛玻璃材质

1）执行菜单中的"文件 | 打开"（快捷键是〈Ctrl+O〉）命令，打开网盘中的"源文件 \4.3 光滑玻璃和毛玻璃材质 \ 光滑玻璃和毛玻璃（白模）.c4d"文件。

2）在材质栏中双击鼠标，新建一个材质球，然后在名称处双击鼠标将其重命名为"毛玻璃"。

3）双击材质球进入"材质编辑器"，取消勾选"颜色"和"反射"复选框。勾选"透明"复选框，再在右侧单击"折射率预设"右侧下拉列表，从中选择"钻石"。接着将"模糊"设置为 30%，如图 4-33 所示。

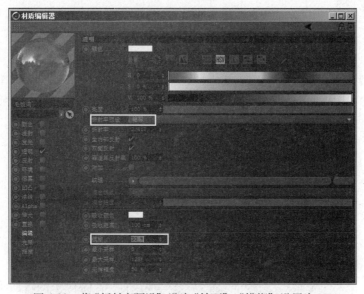

图 4-33　将"折射率预设"设为"钻石"，"模糊"设置为 30%

4）在左侧选择"反射"，在右侧单击"透明度"，再将"粗糙度"设置为 30%，如图 4-34 所示。

提示：此时不需要勾选"反射"，因为当将"透明"的"折射率预设"设为钻石后，软件会默认启用反射的相关参数。

5）关闭"材质编辑器"。将"毛玻璃"材质拖给场景中的模型，接着在工具栏中单击![渲染到图片查看器] （渲染到图片查看器）按钮，渲染效果如图 4-35 所示。

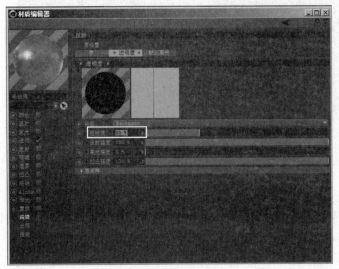

图 4-34　将"粗糙度"设置为 30%

图 4-35　毛玻璃渲染效果

6）执行菜单中的"文件 | 保存工程（包含资源）"命令，将文件保存打包。

4.4　鸡蛋材质

 要点：

4.4　鸡蛋材质

本例将制作鸡蛋效果，如图 4-36 所示。本例的重点是利用"旋转"生成器制作鸡蛋模型和鸡蛋材质。通过本例的学习，读者应掌握"旋转"生成器、利用外部材质库中的材质来制作所需材质、地面背景和摄像机的应用。

图 4-36　鸡蛋

操作步骤：

1．制作单个鸡蛋

1）在正视图中显示作为参照的背景图。方法：按快捷键〈F4〉，切换到正视图。然后按快捷键〈Shift+V〉，在属性面板"背景"选项卡中单击"图像"右侧的▆▆▆按钮，从弹出的对话框中选择网盘中的"源文件 \4.4 鸡蛋材质 \ 鸡蛋参照图 .jpg"图片，如图 4-37 所示，单击"打开"按钮。此时正视图中就会显示出背景图片，如图 4-38 所示。

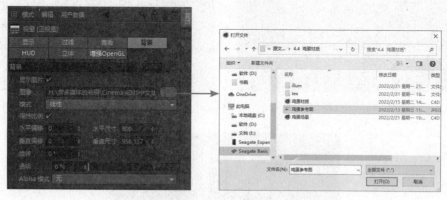

图 4-37　指定背景图片

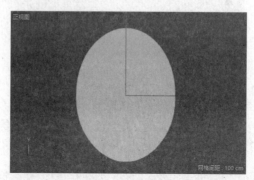

图 4-38　显示出背景图片

2）为了便于绘制，在"背景"选项卡中将背景图的"透明"设置为 70%，如图 4-39 所示。

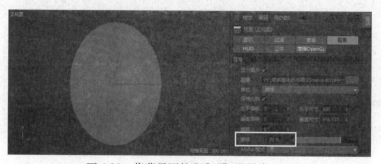

图 4-39　将背景图的"透明"设置为 70%

3）利用工具栏中的（画笔工具）沿鸡蛋轮廓绘制样条，在绘制完成后按〈Esc〉键退出绘制状态，效果如图 4-40 所示。然后利用工具栏中的（框选工具）框选上下两个顶点，在变换栏中将“位置 ” 的“X” 数值设置为 0cm，效果如图 4-41 所示。接着利用（画笔工具）调整顶点的控制柄，使绘制的样条与背景图片尽量匹配，如图 4-42 所示。

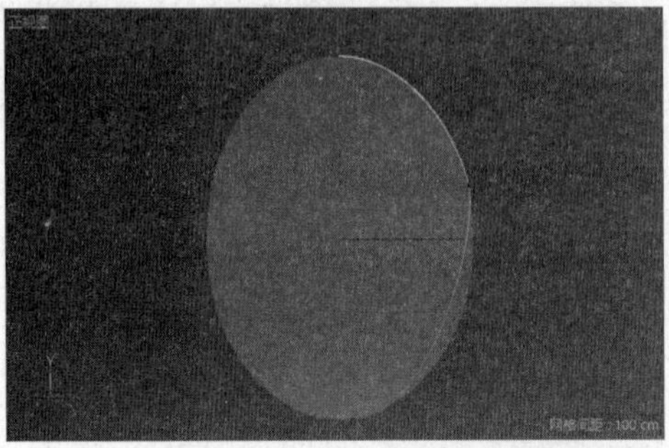

图 4-40　沿鸡蛋轮廓绘制样条

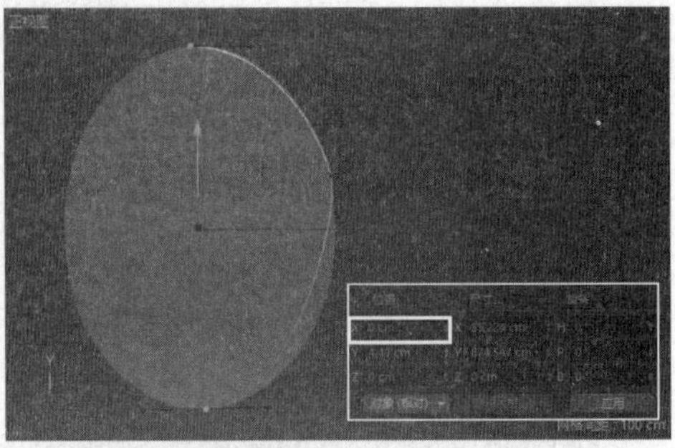

图 4-41　将“位置 ” “X” 数值设置为 0cm

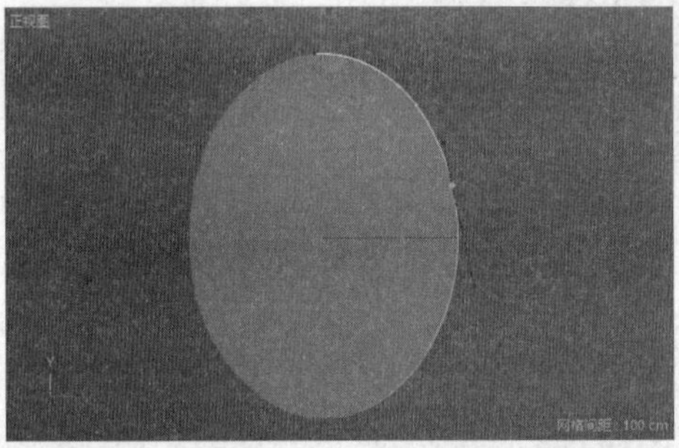

图 4-42　使绘制的样条与背景图片尽量匹配

4）利用“旋转” 生成器制作出鸡蛋的形状。方法：按住键盘上的〈Alt〉键，在工具栏（细分曲面）工具上按住鼠标左键，从弹出的隐藏工具中选择，从而给绘制的样条添加一个“旋转” 生成器的父级，效果如图 4-43 所示。

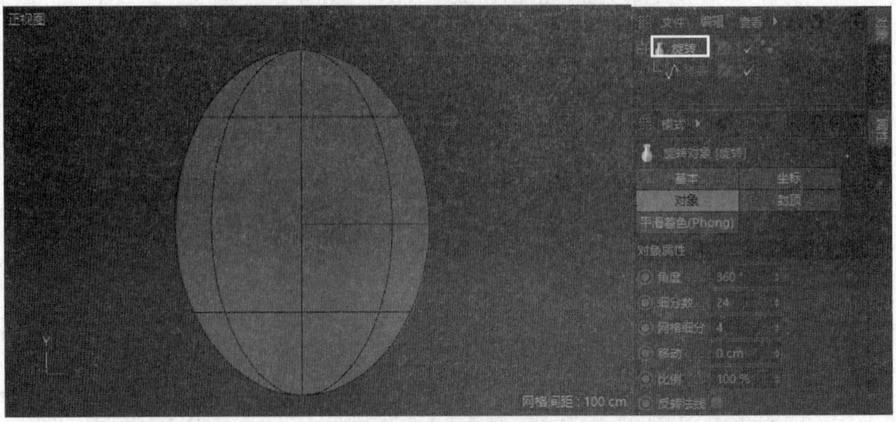

图 4-43　“旋转” 后的效果

5）按快捷键〈F1〉，切换到透视视图，此时可以看到鸡蛋的模型不够圆滑。在"对象"面板中选择"样条"，然后在属性面板中将"点插值方式"设置为"统一"，"数量"设置为 20，效果如图 4-44 所示。接着在"对象"面板中选择"旋转"，在属性面板中将"细分数"设置为 100，此时鸡蛋模型就很圆滑了，如图 4-45 所示。

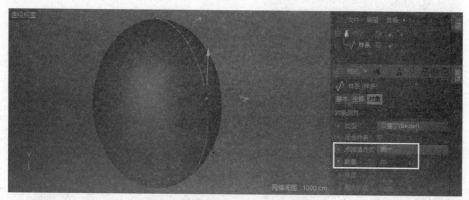

图 4-44　设置"样条"属性

图 4-45　设置"旋转"属性

6）赋予鸡蛋模型材质。方法：按快捷键〈Shift+F8〉，在弹出的"内容浏览器"中双击"皮肤 17"材质，如图 4-46 所示，将其调入到材质栏中，再关闭"内容浏览器"。接着双击材质栏中的"皮肤 17"材质，进入"材质编辑器"，勾选"颜色"复选框，指定给"颜色"纹理一张"源文件 \4.4 鸡蛋材质 \tex\ 鸡蛋贴图 .png"贴图，如图 4-47 所示。

提示：关于默认材质库的安装请参见 "2.2.2 C4D 外部材质库的安装"。

7）同理，勾选"凹凸"复选框，再指定给"凹凸"纹理同样一张"源文件 \4.4 鸡蛋材质 \tex\ 鸡蛋贴图 .png"贴图，如图 4-48 所示。

8）此时右键单击左上方的预览窗口，从弹出的快捷菜单中选择"打开窗口"命令，然后放大窗口显示，会发现鸡蛋材质过于光滑，如图 4-49 所示。在"材质编辑器"中将"凹凸"的"强度"加大到 500%，此时鸡蛋材质上就有了明显的凹凸感，如图 4-50 所示。

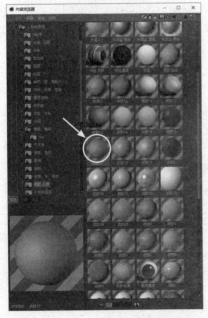

图 4-46 双击"皮肤 17"材质

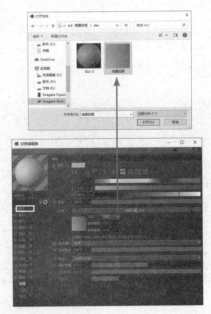

图 4-47 指定给"颜色"纹理"鸡蛋贴图 .png"贴图

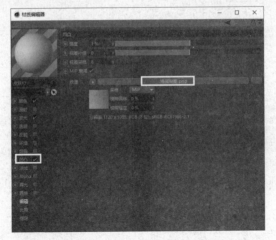

图 4-48 指定给"凹凸"纹理"鸡蛋贴图 .png"贴图

图 4-49 鸡蛋材质过于光滑

图 4-50 鸡蛋材质有了明显的凹凸感

9) 关闭"材质编辑器",将材质栏中的"皮肤 17"材质拖给场景中的鸡蛋模型,如图 4-51 所示。在工具栏中单击 ▓ (渲染到图片查看器)按钮,查看赋予模型材质后的整体渲染效果,如图 4-52 所示。

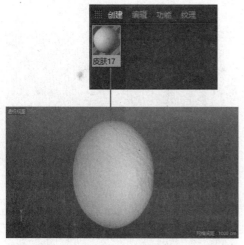

图 4-51 将"皮肤 17"材质指定给鸡蛋模型

图 4-52 渲染效果

2. 搭建鸡蛋组合场景

1) 在"对象"面板中将"旋转"重命名为"鸡蛋"。

2) 执行菜单中的"插件 |Drop2Floor"命令,将鸡蛋对齐到地面。

3) 创建地面背景。方法:执行菜单中的"插件 |L-Object"命令,在视图中创建一个地面背景。然后分别在顶视图和右视图中加大其宽度和深度,并将"曲面偏移"设置为 1000。接着在透视视图中将视图调整到合适角度,效果如图 4-53 所示。

提示: "L-Object"插件可以在网盘中下载。

图 4-53 创建地面并在透视视图中将视图调整到合适角度

4) 赋予地面材质。方法:在材质栏中双击鼠标,新建一个材质球,并将其重命名为"地面"。然后保持默认材质,将这个材质球拖给场景中的地面模型,效果如图 4-54 所示。

5) 在"对象"面板中按住〈Ctrl〉键,复制出"鸡蛋 1",然后分别在正视图和顶视图中将"鸡蛋 1"旋转一定角度,并对齐到地面。接着按快捷键〈F1〉,切换到透视视图,如图 4-55 所示。

图 4-54　赋予地面材质　　　　　　　　　　　　　图 4-55　切换到透视视图

6）在工具栏中单击 （摄像机）按钮，给场景添加一个摄像机。然后在"对象"面板中激活 按钮，进入摄像机视角。接着在"属性"面板中将摄像机的"焦距"设置为"135"，再在透视图中调整一下摄像机的位置，如图 4-56 所示。

图 4-56　在透视图中调整一下摄像机的位置

7）为了能在视图中清楚地看到渲染区域，按快捷键〈Shift+V〉，在"属性"面板"查看"选项卡中将"透明"设置为 95%，如图 4-57 所示，此时渲染区域以外会显示为黑色，效果如图 4-58 所示。

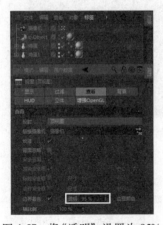

图 4-57　将"透明"设置为 95%　　　　　　　　　图 4-58　渲染区域以外会显示为黑色

8）至此，鸡蛋场景制作完毕。执行菜单中的"文件 | 保存工程（包含资源）"命令，将文件保存打包。

4.5　篮球材质

要点：

本例将给前面制作好的篮球模型赋予材质效果，如图 4-59 所示。本例的重点在给篮球添加标志。通过本例的学习，读者应掌握在一个模型上添加多种材质的方法。

图 4-59　篮球效果

操作步骤：

1. 制作篮球材质

1）执行菜单中的"文件 | 打开"（快捷键是〈Ctrl+O〉）命令，打开网盘中的"源文件 \3.9 篮球模型 \ 篮球模型 .c4d"文件。

2）制作篮球基础材质。方法：在材质栏中双击鼠标新建一个材质球，并将其重命名为"基础材质"，然后双击材质球进入"材质编辑器"。在左侧选择"颜色"，在右侧指定给"颜色"纹理一张"源文件 \4.5　篮球材质 \tex\ 篮球贴图 .jpg"贴图，如图 4-60 所示。接着在左侧勾选"凹凸"复选框，在右侧指定给"凹凸"纹理同样一张"源文件 \4.5　篮球材质 \tex\ 篮球贴图 .jpg"贴图，如图 4-61 所示。单击右上方的■按钮，关闭"材质编辑器"。

图 4-60　指定给"颜色"纹理一张
"篮球贴图 .jpg"贴图

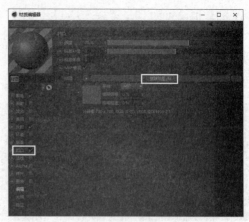

图 4-61　指定给"凹凸"纹理一张
"篮球贴图 .jpg"贴图

3）将材质栏中的"基础材质"材质球拖给场景中的篮球模型，如图 4-62 所示。

图 4-62 赋予篮球"基础材质"

4）此时篮球材质纹理的显示比例过大，在"对象"面板中选择 （基础材质纹理标签），然后在属性面板中将"投射"设置为"收缩包裹"，"长度 U"和"长度 V"均设置为 20%，效果如图 4-63 所示。

图 4-63 设置"基础材质纹理标签"的参数

5）制作篮球上的黑色凹痕材质。方法：在材质栏中双击鼠标新建一个材质球，并将其重命名为"黑色"，双击材质球进入"材质编辑器"。在左侧选择"颜色"，再在右侧设置为一种黑色（HSV 的数值设置为 (0, 0%, 10%)），关闭"材质编辑器"。

6）将"黑色"材质拖给"对象"面板中的"细分曲面 1"，此时整个篮球会显示为黑色，如图 4-64 所示。在"对象"面板中选择 （黑色纹理标签），将前面设置好的凹痕位置的 （多边形选集）拖到属性面板的"选集"右侧，此时黑色材质就只赋予了凹痕位置，如图 4-65 所示。

图 4-64 整个篮球显示为黑色

图 4-65 黑色材质只赋予了凹痕位置

7) 在篮球上添加两个 logo。为了便于操作，利用工具栏中的 ⟳ （旋转工具）将篮球模型旋转到一个合适角度，执行视图菜单中的"显示 | 光影着色 (线条)"（快捷键是 ⟨N+B⟩），将其以光影着色 (线条) 的方式进行显示，如图 4-66 所示。

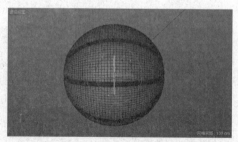

图 4-66　以光影着色 (线条) 的方式显示模型

8) 在篮球上设置要放置第一个 logo 的多边形选集。方法：在"对象"面板中暂时关闭"细分曲面"效果，选择"细分曲面 1"，如图 4-67 所示。接着在 ▣ （多边形模式）下利用 ◉ （实体选择工具）选择如图 4-68 所示的多边形，执行菜单中的"选择 | 设置选集"命令，将它们设置为一个选集，如图 4-69 所示。

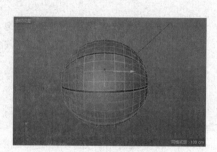

图 4-67　选择"细分曲面 1"　　　图 4-68　选择多边形　　　图 4-69　设置为一个多边形选集

9) 制作 logo1 材质。方法：在材质栏中双击鼠标新建一个材质球，并将其重命名为"logo1"，双击材质球进入"材质编辑器"。接着在左侧勾选"Alpha"复选框，在右侧指定给"Alpha"纹理一张"源文件 \4.5 篮球材质 \tex\logo1.jpg"贴图，并勾选"反相"复选框，如图 4-70 所示，关闭"材质编辑器"。

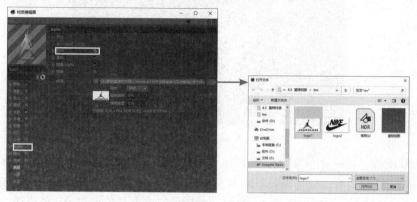

图 4-70　设置 logo1 材质参数

10) 将"logo1"材质拖给"对象"面板中的"细分曲面1",然后在属性面板中将纹理"投射"方式设置为"平直",此时 logo1 的纹理会显示在整个篮球上,如图 4-71 所示。而本例只要求 logo1 的纹理显示在设置好的多边形选集中,则将前面设置好的 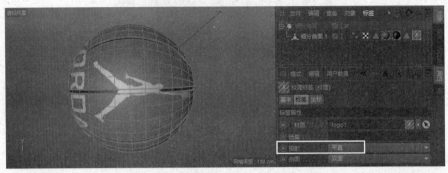(多边形选集)拖到属性面板的"选集"右侧,此时 logo1 纹理就会只显示在设置好的多边形选集中,如图 4-72 所示。

图 4-71　logo1 的纹理显示在整个篮球上

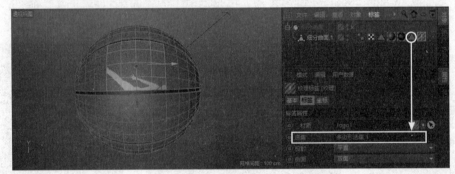

图 4-72　logo1 的纹理只显示在设置好的多边形选集中

11) 此时 logo1 纹理的方向是错误的,进入 ▦(纹理模式),利用工具栏中的 ◯(旋转工具),配合〈Shift〉键将其旋转 -90°,效果如图 4-73 所示。

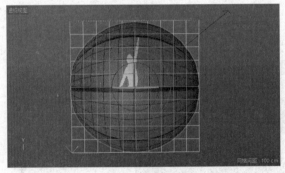

图 4-73　将 logo1 纹理旋转 -90°

12) 此时 logo1 的显示比例过大,而且位置没有位于多边形选集的中间。在"对象"面板中选择 ▦(logo1 纹理标签),属性面板中将"偏移 U"设置为 30%,"偏移 V"设置为 20%,"长度 U"设置为 40%,"长度 V"设置为 25%,如图 4-74 所示,效果如图 4-75 所示。

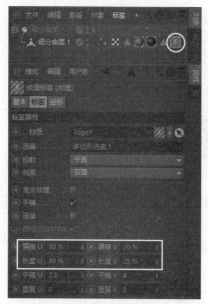

图 4-74　设置"偏移"和"长度"参数

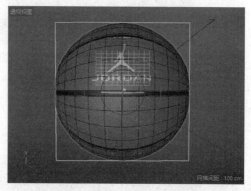

图 4-75　设置"偏移"和"长度"参数后的效果

13）此时标志会出现重复，在属性面板中取消勾选"平铺"复选框，如图 4-76 所示，效果如图 4-77 所示。

图 4-76　取消勾选"平铺"复选框

图 4-77　取消勾选"平铺"复选框后的效果

14）在篮球上设置要放置第二个 logo 的多边形选集。方法：在 ■（多边形模式）下利用 ●（实体选择工具）选择要添加第二个 logo 的多边形选集，执行菜单中的"选择 | 设置选集"命令，将它们设置为一个选集，如图 4-78 所示。

图 4-78　设置要添加第二个 logo 的多边形选集

15）制作 logo2 材质。方法：在材质栏中双击鼠标新建一个材质球，并将其重命名为"logo2"，然后双击材质球进入"材质编辑器"。接着在左侧勾选"Alpha"复选框，在右侧指定给"Alpha"纹理一张"源文件 \4.5 篮球材质 \tex\logo2.png"贴图，如图 4-79 所示。

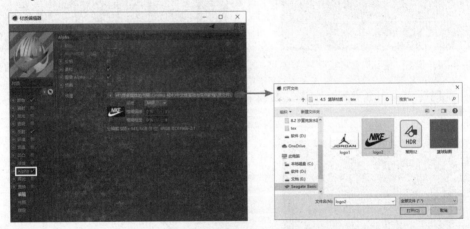

图 4-79　添加 Alpha 贴图

16）此时 logo2 的颜色是白色的，而本例要求 logo2 的颜色为黑色。在左侧选择"颜色"，在右侧将颜色设置为一种黑色 (HSV 的数值设置为 (0，0%，0%))，如图 4-80 所示，此时 logo2 的颜色就变为了黑色，关闭"材质编辑器"。

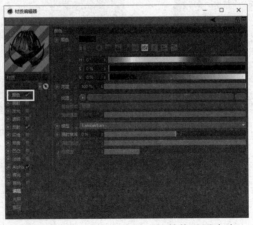

图 4-80　将颜色设置为一种黑色 (HSV 的数值设置为 (0，0%，0%))

17) 将"logo2"材质拖给"对象"面板中的"细分曲面 1"，在属性面板中将纹理"投射"方式设置为"平直"，此时 logo2 的纹理会显示在整个篮球上，如图 4-81 所示。而本例只要求 logo2 的纹理显示在设置好的多边形选集中，将前面设置好的 ▲（多边形选集）拖到属性面板的"选集"右侧，此时 logo2 纹理就会只显示在设置好的多边形选集中，如图 4-82 所示。

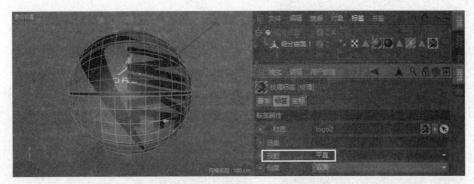

图 4-81　logo2 的纹理显示在整个篮球上

图 4-82　logo2 的纹理只显示在设置好的多边形选集中

18) 此时 logo2 纹理的方向是错误的，进入 ⬛（纹理模式），利用工具栏中的 ⬭（旋转工具），配合〈Shift〉键将其旋转 -90°，效果如图 4-83 所示。

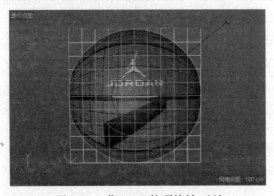

图 4-83　将 logo2 纹理旋转 -90°

19) 设置 logo2 在篮球模型上的位置、比例和重复次数。方法：在"对象"面板中选择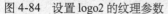（logo2 纹理标签），然后在属性面板中将"偏移 U"设置为 30%，"偏移 V"设置为 55%，"长度 U"设置为 42%，"长度 V"设置为 25%，取消勾选"平铺"复选框，如图 4-84 所示，效果如图 4-85 所示。

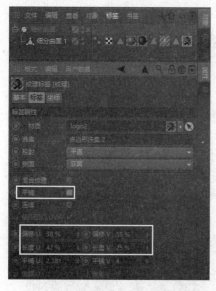

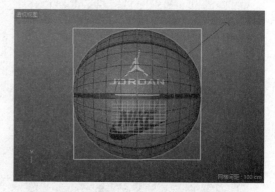

图 4-84　设置 logo2 的纹理参数　　　图 4-85　设置 logo2 的纹理参数后的效果

20) 在"对象"面板中恢复"细分曲面"的效果显示，然后执行视图菜单中的"显示 | 光影着色"（快捷键是〈N+A〉）命令，将模型以光影着色的方式进行显示，效果如图 4-86 所示。

图 4-86　将模型以光影着色的方式进行显示

2. 搭建篮球组合场景

1) 在"对象"面板中将"细分曲面"重命名为"篮球"，按住〈Ctrl〉键复制出一个"篮球 1"。接着利用工具栏中的（旋转工具），将它们旋转到合适角度，如图 4-87 所示。

2) 执行菜单中的"插件 |Drop2Floor"命令，将两个篮球模型对齐到地面。

3) 创建地面背景。方法：执行菜单中的"插件 |L-Object"命令，在视图中创建一个地面背景。分别在顶视图和右视图中加大其宽度与深度，并将"曲面偏移"设置为 1000。接着在透视视图中将视图调整到合适角度，效果如图 4-88 所示。

提示："L-Object"插件可以在网盘中下载。

图 4-87　将两个篮球模型旋转到合适角度

图 4-88　在透视视图中将视图调整到合适角度

4) 创建摄像机。方法:在工具栏中单击 (摄像机) 按钮,给场景添加一个摄像机。在"对象"面板中激活 按钮,进入摄像机视角。接着在属性面板中将摄像机的"焦距"设置为"135",在透视图中调整摄像机的位置, 如图 4-89 所示。

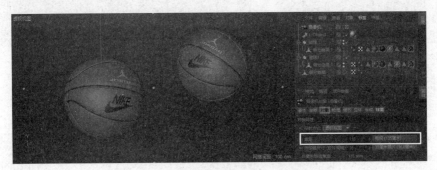

图 4-89　在透视图中调整摄像机的位置

5) 赋予地面材质。方法:在材质栏中双击鼠标,新建一个材质球,并将其重命名为"地面"。保持默认材质,将这个材质球拖给场景中的地面模型,效果如图 4-90 所示。

图 4-90　将地面材质赋予地面模型

6) 为了能在视图中清楚地看到渲染区域;按快捷键〈Shift+V〉,然后在属性面板"查看"选项卡中将"透明"设置为 95%,如图 4-91 所示, 此时渲染区域以外会显示为黑色,效果如图 4-92 所示。

7) 至此,篮球场景制作完毕。执行菜单中的"文件|保存工程 (包含资源)"命令,将文件保存打包。

图 4-91　将"透明"设置为 95%　　　　　图 4-92　渲染区域以外会显示为黑色

4.6　排球材质

要点：

　　本例将给前面制作好的排球模型赋予材质效果，如图 4-93 所示。本例的重点是带有不同颜色的镂空材质的制作和调用外部材质。通过本例的学习，读者应掌握在一个模型上添加多种材质、创建地面和调用外部材质的方法。

4.6　排球材质

图 4-93　排球效果

　操作步骤：

　　1）执行菜单中的"文件 | 打开"（快捷键是〈Ctrl+O〉）命令，打开网盘中的"源文件 \3.8 排球模型 \ 排球模型 .c4d"文件。

　　2）制作排球上蓝色、黄色和白色 3 种基础材质。方法：在材质栏中双击鼠标新建一个材质球，并将其重命名为"蓝色"，双击材质球进入"材质编辑器"。在左侧选择"颜色"，在右侧将颜色设置为一种蓝色（HSV 的数值设置为（230，70%，80%）），关闭"材质编辑器"。

3）同理，新建一个"黄色"材质球，并将颜色设置为一种黄色（HSV 的数值设置为（50，90%，90%））。

4）同理，新建一个"白色"材质球，并保持默认参数。

5）将材质栏中的"蓝色"材质球拖给"对象"面板中的"球体 1"，如图 4-94 所示，此时"球体 1"显示为蓝色，如图 4-95 所示。接着将材质栏中的"黄色"材质球也拖给"对象"面板中的"球体 1"，如图 4-96 所示，此时"球体 1"显示为黄色，如图 4-97 所示。

图 4-94　将"蓝色"材质球拖给"对象"面板中的"球体 1"

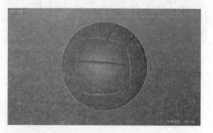

图 4-95　"球体 1"显示为蓝色

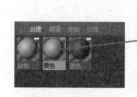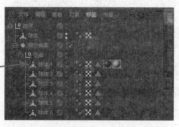

图 4-96　将"黄色"材质球拖给"对象"面板中的"球体 1"

图 4-97　"球体 1"显示为黄色

6）在"对象"面板中选择 （黄色纹理标签），将前面的 （多边形选集）拖到属性面板的"选集"右侧，此时黄色材质就只赋予了"球体 1"中间的位置，如图 4-98 所示。

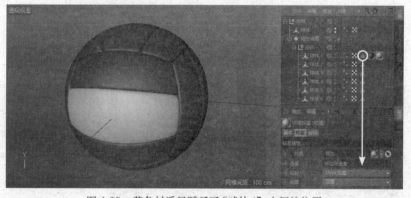

图 4-98　黄色材质只赋予了"球体 1"中间的位置

7）在"对象"面板中同时选择"球体 1"后面的 （蓝色纹理标签）和 （黄色纹理标签），然后按住〈Ctrl〉键，分别将它们复制到"球体 2"~"球体 6"，如图 4-99 所示。接着将材质栏中的"白色"材质球分别拖到"对象"面板中"球体 1"和"球体 2"的 （蓝色纹理标签）上，从而替换原来的 （蓝色纹理标签），如图 4-100 所示，效果如图 4-101 所示。

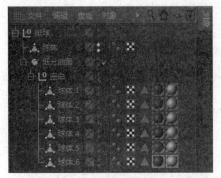

图 4-99　复制纹理标签

图 4-100　用白色材质替换"球体 1"和
"球体 2"的 ▇（蓝色纹理标签）

图 4-101　用白色材质替换"球体 1"和"球体 2"的 ▇（蓝色纹理标签）后的效果

8) 执行视图菜单中的"显示 | 光影着色(线条)"(快捷键是⟨N+B⟩)命令,将其以光影着色(线条) 的方式进行显示。

9) 制作排球上的两个 logo。在排球上设置要放置第一个 logo 的多边形选集,方法: 在"对象"面板中暂时关闭"细分曲面"效果,选择"球体 1",如图 4-102 所示。接着在 ▇（多边形模式）下利用 ▇（实体选择工具）选择如图 4-103 所示的多边形,执行菜单中的"选择 | 设置选集"命令,将它们设置为一个选集,如图 4-104 所示。

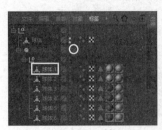
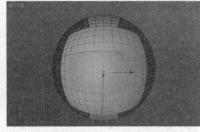

图 4-102　选择"球体 1"　图 4-103　选择要放置第一个 logo 的多边形选集　图 4-104　设置为多边形选集

10) 制作 logo1 材质。方法:在材质栏中双击鼠标新建一个材质球,并将其重命名为 "logo1",双击材质球进入材质编辑器。接着在左侧勾选"Alpha"复选框,在右侧指定给 "Alpha"纹理一张"源文件 \4.6 排球材质 \tex\logo1.png"贴图,如图 4-105 所示。

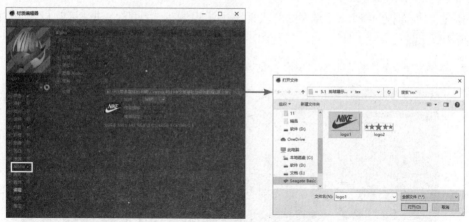

图 4-105　添加 Alpha 贴图

11）此时 logo1 的颜色是白色的，而本例要求 logo1 的颜色为黑色。在左侧选择"颜色"，在右侧将颜色设置为一种黑色（HSV 的数值设置为（0，0%，10%）），如图 4-106 所示。此时 logo1 就变为了黑色，接着关闭"材质编辑器"。

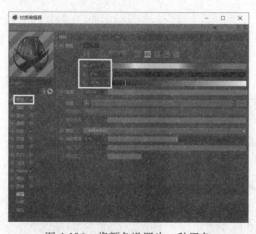

图 4-106　将颜色设置为一种黑色

12）将"logo1"材质拖给"对象"面板中的"球体 1"，然后将前面设置好的 ◢ （多边形选集）拖到属性面板的"选集"右侧，此时 logo1 纹理就会只显示在设置好的多边形选集中，如图 4-107 所示。

图 4-107　将前面设置好的 ◢ （多边形选集）拖到属性面板的"选集"右侧

13）在属性面板中将 logo1 纹理的"投射"方式设置为"平直"，进入 （纹理模式），利用工具栏中的 （旋转工具），配合〈Shift〉键将其旋转 90°，效果如图 4-108 所示。

提示：本例也使用默认的"UVW 贴图"投射方式。

图 4-108　将 logo1 纹理旋转 90°

14）此时 logo1 的显示比例过大，而且位置没有位于多边形选集的中间。在"对象"面板中选择 （logo1 纹理标签），在属性面板中将"偏移 U"设置为 30%，"偏移 V"设置为 35%，"长度 U"设置为 40%，"长度 V"设置为 25%，如图 4-109 所示，效果如图 4-110 所示。

图 4-109　设置"偏移"和"长度"参数

图 4-110　设置"偏移"和"长度"参数后的效果

15）此时标志会出现重复，在属性面板中取消勾选"平铺"复选框，如图 4-111 所示，效果如图 4-112 所示。

图 4-111　取消勾选"平铺"复选框

图 4-112　取消勾选"平铺"复选框后的效果

16）在排球上设置要放置第二个 logo 的多边形选集。方法：在 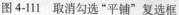（多边形模式）下利用 ◉（实体选择工具）选择要添加第二个 logo 的多边形，然后执行菜单中的"选择 | 设置选集"命令，将它们设置为一个选集，如图 4-113 所示。

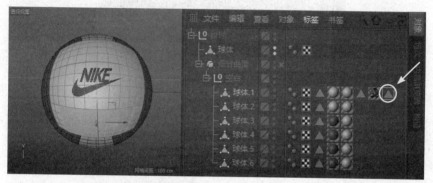

图 4-113　设置要添加第二个 logo 的多边形选集

17）制作 logo2 材质。方法：在材质栏中双击鼠标新建一个材质球，并将其重命名为"logo2"，双击材质球进入材质编辑器。接着在左侧选择"Alpha"复选框，在右侧指定给"颜色"纹理一张"源文件 \4.6 排球材质 \tex\logo2.png"贴图，如图 4-114 所示。

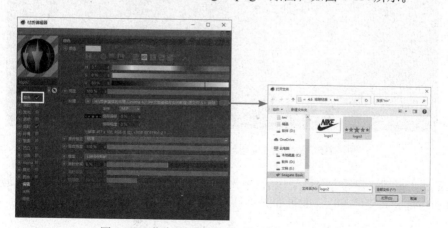

图 4-114　指定给"颜色"纹理一张"logo2.png"贴图

18）此时"logo2.png"中图像不是镂空的，而是带有颜色的。右键单击"颜色"的"纹理"右侧的 ■ 按钮，从弹出的快捷菜单中选择"复制着色器"命令，接着在左侧勾选"Alpha"复选框，再右键单击"Alpha"的"纹理"右侧的 ■ 按钮，从弹出的快捷菜单中选择"粘贴着色器"命令，如图 4-115 所示，此时"logo2.png"就显示为镂空状态了。最后关闭"材质编辑器"。

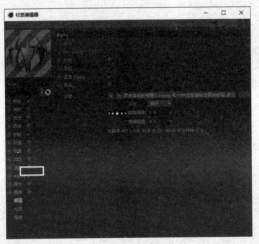

图 4-115　指定给"Alpha"纹理一张"logo2.png"贴图

19）将"logo2"材质拖给"对象"面板中的"球体 1"，在属性面板中将纹理"投射"方式设置为"平直"，接着将前面设置好的 ◢（多边形选集）拖到属性面板的"选集"右侧，此时 logo2 纹理就会只显示在设置好的多边形选集中，如图 4-116 所示。

图 4-116　logo2 的纹理只显示在设置好的多边形选集中

20）此时 logo2 纹理的方向是错误的，进入 ▧（纹理模式），利用工具栏中的 ◌（旋转工具），配合〈Shift〉键将其旋转 90°，效果如图 4-117 所示。

图 4-117　将 logo2 纹理旋转 90°

21）设置 logo2 在排球模型上的位置、比例和重复次数。方法：在"对象"面板中选择 ![icon]（logo2 纹理标签），然后在属性面板中将"偏移 U"设置为 30%，"偏移 V"设置为 73%，"长度 U"设置为 40%，"长度 V"设置为 10%，取消勾选"平铺"复选框，如图 4-118 所示，效果如图 4-119 所示。

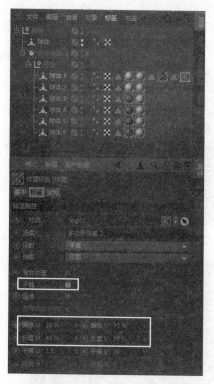

图 4-118　设置 logo2 的纹理参数

图 4-119　设置 logo2 的纹理参数后的效果

22）在"对象"面板中恢复"细分曲面"的效果显示，执行视图菜单中的"显示|光影着色"（快捷键是〈N+A〉）命令，将模型以光影着色的方式进行显示，效果如图 4-120 所示。

图 4-120　将模型以光影着色的方式进行显示

23）在"对象"面板中选择"排球"，执行菜单中的"插件 |Drop2Floor"命令，将其对齐到地面。

24）创建地面。在工具栏中单击 ▦（地面）按钮，在场景中创建一个地面对象，如图 4-121 所示。

25）创建摄像机。方法：在工具栏中单击 🎥（摄像机）按钮，给场景添加一个摄像机。在"对象"面板中激活 ▦ 按钮，进入摄像机视角。在属性面板中将摄像机的"焦距"设置为"135"，在透视图中调整摄像机的位置和角度，如图 4-122 所示。

　　提示：这里需要注意的是地面在视图中显示是有边界的，而实际渲染时地面是无限大的。因此，此时视图中地面左上方显示有空白的地方，但渲染时是不会出现空白的。

图 4-121　创建一个地面对象

图 4-122　创建摄像机并在透视图中调整摄像机的位置和角度

26）赋予地面材质。方法：按快捷键〈Shift+F8〉，在弹出的"内容浏览器"中双击"草地02"材质，如图 4-123 所示，将其调入到材质栏中，将这个材质球拖给场景中的地面模型，效果如图 4-124 所示。

提示：关于默认材质库的安装请参见"2.2.2 C4D 外部材质库的安装"。

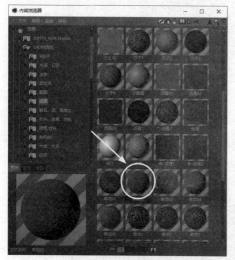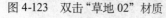

图 4-123　双击"草地02"材质　　　　图 4-124　将"草地02"材质指定给地面

27）在工具栏中单击 ▩（渲染到图片查看器）按钮，查看赋予模型材质后的整体渲染效果，如图 4-125 所示。

图 4-125　渲染效果

28）至此，排球场景制作完毕。执行菜单中的"文件 | 保存工程（包含资源）"命令，将文件保存打包。

4.7　镜面反射文字

 要点：

本例将制作一个镜面反射文字效果，如图 4-126 所示。本例的重点是在棋盘格中指定不同的贴图纹理。通过本例的学习，读者应掌握创建三维文本、地面和镜面反射效果的应用。

图 4-126 镜面反射文字

操作步骤：

1）创建三维文字。方法：执行菜单中的"运动图形 | 文本"命令，在视图中创建一个三维文本。然后在属性面板中将"文本"内容设置为"3ds max"，"字体"设置为 Thoma，"对齐"设置为"中对齐"，效果如图 4-127 所示。

图 4-127 创建三维文字并设置参数

2）制作文字倒角效果。方法：进入"文本"属性面板的"封顶"选项卡，将"顶端"和"末端"的封顶方式均设置为"圆角封顶"，效果如图 4-128 所示。

3）执行菜单中的"插件 |Drop2Floor"命令，将文本对齐到地面。

提示："Drop2Floor"插件可以在网盘中下载。

图 4-128 文字倒角效果

4）创建地面。方法：在工具栏中单击 ⊞（地面）工具，在场景中创建一个地面对象。

提示：地面在视图中是有边界的，而实际上是无限大的。

5）创建地面棋盘材质。方法：在材质栏中双击鼠标，新建一个材质球，双击材质球进入"材质编辑器"。在左侧勾选"Alpha"复选框，再在右侧指定给"Alpha"纹理一个"棋盘"贴图，如图 4-129 所示。

6）在左侧选择"反射"，再在右侧单击"添加"按钮，从弹出的下拉菜单中选择"GGX"，如图 4-130 所示。展开"层菲涅耳"选项组，单击"菲涅耳"右侧下拉列表，从中选择"绝缘体"。从"预置"下拉列表中选择"聚酯"，如图 4-130 所示。

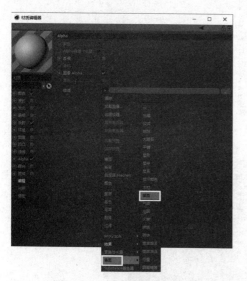

图 4-129　创建地面棋盘材质

图 4-130　给"反射"添加一个 GGX，并设置参数

7）单击右上方的 ⊠ 按钮，关闭"材质编辑器"。然后将"材质"拖给场景中的地面，如图 4-131 所示。接着在工具栏中单击 ▨（渲染到图片查看器）按钮，渲染效果如图 4-132 所示。

图 4-131　将"反射"拖给场景中的地面

图 4-132　渲染效果

8）此时地面中的白色区域有了镜面反射效果，而黑色区域没有，下面就来制作黑色区域中的镜面反射效果。方法：在材质栏中按住〈Ctrl〉键，复制出一个"材质 1"，双击"材质 1"，进入"材质编辑器"。在左侧选择"颜色"，再在右侧指定给"颜色"纹理一张网盘中的"源文件 \4.7 镜面反射文字 \tex\BENEDETI.jpg"贴图，如图 4-133 所示。在左侧选择"Alpha"，再在右侧勾选"反相"复选框，如图 4-134 所示。最后关闭"材质编辑器"。

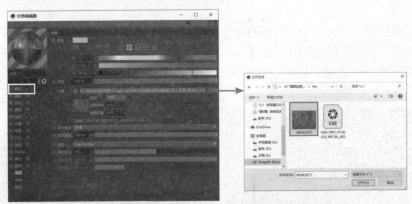

图 4-133　指定给"颜色"纹理一张"BENEDETI.jpg"贴图

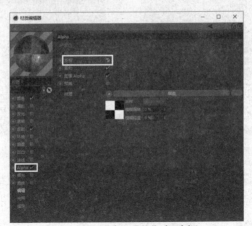

图 4-134　勾选"反相"复选框

9）在"对象"面板中按住〈Ctrl〉键，复制出一个"地面 1"，将"材质 1"拖给"地面 1"，如图 4-135 所示，效果如图 4-136 所示。

图 4-135　将"材质 1"拖给"地面 1"

图 4-136　将"材质 1"拖给"地面 1"后的效果

10）此时两个地面对象是重叠的，选中"对象"面板中的"对象1"，在变换栏中将"位置"中"Y"的数值设置为 0.1cm，如图 4-137 所示，使之沿 Y 轴向上移动。接着在工具栏中单击 ▦（渲染到图片查看器）按钮，渲染效果如图 4-138 所示。

图 4-137　将"位置"中"Y"的数值设置为 0.1cm　　　　　图 4-138　渲染效果

11）赋予文字"4.1 金、银、铝、翡翠材质"中金的材质，渲染效果如图 4-139 所示。

图 4-139　镜面反射文字渲染效果

12）至此，镜面反射文字制作完毕。执行菜单中的"文件 | 保存工程（包含资源）"命令，将文件保存打包。

4.8　科技感线描材质

 要点：

本例将制作一个科技感的汽车线描材质，如图 4-140 所示。本例的重点是"线描渲染器"和"透明发光"材质的使用。通过本例的学习，读者应掌握"线描渲染器"、发光材质和旋转动画的应用。

图 4-140　科技感的汽车线描材质

操作步骤:

1) 执行菜单中的"文件|打开"(快捷键是〈Ctrl+O〉)命令,打开网盘中的"源文件\4.8 科技质感线描材质\源文件.c4d"文件。

2) 添加"线描渲染器"效果。方法:在工具栏中单击 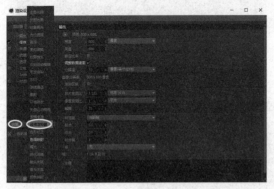 (编辑渲染设置)按钮,在弹出的"渲染设置"对话框中单击 效果 ,从弹出的快捷菜单中选择"线描渲染器"命令,如图 4-141 所示,即可添加"线描渲染器"效果,如图 4-142 所示。

图 4-141 选择"线描渲染器"命令　　　图 4-142 添加"线描渲染器"效果

3) 在工具栏中单击 (渲染到图片查看器)按钮进行渲染,此时汽车轮廓显示为黑色,背景显示为白色,如图 4-143 所示。

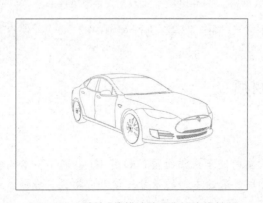

图 4-143 默认"线描渲染器"的渲染效果

4) 下面在"渲染设置"对话框中将"边缘颜色"设置为一种蓝色(HSV 的数值为(230, 90, 90)),"背景颜色"设置为一种黑色(HSV 的数值为(0, 0, 0)),如图 4-144 所示,然后在工具栏中单击 (渲染到图片查看器)按钮进行渲染,效果如图 4-145 所示。

5) 在"渲染设置"对话框中勾选"线描渲染器"的"边缘"复选框,如图 4-146 所示,然后单击 (渲染到图片查看器)按钮进行渲染,此时会根据汽车的结构布线来产生线描效果,如图 4-147 所示。

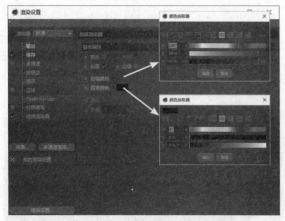
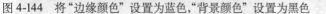

图 4-144　将"边缘颜色"设置为蓝色，"背景颜色"设置为黑色

图 4-145　渲染效果

图 4-146　勾选"边缘"复选框

图 4-147　勾选"边缘"复选框后的渲染效果

6）在"渲染设置"对话框中勾选"线描渲染器"的"颜色"复选框，如图 4-148 所示，然后单击■（渲染到图片查看器）按钮进行渲染，此时可以看到汽车车身显示为灰色材质，如图 4-149 所示。

图 4-148　勾选"颜色"复选框

图 4-149　勾选"颜色"复选框后的效果

7) 制作车身半透明材质。方法：在材质栏中双击鼠标新建一个材质球，双击材质球进入"材质编辑器"。取消勾选"颜色"和"反射"复选框，勾选"发光"复选框，再指定给"发光"右侧"纹理"一个"菲涅耳"，如图 4-150 所示。接着单击下方的颜色块，将左侧颜色设置为一种蓝色（HSV 的数值为（230，90%，90%）），如图 4-157 所示。

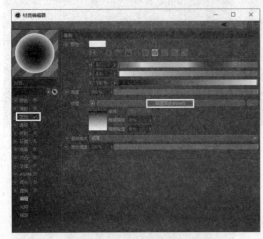

图 4-150　勾选"发光"复选框

图 4-151　将左侧颜色设置为一种蓝色（HSV 的数值为（230，90，90））

8) 单击◀按钮，回到上一级。右键单击"纹理"右侧的▓按钮，从中选择"复制着色器"命令，如图 4-152 所示。接着在左侧勾选"Alpha"复选框，在右侧单击"纹理"右侧的▓按钮，从中选择"粘贴着色器"命令，如图 4-153 所示，此时材质就变为半透明了。

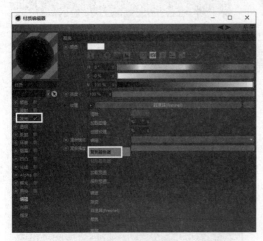

图 4-152　选择"复制着色器"命令

图 4-153　选择"粘贴着色器"命令

9) 单击"材质编辑器"右上方的区按钮，关闭"材质编辑器"。将这个材质拖给"对象"面板中的"汽车"，效果如图 4-154 所示。接着单击▓（渲染到图片查看器）按钮进行渲染，此时就可以看到汽车的内部结构了，如图 4-155 所示。

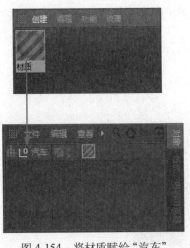

图 4-154　将材质赋给"汽车"

图 4-155　渲染效果

10) 制作汽车的旋转动画。方法：在"对象"面板中选择"汽车"，将时间滑块移动到第 0 帧的位置，单击 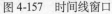（记录活动对象）按钮，记录一个关键帧。接着将时间滑块移动到第 100 帧的位置，利用工具栏中的 ⟳（旋转工具），配合〈Shift〉键，将其沿 H 轴旋转 360°，再单击 ⊘（记录活动对象）按钮，记录一个关键帧，如图 4-156 所示。

图 4-156　在第 100 帧将汽车沿 H 轴旋转 360°，并记录关键帧

11) 单击 ▶（向前播放）按钮播放动画，即可看到在第 1~100 帧汽车旋转一周的效果。但是此时汽车的旋转不是匀速的。在视图中单击右键，从弹出的快捷菜单中选择"显示函数曲线"命令，然后在弹出的图 4-157 所示的"时间线窗口"中按快捷键〈Ctrl+A〉，选中所有的关键帧，在工具栏中单击 ⋀（线性）按钮，将它们转换为线性，此时曲线就变为了直线，如图 4-158 所示。

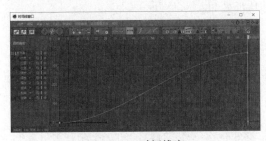

图 4-157　时间线窗口

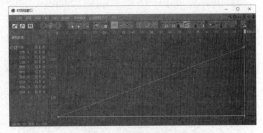

图 4-158　将关键帧转换为线性

12) 单击 ▶（向前播放）按钮播放动画，即可看到在第 1~100 帧汽车匀速旋转一周的效果。

13）至此，科技感的汽车线描效果制作完毕。执行菜单中的"文件｜保存工程（包含资源）"命令，将文件保存打包。

4.9 课后练习

1）制作图 4-159 所示的不锈钢地漏效果。

图 4-159　不锈钢地漏效果

2）利用图 4-160a 中的模型制作图 4-160b 所示的材质效果。

a)　　　　　　　　　　　　　　　　　　b)

图 4-160　材质场景

a) 模型效果　b) 默认渲染效果

3）制作图 4-161 所示的杯子效果。

4）制作图 4-162 所示的圆形片剂的长方形药片板效果。

图 4-161　杯子效果

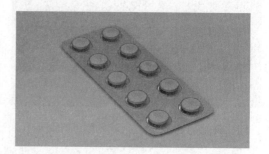

图 4-162　圆形片剂的长方形药片板效果

第 5 章　灯光和 HDR

本章重点：

在 Cinema 4D 中要想模拟出与真实环境类似的场景，离不开灯光和环境的衬托。而要模拟出真实环境中的反射效果要达到两个条件之一：一是周围场景中存在多个环境元素；二是在场景中添加了全局光照和天空 HDR。如果周围环境元素比较少，比如只有地面，此时反射效果几乎不存在，这时候就需要添加全局光照和天空 HDR 来模拟出真实环境。而且，在添加了HDR 后，还可以在场景中添加灯光作为补光来进一步完善画面效果。此外，利用物理天空还可以模拟出室外光照效果。通过本章的学习，读者应掌握添加物理天空、灯光、全局光照和天空 HDR 的方法。

5.1　排球展示场景

要点：

本例将制作一个排球展示场景，如图 5-1 所示。本例的重点是添加全局光照和灯光来模拟真实环境。通过本例的学习，读者应掌握利用添加全局光照和灯光来模拟真实环境、在场景中显示灯光投影、调整投影颜色和设置渲染输出的方法。

图 5-1　排球展示场景

操作步骤：

1) 执行菜单中的"文件 | 打开"（快捷键是〈Ctrl+O〉）命令，打开网盘中的"源文件 \4.6排球材质 \ 排球材质 .c4d"文件。

2) 在工具栏中单击 ▨（渲染到图片查看器）按钮，渲染效果如图 5-2 所示。此时的渲染效果很不真实，下面通过给场景添加全局光照和灯光的方法来解决这个问题。

3) 添加全局光照。方法：在工具栏中单击 ▨（编辑渲染设置）按钮，从弹出的"渲染设置"对话框中单击左下方的 ▨▨ 按钮，然后从弹出的下拉菜单中选择"全局光照"命令，如图 5-3所示。接着在右侧"常规"选项卡中将"预设"设置为"室内 - 预览(小型光源)"，如图 5-4 所示。再单击右上方的 ▨ 按钮，关闭"渲染设置"对话框。

图 5-2　渲染效果

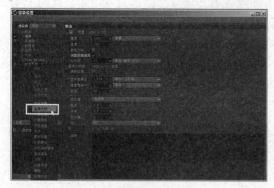

图 5-3　添加"全局光照"

图 5-4　将"预设"设置为"室内 - 预览（小型光源）"

4）在工具栏中单击 ▓（渲染到图片查看器）按钮，渲染效果如图 5-5 所示。此时渲染后的画面是纯黑的，这是因为全局光照模拟的是真实环境中的反射和折射效果，而自身不带有任何光源，因此也就不能产生光照效果。如果要产生光照效果，主要有两种方法：一种是在场景中添加灯光，也就是本例使用的方法；另一种是在场景中添加天空 HDR 来模拟真实环境中的光照效果，这种方法的使用请参见"5.3　篮球展示场景"。此外对于场景中的某个对象，还可以通过对其材质添加一个"发光"贴图来产生局部的发光效果，这种方法的使用请参见"5.2　鸡蛋展示场景"。本例通过在场景中添加灯光来产生光照效果。

5）在工具栏中单击 💡（灯光）按钮，在场景中添加一个"灯光"对象，然后在"灯光"属性"投影"选项卡中将"投影"设置为"区域"，如图 5-6 所示。接着按快捷键〈F5〉或鼠标中键，切换到四视图状态。

图 5-5　添加"全局光照"后的渲染效果

图 5-6　将"投影"设置为"区域"

6）为了便于在视图中查看灯光投影的位置，执行视图菜单中的"选项 | 投影"命令，在视图中显示出灯光投影。然后根据投影的方向在不同视图中调整灯光的位置，如图 5-7 所示。

7）在工具栏中单击 ▦（渲染到图片查看器）按钮，渲染效果如图 5-8 所示。

8）此时投影的颜色过深，在"灯光"属性"投影"选项卡中将投影的颜色设置为一种灰色（HSV 的数值为（0°，0%，40%）），如图 5-9 所示。然后在工具栏中单击 ▦（渲染到图片查看器）按钮，渲染效果如图 5-10 所示，此时灯光投影的颜色就很自然了。

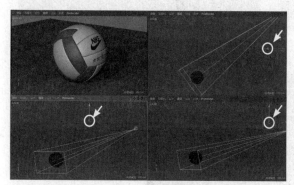

图 5-7　在不同视图中调整灯光的位置

图 5-8　渲染效果

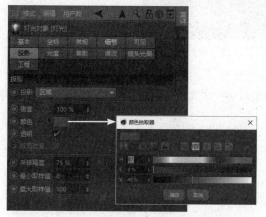

图 5-9　将投影的颜色设置为一种灰色

图 5-10　灯光投影自然的渲染效果

9）最终的渲染输出。方法：在工具栏中单击 ▦（编辑渲染设置）按钮，从弹出的"渲染设置"对话框中将输出尺寸设置为 1280×720 像素，输出的"帧范围"设置为"当前帧"，如图 5-11 所示。在左侧选择"保存"，再在右侧设置文件保存的路径和名称，并将"格式"设置为"TIFF"，如图 5-12 所示。接着在左侧选择"抗锯齿"，在右侧将"抗锯齿"设置为"最佳"，"最小级别"设置为"2×2"，"最大级别"设置为"4×4"，如图 5-13 所示，最后单击右上方的 ☒ 按钮，关闭"渲染设置"对话框。

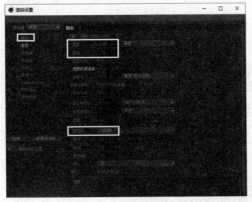

图 5-11　设置"输出"参数

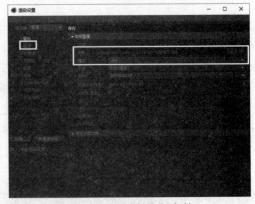

图 5-12　设置"保存"参数

图 5-13　设置"抗锯齿"参数

10) 在工具栏中单击 （渲染到图片查看器）按钮，即可渲染输出。

11) 至此，排球展示场景制作完毕。执行菜单中的"文件 | 保存工程（包含资源）"命令，将文件保存打包。

5.2　鸡蛋展示场景

要点:

本例将制作一个鸡蛋展示场景，如图 5-14 所示。通过本例的学习，读者应掌握利用添加全局光照和天空 HDR 来模拟真实环境的方法。

图 5-14　鸡蛋展示场景

操作步骤:

1) 执行菜单中的"文件 | 打开"（快捷键是〈Ctrl+O〉）命令，打开网盘中的"源文件 \5.2 鸡蛋材质 \ 鸡蛋场景 .c4d"文件。

2) 在工具栏中单击 （渲染到图片查看器）按钮，渲染效果如图 5-15 所示。此时的渲染效果很不真实，通过给场景添加全局光照和天空 HDR 的方法来解决这个问题。

图 5-15　渲染效果

3) 添加全局光照。方法:在工具栏中单击 （编辑渲染设置）按钮,从弹出的"渲染设置"对话框中单击左下方的 按钮,从弹出的下拉菜单中选择"全局光照"命令,如图 5-16 所示。接着在右侧"常规"选项卡中将"预设"设置为"室内 - 预览（小型光源）",如图 5-17 所示。单击右上方的 按钮，关闭"渲染设置"对话框。

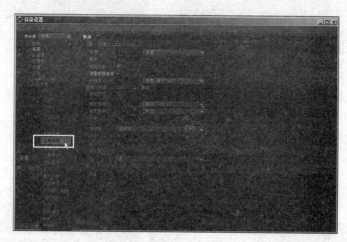

图 5-16　添加"全局光照"

4) 在工具栏中单击 （渲染到图片查看器）按钮，渲染效果如图 5-18 所示。此时渲染后的画面效果并不是纯黑的,这是因为给鸡蛋材质添加了一个"发光"纹理贴图,如图 5-19 所示。

5) 此时整体渲染效果还是偏暗的，通过给场景添加天空对象来解决这个问题。方法：在工具栏 （地面）工具上按住鼠标左键，从弹出的隐藏工具中选择 ，如图 5-20 所示,给场景添加一个"天空"效果。

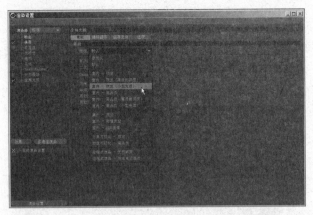

图 5-17　将"预设"设置为"室内 - 预览（小型光源）"

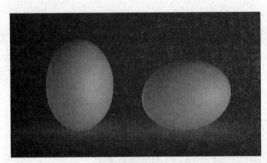

图 5-18　添加"全局光照"的渲染效果

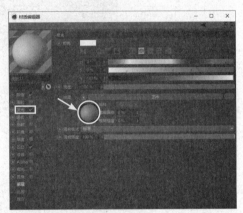

图 5-19　鸡蛋材质中的"发光"纹理贴图

6）制作天空材质。方法：在材质栏中双击鼠标，新建一个材质球，将其重命名为"天空"。接着双击材质球进入"材质编辑器"，取消勾选"颜色"和"反射"复选框，勾选"发光"复选框，在右侧指定给纹理一张网盘中的"源文件 \5.2 鸡蛋展示场景 \tex\ 室内模拟 .hdr"贴图，如图 5-21 所示。最后单击右上方的 ⊠ 按钮，关闭"材质编辑器"。

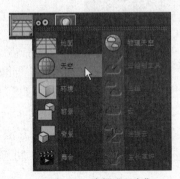

图 5-20　选择"天空"

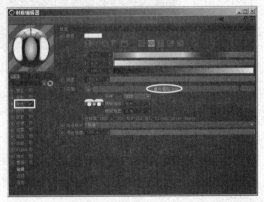

图 5-21　指定"发光"纹理贴图

7) 将"天空"材质拖到"对象"面板中的天空对象上，即可赋予材质，如图 5-22 所示。然后在工具栏中单击 ▨ (渲染到图片查看器) 按钮，查看给天空对象添加了 HDR 后的效果。此时的渲染效果就很自然了，如图 5-23 所示。

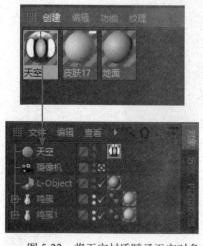

图 5-22　将天空材质赋予天空对象

图 5-23　自然的渲染效果

8) 最终的渲染设置。方法:在工具栏中单击 ▨ (编辑渲染设置) 按钮,从弹出的"渲染设置"对话框中将输出尺寸设置为 1280×720 像素，输出的"帧范围"设置为"当前帧"，如图 5-24 所示。在左侧选择"保存"，再在右侧设置文件保存的路径和名称，并将"格式"设置为"TIFF"，如图 5-25 所示。接着在左侧选择"抗锯齿"，再在右侧将"抗锯齿"设置为"最佳"，"最小级别"设置为"2×2"，"最大级别"设置为"4×4"，如图 5-26 所示。最后单击右上方的 ▨ 按钮，关闭"渲染设置"对话框。

图 5-24　设置"输出"参数

图 5-25　设置"保存"参数

9) 在工具栏中单击 ▨ (渲染到图片查看器) 按钮，即可渲染输出。

10) 至此，鸡蛋展示场景制作完毕。执行菜单中的"文件 | 保存工程 (包含资源)"命令，将文件保存打包。

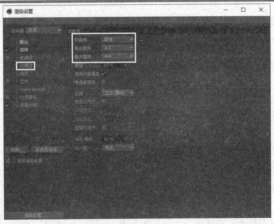

图 5-26　设置"抗锯齿"参数

5.3　篮球展示场景

 要点：

　　本例将制作一个篮球展示场景，如图 5-27 所示。通过本例的学习，读者应掌握在场景中添加全局光照和天空 HDR 来模拟真实环境，并通过在场景中添加灯光作为补光来弥补天空 HDR 的不足的方法。

5.3　篮球展示场景

操作步骤：

　　1）执行菜单中的"文件 | 打开"（快捷键是〈Ctrl+O〉）命令，打开网盘中的"源文件 \4.5 篮球材质 \ 篮球材质 .c4d"文件。

　　2）在工具栏中单击■（渲染到图片查看器）按钮，渲染效果如图 5-28 所示。此时的渲染效果很不真实，下面通过给场景添加全局光照和天空 HDR 的方法来解决这个问题。

图 5-27　篮球展示场景

图 5-28　渲染效果

　　3）添加全局光照。方法：在工具栏中单击■（编辑渲染设置）按钮，从弹出的"渲染设置"对话框中单击左下方的■■■按钮，从弹出的下拉菜单中选择"全局光照"命令，如图 5-29 所示。接着在右侧"常规"选项卡中将"预设"设置为"室内 - 预览（小型光源）"，如图 5-30 所示。单击右上方的■按钮，关闭"渲染设置"对话框。

图 5-29　添加"全局光照"　　　　　　图 5-30　将"预设"设置为"室内 - 预览（小型光源）"

4）在工具栏中单击 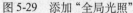（渲染到图片查看器）按钮，渲染效果如图 5-31 所示。此时渲染后的画面是纯黑的，这是因为全局光照模拟的是真实环境中的反射和折射效果，而自身不带有任何光源，因此也就不能产生光照效果。下面通过在场景中添加天空 HDR 来模拟真实环境中的光照效果。

5）在工具栏 （地面）工具上按住鼠标左键，从弹出的隐藏工具中选择 ，如图 5-32 所示，给场景添加一个"天空"效果。

图 5-31　添加"全局光照"后的渲染效果　　　图 5-32　选择"天空"

6）制作天空材质。方法：在材质栏中双击鼠标，新建一个材质球，将其重命名为"天空"。接着双击材质球进入"材质编辑器"，取消勾选"颜色"和"反射"复选框，勾选"发光"复选框，在右侧指定给纹理一张网盘中的"源文件 \5.3 篮球展示场景 \tex\ 常用 02.hdr"贴图，如图 5-33 所示，最后单击右上方的 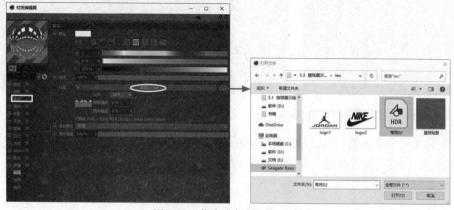 按钮，关闭"材质编辑器"。

图 5-33　指定"发光"纹理贴图

7) 将"天空"材质拖到"对象"面板中的天空对象上，即可赋予天空对象材质，如图 5-34 所示。在工具栏中单击 （渲染到图片查看器）按钮，查看给场景添加了全局光照和天空 HDR 后的整体渲染效果，如图 5-35 所示。

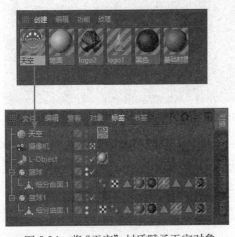

图 5-34　将"天空"材质赋予天空对象

图 5-35　整体渲染效果

8) 此时篮球上的高光和投影效果都不是很理想，可通过在场景中添加一个"灯光"对象作为补光来解决这个问题。方法：在工具栏中单击 （灯光）按钮，在场景中添加一个"灯光"对象。为了防止对摄像机视图进行误操作，给摄像机添加一个 （保护）标签，如图 5-36 所示。接着在"灯光"属性"投影"选项卡中将"投影"设置为"区域"，执行视图菜单中的"选项 | 投影"命令，在视图中显示出灯光投影。最后根据投影的方向，在不同视图中调整灯光的位置，如图 5-37 所示。

图 5-36　给摄像机添加一个 （保护）标签

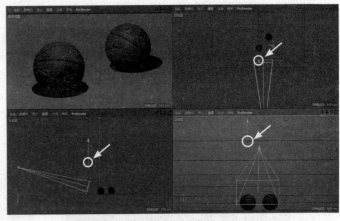

图 5-37　在不同视图中调整灯光的位置

9) 在工具栏中单击 （渲染到图片查看器）按钮，查看添加了灯光后的整体渲染效果，如图 5-38 所示，此时篮球上高光和投影效果的颜色就很自然了。

图 5-38　添加了灯光后的整体渲染效果

10) 最终的渲染输出。方法: 在工具栏中单击 ▶ (编辑渲染设置) 按钮, 从弹出的"渲染设置"对话框中将输出尺寸设置为 1280×720 像素, 输出的 "帧范围" 设置为 "当前帧", 如图 5-39 所示。在左侧选择 "保存", 再在右侧设置文件保存的路径和名称, 并将"格式"设置为"TIFF", 如图 5-40 所示。接着在左侧选择 "抗锯齿", 在右侧将 "抗锯齿" 设置为 "最佳", "最小级别" 设置为 "2×2", "最大级别" 设置为 "4×4", 如图 5-41 所示。最后单击右上方的 ✕ 按钮, 关闭 "渲染设置" 对话框。

图 5-39　设置"输出"参数

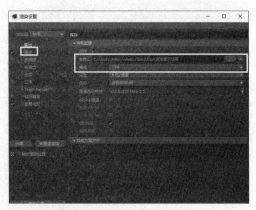

图 5-40　设置"保存"参数

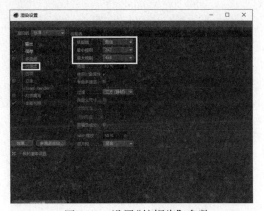

图 5-41　设置"抗锯齿"参数

11）在工具栏中单击 ![](渲染到图片查看器）按钮，即可渲染输出。

12）至此，篮球展示场景制作完毕。执行菜单中的"文件 | 保存工程（包含资源）"命令，将文件保存打包。

5.4 课后练习

1）制作图 5-42 所示的手串效果。

2）制作图 5-43 所示的霓虹灯文字效果。

图 5-42　手串效果

图 5-43　霓虹灯文字效果

第6章 运动曲线、运动图形和效果器

本章重点：

运动图形是 Cinema 4D 制作动画的重要模块，包括效果器、克隆、文本、破碎、多边形 FX 等命令。效果器作为运动图形的重要组成部分，包含了 17 种效果器，通过这些效果器可以制作出各种特殊效果。另外，通过调整对象的运动曲线还可以控制对象运动方式。通过本章的学习，读者应掌握利用运动曲线、运动图形和效果器制作动画的方法。

6.1 弹跳的皮球

要点：

本例将制作一个弹跳的皮球，如图 6-1 所示。本例的重点是通过调整函数曲线来控制物体的运动方式。通过本例的学习，读者应掌握设置动画的帧频、帧率和动画时间总长度，记录关键帧，复制粘贴关键帧，"挤压＆伸展"变形器和调整函数曲线的方法。

图 6-1 弹跳的皮球

操作步骤：

1）设置动画的帧率和帧频。方法：按快捷键〈Ctrl+D〉，在属性面板的"工程设置"选项卡中将"帧率"设置为 25，如图 6-2 所示。接着在工具栏中单击▇▇（编辑渲染设置）按钮，在弹出的"渲染设置"对话框中将"帧频"设置为 25，如图 6-3 所示。

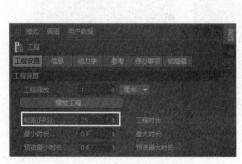

图 6-2 将"帧率"设置为 25

图 6-3 将"帧频"设置为 25

2) 在动画栏中将时间的总长度设置为 100 帧，也就是 4 秒 (s)，如图 6-4 所示。

图 6-4　将时间的总长度设置为 100 帧

3) 在工具栏 （立方体）工具上按住鼠标左键，从弹出的隐藏工具中选择 球体 ，在视图中创建一个球体。然后在属性面板中将球体的"半径"设置为 10cm，效果如图 6-5 所示。

图 6-5　创建一个球体

4) 记录第 0 帧和第 20 帧的关键帧。方法：分别将时间滑块移动到第 0 帧和第 20 帧的位置，然后单击 （记录活动对象）按钮，记录关键帧，如图 6-6 所示。

图 6-6　记录第 0 帧和第 20 帧的关键帧

5) 记录第 10 帧的关键帧。方法：将时间滑块移动到第 10 帧的位置，然后在变换栏中将"位置 Y"的数值设为 –150cm，单击 （记录活动对象）按钮，记录关键帧，如图 6-7 所示。

图 6-7　记录第 10 帧的关键帧

6) 在动画栏中单击 （向前播放）按钮播放动画，即可看到小球上下运动的效果，如图 6-8 所示。

图 6-8　小球上下运动的效果

7）制作小球向下运动时加速、向上运动时减速的效果。方法：在视图中单击右键，从弹出的快捷菜单中选择"显示函数曲线"命令，然后在弹出的"时间线窗口"中选择中间的控制点，单击工具栏中的 （缓入）按钮，如图 6-9 所示，接着调整曲线的形状如图 6-10 所示。单击 （向前播放）按钮播放动画，即可看到小球向下运动时加速、向上运动时减速的效果。

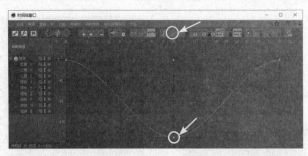

图 6-9　选择中间的控制点，单击 （缓入）按钮

图 6-10　调整曲线形状

8）此时小球上下运动只有 1 次，下面制作小球上下运动的循环动画。方法：在"时间线窗口"中同时选择"位置 .X""位置 .Y"和"位置 .Z"，如图 6-11 所示，在属性面板中将"之前"和"之后"均设为"重复"，"循环"均设为 10，如图 6-12 所示。接着单击 （向前播放）按钮播放动画，即可看到小球上下运动的循环效果。

图 6-11　同时选择"位置 .X""位置 .Y"和"位置 .Z"

图 6-12　设置循环参数

9）制作小球到达底部时的变形效果。方法:按住〈Shift〉键，在工具栏选择 ，如图 6-13 所示，给球体添加一个"挤压&伸展"变形器的子集。然后分别在第 0 帧、第 8 帧、第 12 帧和第 20 帧的位置记录"挤压&伸展"变形器的"因子"关键帧，如图 6-14 所示。接着将时间滑块移动到第 10 帧的位置，将"因子"数值设置为 80%，并记录关键帧，如图 6-15 所示。

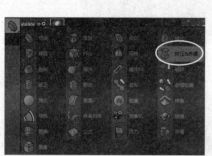 

图 6-13 选择 　图 6-14 记录"挤压&伸展"变形器的"因子"关键帧

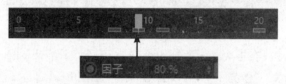

图 6-15 在第 10 帧记录"因子"关键帧

10）单击 ▶（向前播放）按钮播放动画，会发现小球在第 8~12 帧挤压的同时依然存在位置的变化，如图 6-16 所示，这是错误的，下面就来解决这个问题。方法：在"对象"面板中选择"球体"，选中第 10 帧的关键帧，如图 6-17 所示；单击右键，从弹出的快捷菜单中选择"复制"命令。接着分别在第 8 帧和第 12 帧单击右键，从弹出的快捷菜单中选择"粘贴"命令，将第 10 帧的关键帧分别粘贴到第 8 帧和第 12 帧，如图 6-18 所示。

第 8 帧 　第 10 帧 　第 12 帧

图 6-16 在第 8~12 帧小球挤压的同时依然存在位置的变化

图 6-17 选中第 10 帧的关键帧

图 6-18 将第 10 帧的关键帧
分别粘贴到第 8 帧和第 12 帧

11) 单击 ▶ （向前播放）按钮播放动画，会发现小球在第 8~12 帧出现了反复跳动的错误，下面就来解决这个问题。方法：在视图中单击右键，从弹出的快捷菜单中选择"显示函数曲线"命令，在弹出的"时间线窗口"中框选下部左侧的两个控制点，如图 6-19 所示，接着在工具栏中单击 ✦ （线性）按钮，将它们转为线性，如图 6-20 所示。

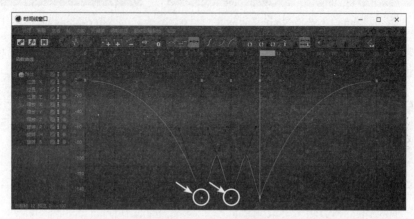

图 6-19 框选下部左侧的两个控制点

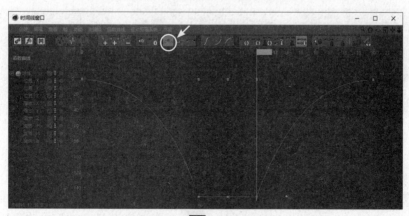

图 6-20 单击 ✦ （线性）按钮，转为线性

12) 单击 ▶ （向前播放）按钮播放动画，会发现小球在底部反复跳动的错误就不存在了，但挤压变形动画只在第 8~12 帧出现了一次，下面制作小球在底部挤压变形的循环动画。方法：在"对象"面板中选择"挤压&伸展"，单击右键，从弹出的快捷菜单中选择"显示函数曲线"命令，然后在弹出的"时间线窗口"中选择"因子"，如图 6-21 所示。接着在属性面板中将"之前"和"之后"均设为"重复"，"循环"均设为 10，如图 6-22 所示。单击 ▶ （向前播放）按钮播放动画，即可看到小球向下运动时加速、向上运动时减速，并在底部挤压变形的循环效果了。

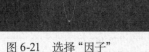

图 6-21　选择"因子"

图 6-22　设置循环参数

13) 至此，弹跳的皮球制作完毕。执行菜单中的"文件 | 保存工程（包含资源）"命令，将文件保存打包。

6.2　循环旋转动画

 要点：

　　本例将制作一个循环旋转动画，如图 6-23 所示。本例的重点是制作旋转的模型和设置其循环旋转动画。通过本例的学习，读者应掌握设置动画的帧频、帧率和动画时间总长度，记录关键帧，扫描和调整函数曲线的方法。

图 6-23　循环旋转动画

 操作步骤：

　　1) 设置动画的帧率和帧频。方法：按快捷键〈Ctrl+D〉，在属性面板的"工程设置"选项卡中将"帧率"设置为 25。接着在工具栏中单击 ■（编辑渲染设置）按钮，在弹出的"渲染设置"对话框中将"帧频"设置为 25。

　　2) 在动画栏中将时间的总长度设置为 75 帧，也就是 3 秒。

　　3) 在工具栏 ■（画笔）工具上按住鼠标左键，从弹出的隐藏工具中选择 ■ 矩形，在视图中创建一个矩形。然后在属性面板中将矩形的"宽度"和"高度"均设置为 400cm，勾选"圆角"复选框，将"圆角半径"设置为 75cm，如图 6-24 所示。

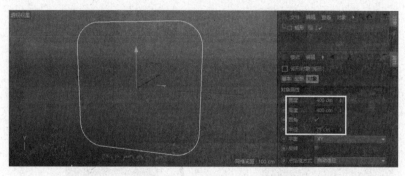

图 6-24 创建矩形并设置参数

4) 同理, 再创建一个矩形, 在属性面板中将矩形的"宽度"和"高度"均设置为 100cm, 勾选"圆角"复选框, 将"圆角半径"设置为 12cm, 如图 6-25 所示。

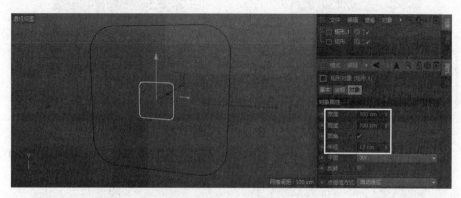

图 6-25 再创建一个矩形并设置参数

5) 按住键盘上的快捷键〈Ctrl+Alt〉, 在工具栏 (细分曲面) 工具上按住鼠标左键, 从弹出的隐藏工具中选择 扫描, 给所有的样条添加一个"扫描"生成器的父级, 如图 6-26 所示。

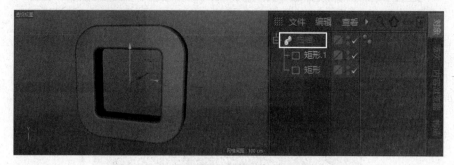

图 6-26 "扫描"效果

6) 制作模型的旋转效果。方法:在"对象"面板中选择"扫描", 在属性面板"对象"选项卡中展开"细节"选项组, 接着将"旋转"曲线中左侧控制点向下移动, 将右侧控制点向上移动, 如图 6-27 所示。单击右键, 从弹出的快捷菜单中选择"样条预置|线性"命令, 如图 6-28 所示, 效果如图 6-29 所示。

图 6-27　调整"旋转"曲线控制点的位置　　　　图 6-28　选择"线性"命令

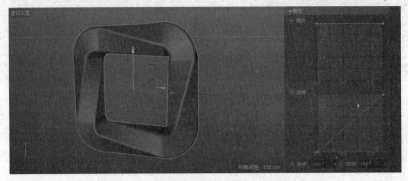

图 6-29　模型旋转效果

　　7）此时模型表面不够圆滑，执行视图菜单中的"显示 | 光影着色（线条）"（快捷键是〈N+B〉）命令，将模型以光影着色（线条）的方式进行显示，如图 6-30 所示。

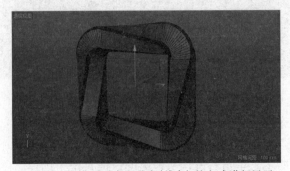

图 6-30　将模型以光影着色（线条）的方式进行显示

8）在"对象"面板中选择"矩形"，在属性面板"对象"选项卡中将"点插值方式"设置为"统一"，"数量"设置为 30，如图 6-31 所示。接着在"对象"面板中选择"矩形 1"，在属性面板"对象"选项卡中将"点插值方式"也设置为"统一"，"数量"设置为 8，如图 6-32 所示。

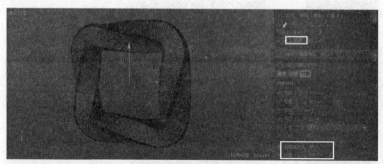

图 6-31 将"矩形"的"点插值方式"设置为"统一"，"数量"设置为 30

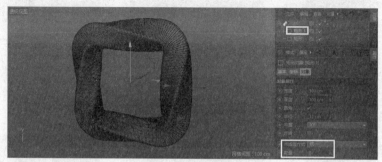

图 6-32 将"矩形 1"的"点插值方式"设置为"统一"，"数量"设置为 8

9）执行视图菜单中的"显示 | 光影着色"（快捷键是〈N+A〉）命令，将模型以光影着色的方式进行显示，此时模型表面就圆滑了，如图 6-33 所示。

图 6-33 将模型以光影着色的方式进行显示

10）制作模型的旋转动画。方法：将时间滑块定位在第 0 帧的位置，在"对象"面板中选择"扫描"，记录"起点"和"终点"的关键帧，如图 6-34 所示。接着将时间滑块定位在第 75 帧的位置，将"起点"的数值设置为 0°，"终点"的数值设置为 360°，并记录关键帧，如图 6-35 所示。

提示："起点"和"终点"的数值必须相差 360°的倍数，才能制作出循环效果。

11）单击▶（向前播放）按钮播放动画，会发现模型旋转不是匀速的，下面就来解决这个问题。方法：执行菜单中的"窗口 | 时间线（函数曲线）"命令，在弹出的图 6-36 所示的"时间线窗口"中单击（线性）按钮，将运动曲线转为线性，如图 6-37 所示。

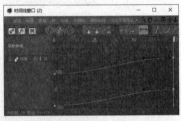

图 6-36　时间线窗口

图 6-37　将运动曲线转为线性

图 6-34　在第 0 帧记录"起点"和"终点"的关键帧

图 6-35　在第 75 帧记录"起点"和"终点"的关键帧

12）单击▶（向前播放）按钮播放动画，发现模型在最后一帧会出现卡顿。将动画时间的总长度设置为 74 帧，也就是减少一帧，如图 6-38 所示。单击▶（向前播放）按钮播放动画，就可以看到流畅的模型循环旋转动画了，如图 6-39 所示。

图 6-38　将动画时间的总长度设置为 74 帧

图 6-39　流畅的模型循环旋转动画

13) 为了美观，可以赋予模型一个材质，渲染效果如图 6-40 所示。

图 6-40　赋予材质的渲染效果

14) 至此，模型循环旋转动画制作完毕。执行菜单中的"文件 | 保存工程（包含资源）"命令，将文件保存打包。

6.3　旋转的魔方

要点：

本例将制作一个旋转的魔方效果，如图 6-41 所示。本例的重点是利用"多边形 FX"和"简易"效果器制作碎片组成文字的效果，以及利用"延迟"效果器制作延迟动画。通过本例的学习，读者应掌握设置动画的帧频、帧率和动画时间总长度，记录关键帧，创建三维倒角文字，"布尔""螺旋"变形器，调整函数曲线、多边形 FX，环境吸收，"简易"和"延迟"效果器的应用。

6.3　旋转的魔方

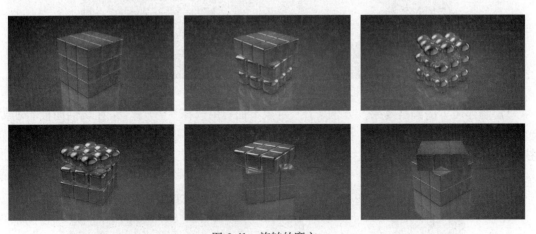

图 6-41　旋转的魔方

操作步骤：

1. 制作魔方旋转的动画

1) 设置动画的帧率和帧频。方法：按快捷键〈Ctrl+D〉，然后在属性面板的"工程设置"选项卡中将"帧率"设置为 25。接着在工具栏中单击 (编辑渲染设置) 按钮，在弹出的"渲染设置"对话框中将"帧频"设置为 25。

2）在动画栏中将时间的总长度设置为 80 帧。

3）在视图中创建一个立方体，然后在属性面板中将立方体的"尺寸.X""尺寸.Y"和"尺寸.Z"的数值均设为 100cm，如图 6-42 所示。

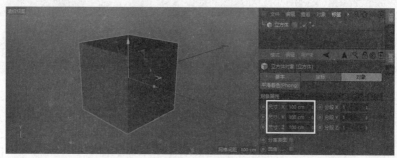

图 6-42　创建立方体并设置参数

4）利用"克隆"命令制作出魔方形状。方法：按住键盘上的〈Alt〉键，执行菜单中的"运动图形 | 克隆"命令，给它添加一个"克隆"的父级。在"克隆"属性面板"对象"选项卡中将"模式"设置为"网格排列"，"数量"均设置为 3，如图 6-43 所示。

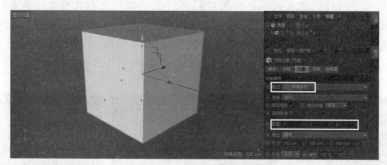

图 6-43　设置"克隆"参数

5）制作魔方的圆角效果。方法：在"对象"面板中选择"立方体"，在属性面板"对象"选项卡中勾选"圆角"复选框，将"圆角半径"设置为 5cm，并将"圆角细分"设置为 40，如图 6-44 所示。

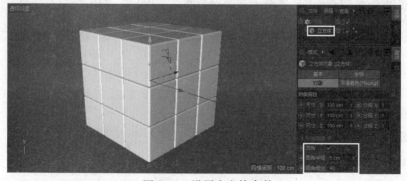

图 6-44　设置立方体参数

6）制作立方体变形为球体，再变形为立方体的动画。方法：将时间滑块移动到第 0 帧的位置，在"立方体"属性面板中记录一个"圆角半径"的关键帧，如图 6-45 所示。接着将时间滑块移动到第 20 帧的位置，将"圆角半径"设置为 50cm，并记录一个关键帧，如图 6-46 所示。再将时间滑块移动到第 40 帧的位置，记录一个"圆角半径"的关键帧。最后将时间滑块移动到第 60 帧的位置，将"圆角半径"设置为 5cm，并记录一个关键帧。

图 6-45　在第 0 帧记录"圆角半径"的关键帧　　　图 6-46　在第 20 帧记录"圆角半径"的关键帧

7）单击 ▶（向前播放）按钮播放动画，就可以看到立方体变形为球体，然后变形为立方体的效果了，如图 6-47 所示。

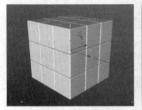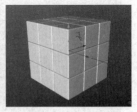

图 6-47　动画效果

8）在"对象"面板中选择"克隆"，在编辑模式工具栏中单击 （可编辑对象）按钮，将其转换为一个可编辑对象，此时每个立方体会被单独分离出来，如图 6-48 所示。

9）将时间滑块定位在第 0 帧的位置，在右视图中利用 （框选工具）框选下层的 9 个立方体，按快捷键〈Alt+G〉，将它们组成一个组。接着框选中层的 9 个立方体，按快捷键〈Alt+G〉，也将它们组成一个组。同理框选上层的 9 个立方体，按快捷键〈Alt+G〉，将它们组成一个组。最后为了便于区分，将组的名称分别命名为"上层""中层"和"下层"，如图 6-49 所示。

10）制作魔方的旋转动画。方法：将时间滑块定位在第 10 帧的位置，同时选择"对象"面板中的"坐标"选项卡，记录一个"R.H"的关键帧，如图 6-50 所示。将时间滑块定位在第 30 帧的位置，将"R.H"的数值设置为 90°，并记录一个关键帧，如图 6-51 所示。接着将时间滑块定位在第 50 帧的位置，记录一个"R.H"的关键帧。最后将时间滑块定位在第 70 帧的位置，将"R.H"的数值设置为 180°，并记录一个关键帧。

11）按快捷键〈F1〉，切换到透视视图，单击 ▶（向前播放）按钮播放动画，就可以看到魔方整体旋转的动画了，如图 6-52 所示。

12）但是此时立方体是同时变形为球体的，而本例要求的是立方体逐层变形为球体。在"对象"面板中展开"中层"，选择下方所有的立方体，如图 6-53 所示。在动画栏中选择所有的快捷帧（一共 4 个关键帧），如图 6-54 所示，接着将其整体往后移动 5 帧，如图 6-55 所示。

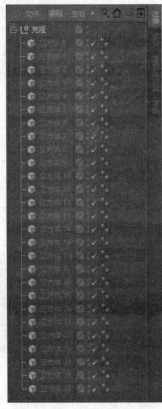

图 6-48　每个立方体
会被单独分离出来

图 6-49　将组的名称分别命名
为"上层""中层"和"下层"

图 6-50　在第 0 帧记录
一个"R.H"的关键帧

图 6-51　在第 30 帧记录
一个"R.H"的关键帧

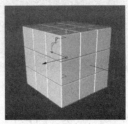

图 6-52　魔方旋转动画

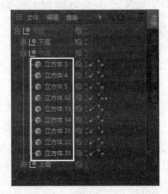

图 6-53　选择"中层"下方所有的立方体

图 6-54　框选所有关键帧

图 6-55　将所有关键帧往后移动 5 帧

13）同理，在"对象"面板中展开"上层"，然后选择下方所有的立方体，如图 6-56 所示。在动画栏中选择所有的快捷帧（一共 4 个关键帧），如图 6-57 所示，将其整体往后移动 10 帧，如图 6-58 所示。

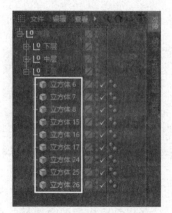

图 6-57　框选所有关键帧

图 6-56　选择"上层"下方
所有的立方体

图 6-58　将所有关键帧往后移动 10 帧

14) 单击 ▶（向前播放）按钮播放动画，就可以看到魔方逐层变形的动画了，如图 6-59 所示。

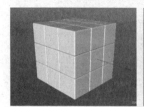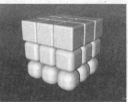

图 6-59　魔方逐层变形的动画

15) 制作魔方逐层旋转的效果。方法：在"对象"面板中选择"中层"，如图 6-60 所示，在动画栏中选择所有的关键帧(一共 4 个关键帧)，如图 6-61 所示，接着将其整体往后移动 5 帧，如图 6-62 所示。

图 6-61　框选所有关键帧

图 6-60　选择"中层"

图 6-62　将所有关键帧往后移动 5 帧

16) 同理，在"对象"面板中展开"上层"，如图 6-63 所示。在动画栏中选择所有的关键帧（一共 4 个关键帧），如图 6-64 所示，接着将其整体往后移动 10 帧，如图 6-65 所示。

图 6-64　框选所有关键帧

图 6-63　选择"上层"

图 6-65　将所有关键帧往后移动 10 帧

17）单击▶（向前播放）按钮播放动画，就可以看到魔方逐层旋转的动画了，如图 6-66 所示。

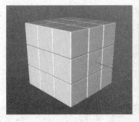

图 6-66　预览效果

18）但是此时魔方的旋转不是匀速的，在"对象"面板中同时选择"上层""中层"和"下层"，然后在属性面板"坐标"选项卡中"R.H"的位置单击右键，从弹出的快捷菜单中选择"动画|显示函数曲线"命令，在弹出的图 6-67 所示的"时间线窗口"中单击工具栏中的（线性）按钮，将曲线转为线性，如图 6-68 所示。关闭"时间线窗口"，单击▶（向前播放）按钮播放动画，就可以看到魔方匀速旋转的动画了。

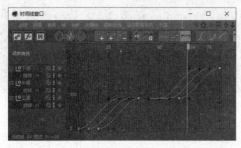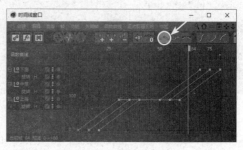

图 6-67　时间线窗口　　　　　　　图 6-68　将曲线转为线性

19）创建地面。方法：在工具栏中单击（地面）按钮，在视图中创建一个地面。然后在属性面板"坐标"选项卡中将"P.Y"的数值设置为 -150cm，使地面正好位于魔方的底部，效果如图 6-69 所示。

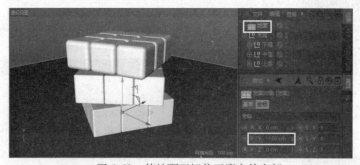

图 6-69　使地面正好位于魔方的底部

20）在工具栏中单击（渲染活动视图）按钮（快捷键是〈Ctrl+R〉），渲染当前视图会发现魔方各层之间的阴影很不明显，如图 6-70 所示。在工具栏中单击（编辑渲染设置）按钮，在弹出的"渲染设置"对话框中单击效果，从弹出的快捷菜单中选择"环境吸收"，给场景添加一个"环境吸收"，如图 6-71 所示，再关闭"渲染设置"对话框。接着按快捷键〈Ctrl+R〉，渲染当前视图，可以看到魔方各层之间有了明显的阴影效果，如图 6-72 所示。

提示：“环境吸收”的作用是增加物体之间的阴影效果，使场景更加真实，更加符合自然界的环境。

图 6-70　魔方各层之间的阴影很不明显

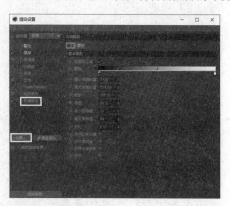

图 6-71　添加“环境吸收”

图 6-72　添加“环境吸收”后的渲染效果

2. 赋予模型材质

1）在材质栏中双击鼠标，新建一个材质球，并将其重命名为“地面”。双击“地面”材质球，进入“材质编辑器”。在左侧选择“颜色”，再在右侧将“颜色”设置为一种粉色（HSV 的数值为（330°，50%，90%）），如图 6-73 所示。接着在左侧选择“反射”，在右侧单击 █████ 按钮，给它添加一个“反射（传统）”，如图 6-74 所示。最后将反射的“粗糙度”设置为 7%，“亮度”设置为 45%，如图 6-75 所示。关闭“材质编辑器”。

2）将“地面”材质拖给场景中的地面模型，如图 6-76 所示。

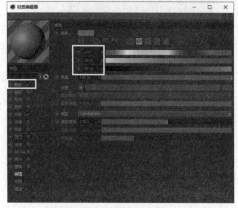

图 6-73　将“颜色”设置为一种粉色（HSV 的
　　　　　数值为（330°，50%，90%））

图 6-74　添加“反射（传统）”

图 6-75 设置"反射"参数

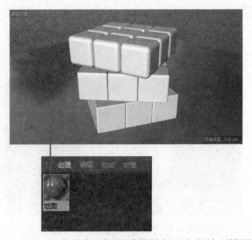
图 6-76 将"地面"材质拖给场景中的地面模型

3) 在材质栏中双击鼠标，新建一个材质球，并将其重命名为"魔方"。双击"魔方"材质球，进入"材质编辑器"。在左侧选择"颜色"，在右侧将"颜色"设置为一种白色（HSV的数值为（330°，0%，100%））。接着在左侧选择"反射"，在右侧单击 添加 按钮，给它添加一个"反射（传统）"。将反射的"粗糙度"设置为 5%，"亮度"设置为 85%，如图 6-77 所示，关闭"材质编辑器"。最后将"魔方"材质拖给"对象"面板中的"克隆"，如图 6-78 所示。

图 6-77 设置魔方"反射"参数

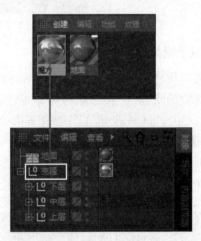
图 6-78 将"魔方"材质拖给"对象"面板中的"克隆"

4) 按快捷键〈Ctrl+R〉，渲染当前视图，如图 6-79 所示。此时会发现场景由于缺少环境烘托，而显得很不真实。下面通过添加天空 HDR 来解决这个问题。方法：在工具栏中单击 （天空）按钮，给场景添加一个"天空"对象。在材质栏中双击鼠标，新建一个材质球，并将其重命名为"天空"。接着双击"天空"材质球，进入材质编辑器。在左侧选择"颜色"，在右侧指定给"颜色"纹理一张网盘中的"源文件 \6.3 旋转的魔方 \tex\ 模拟窗口 .hdr"贴图，并将"模糊偏移"和"模糊程度"均设置为 20%，如图 6-80 所示。最后关闭"材质编辑器"，将"天空"材质拖给"对象"面板中的"天空"对象，如图 6-81 所示。

5) 按快捷键〈Ctrl+R〉，渲染当前视图，如图 6-82 所示，此时渲染效果就很真实了。

图 6-79 渲染效果

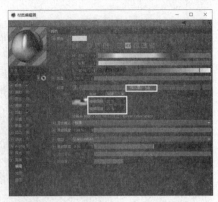

图 6-80 设置"天空"材质参数

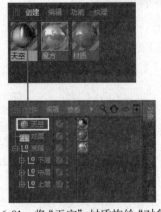

图 6-81 将"天空"材质拖给"对象"
面板中的"天空"对象

图 6-82 渲染后的效果

3. 渲染输出

1) 设置渲染输出参数。方法：在工具栏中单击 ▦（编辑渲染设置）按钮，在弹出的"渲染设置"对话框中将输出尺寸设置为 1280×720 像素，输出"帧范围"设置为"全部帧"，如图 6-83 所示。接着将"抗锯齿"设置为"最佳"，"最小级别"为 2×2，"最大级别"为 4×4，如图 6-84 所示。将"保存格式"设置为 PNG，单击"文件"右侧的 ▬ 按钮，指定保存的名称和路径，如图 6-85 所示。单击右上方的 ✕ 按钮，关闭"渲染设置"对话框。

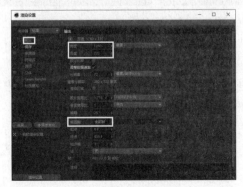

图 6-83 设置"输出"参数

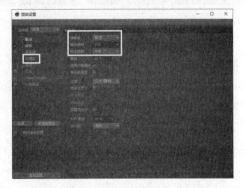

图 6-84 设置"抗锯齿"参数

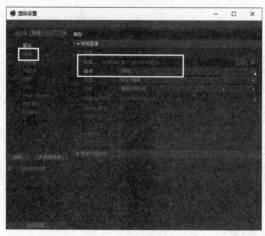

图 6-85　设置"保存"参数

2) 在工具栏中单击[图]（渲染到图片查看器）按钮，即可渲染输出序列图片。

3) 至此，魔方的旋转动画制作完毕。执行菜单中的"文件 | 保存工程（包含资源）"命令，将文件保存打包。

6.4　由碎块逐渐组成马的动画

要点：

6.4　由碎块逐渐
组成马的动画

本例将制作一个由碎块逐渐组成马的动画，如图 6-86 所示。本例的重点是利用"克隆"制作出覆盖模型的碎块，利用"随机"效果器制作出碎块的随机方向和利用"继承"效果器制作出碎块组成马的模型的动画。通过本例的学习，读者应掌握设置动画的帧频、帧率和动画时间总长度，记录关键帧，"随机"和"继承"效果器的应用。

图 6-86　由碎块逐渐组成马的动画

操作步骤：

1) 执行菜单中的"文件 | 打开"（快捷键是〈Ctrl+O〉）命令，打开网盘中的"源文件 \6.4 由碎块逐渐组成马的动画 \ 马（白模）.c4d"文件，如图 6-87 所示。

2) 创建作为碎块的角锥。方法：在工具栏[立方体]（立方体）工具上按住鼠标左键，从弹出的隐藏工具中选择[角锥]，在视图中创建一个角锥。在属性面板中将角锥的"尺寸"均设置为 5cm，效果如图 6-88 所示。

图 6-87　打开"马（白模）.c4d"文件

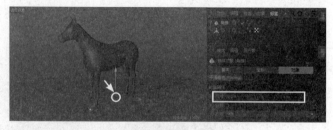

图 6-88　创建角锥并设置参数

3）制作由碎块组成的马的形状。方法：按住键盘上的〈Alt〉键，执行菜单中的"运动图形 | 克隆"命令，给"角锥"添加一个"克隆"父级；在"克隆"属性面板的"对象"选项卡中将克隆"模式"设置为"对象"；将"马"拖到"对象"右侧，将"分布"设置为"多边形中心"，效果如图 6-89 所示。

图 6-89　"克隆"效果

4）在"对象"面板中选择"角锥"，在属性面板"对象"选项卡中将"方向"设置为"+Z"，在"对象"面板中隐藏"马"的模型，效果如图 6-90 所示。

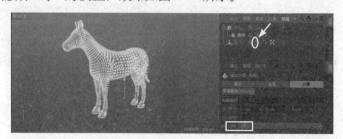

图 6-90　将"角锥"方向设置为"+Z"，然后隐藏"马"的模型

5）制作动画开始时散落的碎块效果。方法：在"对象"面板中按住〈Ctrl〉键，复制出"克隆 1"，在视图中创建一个平面，并在属性面板中将平面的"宽度"和"高度"均设置为 600cm，"宽度分段"和"高度分段"均设置为 50，效果如图 6-91 所示。

图 6-91　创建并设置平面参数

6）在"对象"面板中选择"克隆 1"，将"平面"拖到属性面板"对象"选项卡的"对象"右侧，在"对象"面板中隐藏"平面"的显示，效果如图 6-92 所示。

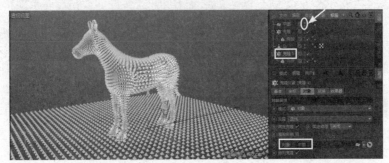

图 6-92　将"平面"拖到"对象"右侧，然后隐藏"平面"的显示

7）此时平面上碎块的方向是一致的，而本例要求碎块的方向是随机的，下面通过"随机"效果器来制作这种效果。方法：在"对象"面板中选择"克隆 1"，执行菜单中的"运动图形 | 效果器 | 随机"命令，给它添加一个"随机"效果器。然后在"随机"属性面板"参数"选项卡中取消勾选"位置"复选框，勾选"旋转"复选框，将"P.H"设置为 20，"P.Y"设置为 30，"P.Z"设置为 50，效果如图 6-93 所示。

图 6-93　给"克隆 1"添加"随机"效果器并设置旋转参数

8）利用"继承"效果器制作由碎块逐渐组成的马的动画。方法：在"对象"面板中选择"克隆"，执行菜单中的"运动图形 | 效果器 | 继承"命令，给它添加一个"继承"效果器。在"继承"属性面板"效果器"选项卡中将"克隆 1"拖到"对象"右侧，并勾选"变体运动对象"复选框，效果如图 6-94 所示。

图 6-94　给"克隆 1"添加"随机"效果器并设置旋转参数

提示：此时一定要勾选"变体运动对象"复选框，否则后面不会产生碎块逐渐变体为马的动画效果。

9）打开"衰减"选项卡，将"继承"效果器的"形状"设置为"方形"，将"尺寸"均设置为185cm，将"衰减"设置为10%，如图6-95所示。接着在"对象"面板中隐藏"克隆1"的显示，在透视视图中沿 Y 轴向上移动"继承"效果器，此时会看到组成马的碎块逐渐消失的效果，如图6-96所示。

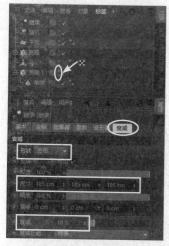

图 6-95　设置"继承"效果器的"衰减"参数　　　图 6-96　组成马的碎块逐渐消失的效果

10）在"衰减"选项卡中勾选"反转"复选框，如图6-97所示，然后在透视视图中沿 Y 轴向上移动"继承"效果器，就会看到碎块逐渐组成马的效果，如图6-98所示。

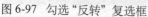

图 6-97　勾选"反转"复选框　　　　　图 6-98　碎块逐渐组成马的效果

11）设置动画。方法：将时间滑块移动到第 0 帧的位置，进入"继承"属性面板的"坐标"选项卡，将"P.Y"的数值设置为 -200cm，并记录关键帧，效果如图6-99所示。接着将时间滑块移动到第100帧的位置，将"P.Y"的数值设置为60cm，并记录关键帧，如图6-100所示。

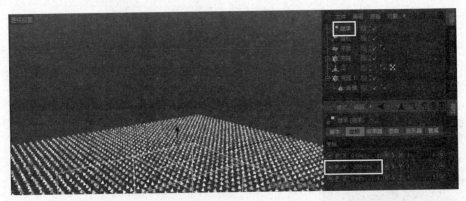

图 6-99　在第 0 帧将 "P.Y" 的数值设置为 –200cm，并记录关键帧

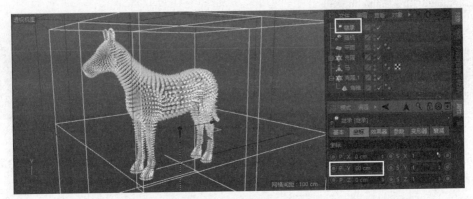

图 6-100　在第 100 帧将 "P.Y" 的数值设置为 60cm，并记录关键帧

12) 单击 ▶ (向前播放) 按钮播放动画，即可看到由碎块逐渐组成的马的效果，如图 6-101 所示。

图 6-101　预览效果

13) 赋予模型一个绿色材质。方法：在材质栏中双击鼠标，新建一个材质球。在属性面板中将其颜色设置为一种绿色 (HSV 的数值为 (170°，70%，100%))，接着将这个材质拖给 "对象" 面板中的 "克隆"，如图 6-102 所示，效果如图 6-103 所示。

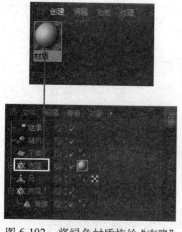

图 6-102　将绿色材质拖给"克隆"

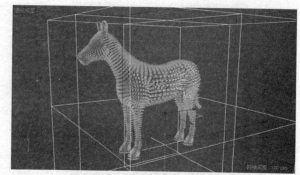

图 6-103　将绿色材质拖给"克隆"后的效果

14）至此，由碎块组成的马的动画制作完毕。执行菜单中的"文件|保存工程（包含资源）"命令，将文件保存打包。

6.5　飘散的碎片组成的文字动画

要点：

本例将制作一个由飘散的碎片组成的文字动画，如图 6-104 所示。本例的重点是利用"多边形 FX"和"简易"效果器制作碎片组成文字的效果，以及利用"延迟"效果器制作延迟动画。通过本例的学习，读者应掌握设置动画的帧频、帧率和动画时间总长度，记录关键帧，创建三维倒角文字，"布尔""螺旋"变形器，"多边形 FX"，"简易"和"延迟"效果器的应用。

图 6-104　飘散的碎片组成的文字动画

操作步骤：

1）设置动画的帧率和帧频。方法：按快捷键〈Ctrl+D〉，在属性面板的"工程设置"选项卡中将"帧率"设置为 25。接着在工具栏中单击 ▶ （编辑渲染设置）按钮，在弹出的"渲染设置"对话框中将"帧频"设置为 25。

2）在动画栏中将时间的总长度设置为 400 帧，也就是 16 秒。

3）创建三维文字。方法：执行菜单中的"运动图形|文本"命令，在视图中创建一个三维文本。然后在"文本"属性面板"对象"选项卡中将"文本"内容设置为"Q"，"字体"设置为"Arial Bold"，"对齐"设置为"中对齐"，"深度"设置为 30cm，如图 6-105 所示，效果如图 6-106 所示。

4）执行视图菜单中的"显示 | 光影着色（线条）"（快捷键是〈N+B〉）命令，将模型以光影着色（线条）的方式进行显示，如图 6-107 所示。

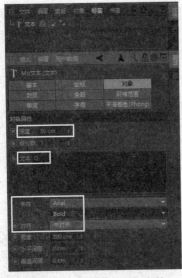

图 6-106　设置"文字"参数后的效果

图 6-105　设置"文字"参数

图 6-107　以光影着色（线条）的方式显示

5）将"细分数"设置为 4，将"点插值方式"设置为"统一"，"数量"设置为 8，如图 6-108 所示，效果如图 6-109 所示。

6）制作文字的倒角效果。方法：进入"封顶"选项卡，将"顶端"和"末端"的封顶方式均设为"圆角封顶"，"半径"均设为 2cm，"步幅"均设为 4，如图 6-110 所示，效果如图 6-111 所示。

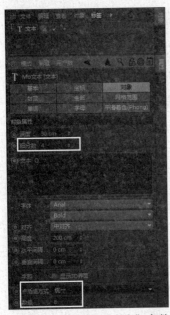

图 6-109　继续设置"文字"参数后的效果

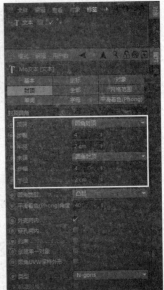

图 6-108　继续设置"文字"参数　图 6-111　设置文字"封顶"参数后的效果　图 6-110　设置文字"封顶"参数

7) 制作文字表面的分段。方法：在"文本"属性面板"封顶"选项卡中将"类型"设置为"四边形"，然后勾选"标准网格"复选框，"宽度"设置为 4cm，如图 6-112 所示，效果如图 6-113 所示。

图 6-112 设置文字表面参数

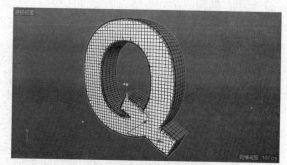

图 6-113 设置文字表面参数后的效果

8) 将文本转换为一个可编辑对象。方法：在编辑模式工具栏中单击 ▦（可编辑对象）按钮，将文本转换为可编辑对象，此时"对象"面板中会产生多个对象。在"对象"面板中选择所有对象，如图 6-114 所示，然后单击右键，从弹出的快捷菜单中选择"连接对象 + 删除"命令，将它们转换为一个可编辑对象，如图 6-115 所示。

图 6-114 选择所有对象

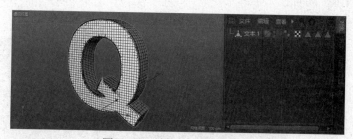

图 6-115 转换为一个可编辑对象

9) 将字母 Q 的坐标定位在字母的中央位置。方法：执行菜单中的"网格 | 重置轴心 | 轴对齐"命令，在弹出的"轴对齐"对话框中单击 ▦ 按钮，如图 6-116 所示，效果如图 6-117 所示。

图 6-116　单击 执行 按钮

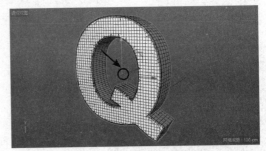

图 6-117　"轴对齐"效果

10) 利用"布尔"造型工具制作字母 Q 的显现和隐藏效果。方法：按住键盘上的〈Ctrl〉键，以字母 Q 为中心创建一个立方体，将属性面板中立方体的"尺寸.X""尺寸.Y"和"尺寸.Z"的数值均设为 230cm，接着按快捷键〈F4〉，切换到正视图，如图 6-118 所示。

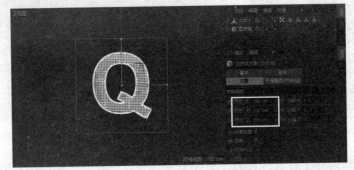

图 6-118　将立方体的"尺寸.X""尺寸.Y"和"尺寸.Z"的数值均设为 230cm

11) 在"对象"面板中同时选择"立方体"和"文本 1"，然后按住键盘上的快捷键〈Ctrl+Alt〉，在工具栏中选择 （布尔）造型工具，给它们添加一个 （布尔）造型工具的父级，如图 6-119 所示。接着在"对象"面板中选择"立方体"，在视图中将其沿 Y 轴上下移动一下，随着立方体的移动，字母 Q 也呈现了显现和隐藏效果，如图 6-120 所示。

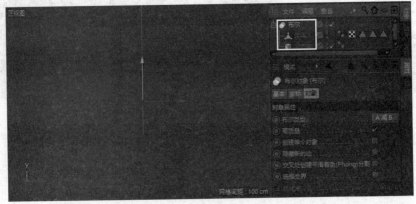

图 6-119　给"文本 1"和"立方体"添加一个"布尔"父级

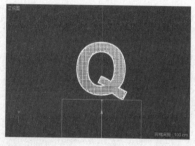 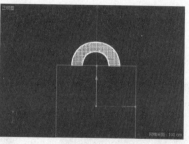

图 6-120　字母 Q 的显现和隐藏效果

12) 制作字母 Q 的螺旋效果。方法：在"对象"面板中隐藏"立方体"和效果显示，如图 6-121 所示。选择"文本 1"，按住〈Shift〉键，在工具栏中选择 变形器，给它添加一个"螺旋"变形器的子集。接着在"螺旋"属性面板"对象"选项卡中将"角度"设置为 360°，效果如图 6-122 所示。

 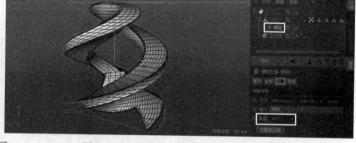

图 6-121　隐藏"立方体"和效果显示　　　图 6-122　字母的"螺旋"效果

13) 制作文字 Q 的螺旋动画。方法：将时间滑块移动到第 0 帧的位置，在正视图中将"螺旋"沿 Y 轴向下移动，并在变换栏中将"位置"的"Y"数值设置为 -200cm，如图 6-123 所示。接着在"对象"面板中同时选择"螺旋"和"立方体"，并恢复"立方体"的效果显示。如图 6-124 所示、在动画栏中单击 按钮，记录一个关键帧。最后将时间滑块移动到第 400 帧的位置，将"螺旋"和"立方体"沿 Y 轴向上移动，并在变换栏中将"位置"的"Y"数值设置为 400cm，如图 6-125 所示，单击 按钮，记录一个关键帧。

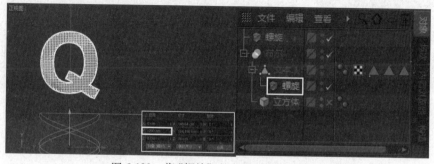

图 6-123　将"螺旋"的"Y"数值设置为 -200cm

图 6-124 设置"字母"参数

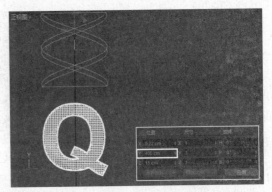

图 6-125 将"螺旋"沿 Y 轴向上移动 400cm

14）执行视图菜单中的"显示 | 光影着色"（快捷键是〈N+A〉）命令，将模型以光影着色的方式进行显示。单击 ▶（向前播放）按钮播放动画，即可看到字母 Q 螺旋着逐渐显现效果了，如图 6-126 所示。

图 6-126 预览效果

15）制作字母 Q 的碎片效果。方法：在"对象"面板中选择"文本 1"，按住〈Shift〉键，执行菜单中的"运动图形 | 多边形 FX"命令，给它添加一个"多边形 FX"的子集，如图 6-127 所示。但此时并没有出现碎片效果。按住〈Shift〉键，执行菜单中的"运动图形 | 效果器 | 简易"命令，给"多边形 FX"添加一个"简易"效果器的子集，此时字母 Q 就产生了碎片效果，如图 6-128 所示。

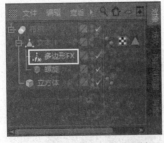

图 6-127 给"文本 1"添加
一个"多边形 FX"的子集

图 6-128 给"文本 1"添加一个"简易"效果器的子集

16）调整碎片的参数。方法：在"简易"属性面板"参数"选项卡中将"P.X"设置为 100cm，"P.Y"设置为 200cm，如图 6-129 所示。勾选"缩放"和"旋转"复选框，并设置参数如图 6-130 所示。接着进入"衰减"选项卡，将"形状"设置为"球体"，"尺寸"均设置为 120cm，"衰减"设置为 80%，如图 6-131 所示。

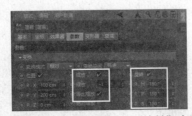

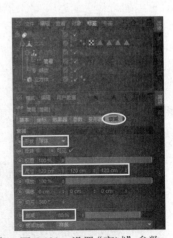

图 6-129　设置"位置"参数　　图 6-130　设置"缩放"和"旋转"参数　　图 6-131　设置"衰减"参数

17）制作由碎片组成的文字动画。方法：将时间滑块移动到第 0 帧，在视图中将"简易"效果器沿 Y 轴向下移动，并将"位置"的"Y"数值设置为 -135cm，如图 6-132 所示，并记录一个关键帧，使之包裹住"螺旋"变形器。接着将时间滑块移动到第 400 帧，将"简易"效果器沿 Y 轴向下移动，并将"位置"的"Y"数值设置为 300cm，如图 6-133 所示，并记录一个关键帧。

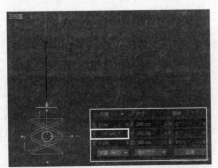

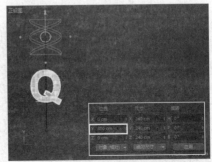

图 6-132　在第 0 帧，将"简易"的　　　　　图 6-133　在第 400 帧，将"简易"的
"位置"的"Y"的数值设置为 -135cm　　　　　"位置"的"Y"的数值设置为 300cm

18）单击 ▶（向前播放）按钮播放动画，即可看到飘散的碎片逐渐组成字母 Q 的效果了，如图 6-134 所示。

图 6-134　预览效果

19) 此时碎片组成文字的动画有些过快，下面给动画添加一个延迟效果。方法：在"对象"面板中选择"多边形 FX"，按住〈Shift〉键，执行菜单中"运动图形 | 效果器 | 延迟"命令，给它添加一个"延迟"效果器的子集，然后在属性面板"效果器"选项卡中将"强度"设置为75%，如图 6-135 所示。接着单击 ▶（向前播放）按钮播放动画，就可以看到动画的延迟效果了。

20) 设置渲染输出参数。方法：在工具栏中单击 ▦（编辑渲染设置）按钮，在弹出的"渲染设置"对话框中将输出尺寸设置为 1280×720 像素，输出"帧范围"设置为"全部帧"，如图 6-136 所示。将"抗锯齿"设置为"最佳"，"最小级别"为 2×2，"最大级别"为 4×4，如图 6-137 所示。将"保存格式"设置为 PNG，单击"文件"右侧的 ▦▦▦ 按钮，指定保存的名称和路径，如图 6-138 所示。单击右上方的 ☒ 按钮，关闭"渲染设置"对话框。

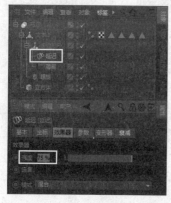

图 6-135　将"延迟"的"强度"设置为 75%

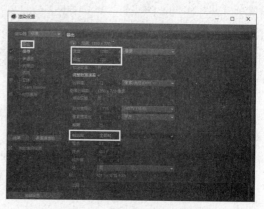

图 6-136　设置"输出"参数

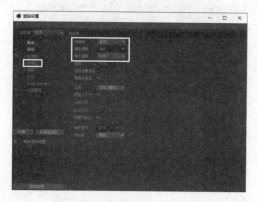

图 6-137　设置"抗锯齿"参数

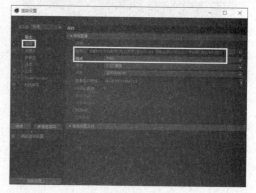

图 6-138　设置"保存"参数

21) 在工具栏中单击 ▦（渲染到图片查看器）按钮，即可渲染输出序列图片。

22) 至此，飘散的碎片组成的文字动画制作完毕。执行菜单中的"文件 | 保存工程（包含资源）"命令，将文件保存打包。

6.6　课后练习

1) 打开网盘中的"6.6 课后练习 \ 练习 1（雕塑头部破碎效果）\ 雕塑（白模）.c4d"文件，利用"破碎"命令与"时间"和"随机"效果器，制作图 6-139 所示的雕像头部的破碎效果。

图 6-139　雕塑头部的破碎效果

2) 利用"克隆"命令、"绒球"造型工具和"随机"效果器，制作图 6-140 所示的水滴组成的文字效果。

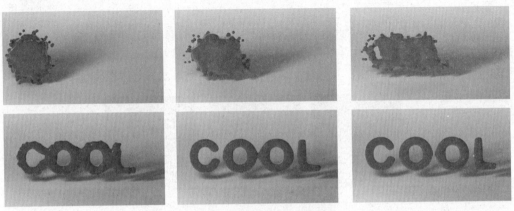

图 6-140　水滴组成的文字效果

3) 打开网盘中的"6.6 课后练习 \ 练习 3(汽车展示动画效果 \ 汽车素材 .c4d"文件,利用"步幅"效果器制作图 6-141 所示的汽车展示的动画效果。

图 6-141　汽车的展示效果

第7章 动力学

本章重点：

动力学是 Cinema 4D 中比较有特色的模块。通过为物体添加不同的动力学标签，可以模拟出物体下落、墙体倒塌、玻璃破碎、切割物体、Q弹效果和旗帜飘扬等自然现象。通过本章的学习，读者应掌握动力学标签的使用方法。

7.1 跳动的红心效果

 要点：

本例将制作一个跳动的红心效果，如图 7-1 所示。本例的重点是利用"公式"变形器制作红心模型和利用"柔体"标签制作红心的跳动效果。通过本例的学习，读者应掌握设置动画的帧频、帧率和动画时间总长度，"公式"变形器，"柔体"标签、添加背景以及输出序列图片的方法。

图 7-1　跳动的红心效果

 操作步骤：

1. 制作心形模型

1）设置动画的帧率和帧频。方法：按快捷键〈Ctrl+D〉，在属性面板的"工程设置"选项卡中将"帧率"设置为 25，如图 7-2 所示。接着在工具栏中单击 ▓▓（编辑渲染设置）按钮，在弹出的"渲染设置"对话框中将"帧频"设置为 25，如图 7-3 所示。

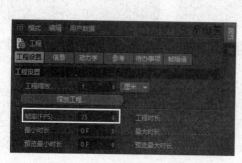

图 7-2　将"帧率"设置为 25

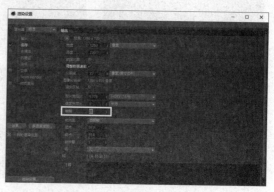

图 7-3　将"帧频"设置为 25

2) 在动画栏中将时间的总长度设置为 25 帧，也就是 1 秒，如图 7-4 所示。

图 7-4　将动画时间的总长度设置为 25 帧

3) 在工具栏 （立方体）工具上按住鼠标左键，从弹出的隐藏工具中选择 ，在视图中创建一个球体。然后在"球体"属性面板的"坐标"选项卡中将"S.X"设置为 0.6，"S.Y"设置为 0.9，使球体产生扁平效果，如图 7-5 所示。

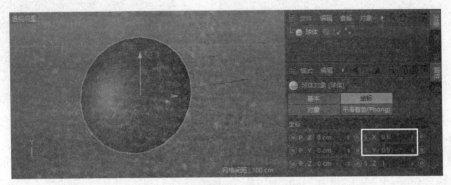

图 7-5　使球体产生扁平效果

4) 在"对象"面板中选择"球体"，按住键盘上的〈Shift〉键，在工具栏 （扭曲）工具上按住鼠标左键，从弹出的隐藏工具中选择 公式，如图 7-6 所示，给平面添加一个"公式"变形器的子集。接着在"公式"属性面板的"对象"选项卡中将"尺寸"设置为 (4000cm，200cm，800cm)，将"d (u,v,x,y,z,t)"设置为"Sin((u+t)*2.0*PI)*0.5"，制作出心形效果，如图 7-7 所示。

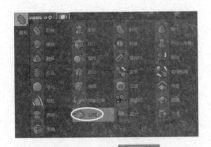

图 7-6　选择 公式

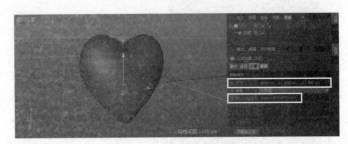

图 7-7　制作出心形效果

2. 制作心形跳动效果

1) 在"对象"面板中选择所有对象，单击右键，从弹出的快捷菜单中选择"连接对象 + 删除"命令，将它们转换为一个名称为"球体 1"的可编辑对象。

2) 在"对象"面板中右键单击"球体 1"，从弹出的快捷菜单中选择"模拟标签 | 柔体"命令，如图 7-8 所示，给它添加一个"柔体"标签。

3）在动画栏中单击 ▶ （向前播放）按钮播放动画，发现心形模型会产生下落效果，而本例要求心形模型保持静止不动，下面就来解决这个问题。方法：按快捷键〈Ctrl+D〉，在属性面板"动力学"选项卡中将"重力"设置为0cm，如图7-9所示。接着单击 ▶ （向前播放）按钮播放动画，此时心形模型就保持静止状态。

图7-8　选择"柔体"命令

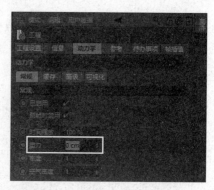

图7-9　将"重力"设置为0cm

4）将时间滑块定位在第0帧的位置，在"对象"面板中选择 🔲 （柔体）标签，再在属性面板的"柔体"选项卡中将"压力"的数值设置为0，并记录关键帧，如图7-10所示。接着将时间滑块定位在第2帧的位置，将"压力"的数值设置为60，并记录关键帧，如图7-11所示。最后将时间滑块定位在第2帧的位置，将"压力"的数值设置为0，并记录关键帧，此时动画栏中会显示出3个关键帧，如图7-12所示。

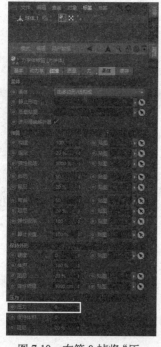

图7-10　在第0帧将"压力"的数值设置为0

图7-11　在第2帧将"压力"的数值设置为60

图7-12　动画栏中会显示出3个关键帧

5）此时的心形模型不够圆滑，按住键盘上的〈Alt〉键，单击工具栏中的 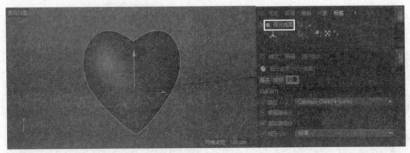（细分曲面）工具，给它添加一个"细分曲面"生成器的父级，效果如图 7-13 所示。

> 提示：这里需要注意的是之所以没有通过增加球体的"分段"来使球体产生平滑效果，而是通过后面添加"细分曲面"生成器使球体产生平滑效果，是因为如果通过增加球体的"分段"来使球体产生平滑效果，在给球体添加"柔体"标签后，计算机运行速度不仅会很慢，还会出现运算错误。

图 7-13　"细分曲面"效果

6）单击 ▶（向前播放）按钮播放动画，即可看到心形的跳动效果，如图 7-14 所示。

图 7-14　心形的跳动效果

3. 制作材质

1）赋予心形模型红色材质。方法：在材质栏中双击鼠标，新建一个材质球，并将其重命名为"红色"，在属性面板中将"颜色"设置为一种红色（HSV 的数值为（0°，100%，80%）），如图 7-15 所示。接着将"红色"材质拖给场景中的心形模型，效果如图 7-16 所示。

图 7-15　将"颜色"设置为一种红色　　　　图 7-16　将"红色"材质拖给场景中的心形模型
（HSV 的数值为（0°，100%，80%））

2）在场景中创建一个蓝色背景。方法：在工具栏 （地面）工具上按住鼠标左键，从弹出的隐藏工具中选择 ，如图 7-17 所示，在场景中创建一个背景。然后在材质栏中新建一个名称为"背景"的材质球，在属性面板中将其颜色设置为一种蓝色（HSV 的数值为（200°，100%，100%））；接着将"背景"材质拖给场景中的"背景"对象，效果如图 7-18 所示。

图 7-17　选择

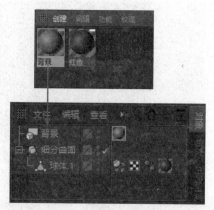

图 7-18　将"背景"材质拖给场景中的"背景"对象

3）在工具栏中单击 （渲染到图片查看器）按钮，查看赋予模型材质后的整体渲染效果，如图 7-19 所示。

图 7-19　整体渲染效果

4. 渲染输出

1）在工具栏中单击 （编辑渲染设置）按钮，在弹出的"渲染设置"对话框中将输出尺寸设置为 800×800 像素，输出"帧范围"设置为"全部帧"，如图 7-20 所示。接着将"抗锯齿"设置为"最佳"，"最小级别"为 2×2，"最大级别"为 4×4，如图 7-21 所示。将"保存格式"设置为 PNG，单击"文件"右侧的 按钮，指定保存的名称和路径，如图 7-22 所示。单击右上方的 按钮，关闭"渲染设置"对话框。

图 7-20　设置"输出"参数

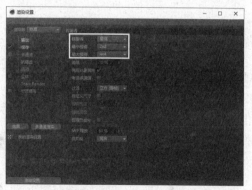

图 7-21　设置"抗锯齿"参数

图 7-22　设置"保存"参数

2）在工具栏中单击 （渲染到图片查看器）按钮，即可渲染输出序列图片。

3）至此，跳动的红心效果制作完毕。执行菜单中的"文件 | 保存工程（包含资源）"命令，将文件保存打包。

7.2　鸡尾酒杯摔碎效果

要点：

本例将制作一个鸡尾酒杯摔碎效果，如图 7-23 所示。本例的重点是"碰撞体"和"刚体"标签的使用。通过本例的学习，读者应掌握设置动画的帧频、帧率和动画时间总长度，"碰撞体"和"刚体"标签，添加全局光照和天空 HDR，以及输出序列图片的方法。

图 7-23　鸡尾酒杯摔碎效果

操作步骤:

1) 执行菜单中的"文件 | 打开"（快捷键是〈Ctrl+O〉）命令，打开网盘中的"源文件 \7.2 鸡尾酒杯摔碎效果 \ 源文件 .c4d"文件。

2) 设置动画的帧率和帧频。方法：按快捷键〈Ctrl+D〉，在属性面板的"工程设置"选项卡中将"帧率"设置为 25，如图 7-24 所示。接着在工具栏中单击 ▓▓（编辑渲染设置）按钮，在弹出的"渲染设置"对话框中将"帧频"设置为 25，如图 7-25 所示。

图 7-24　将"帧率"设置为 25

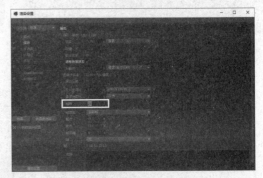

图 7-25　将"帧频"设置为 25

3) 在动画栏中将时间的总长度设置为 100 帧，也就是 4 秒，如图 7-26 所示。

图 7-26　将动画时间的总长度设置为 100 帧

4) 选中鸡尾酒杯模型，按住键盘上的〈Alt〉键，执行菜单中的"运动图形 | 破碎"命令，给鸡尾酒杯添加一个"破碎"的父级。在"破碎"属性面板"来源"选项卡中选择"点生成器 - 分布"，将代表碎片分布的"点数量"设置为 50，如图 7-27 所示，效果如图 7-28 所示。

图 7-27　设置"破碎"参数

图 7-28　设置"破碎"参数后的效果

5）鸡尾酒杯破碎时，碎片主要分布在鸡尾酒杯的底部，下面先将破碎的"分布形式"设置为"指数"，如图 7-29 所示，此时代表碎片的点会分布在鸡尾酒杯的左侧，如图 7-30 所示。

图 7-29　将碎片的"分布形式"设置为"指数"　　图 7-30　将碎片的"分布形式"设置为"指数"后的效果

6）单击"影响 X 轴"后面的 关闭 按钮，关闭"影响 X 轴"，如图 7-31 所示，此时代表碎片的点会分布在鸡尾酒杯的中间，效果如图 7-32 所示。

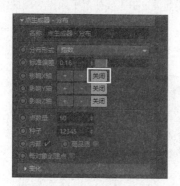

图 7-31　关闭"影响 X 轴"　　　　　　图 7-32　关闭"影响 X 轴"后的效果

7）展开"变化"选项组，将"P.Y"的数值设为 –45cm，如图 7-33 所示，此时代表碎片的点就分布在鸡尾酒杯底部了，效果如图 7-34 所示。

图 7-33　将"P.Y"的数值设为 –45cm　　　　图 7-34　将"P.Y"的数值设为 –45cm 后的效果

8）在工具栏中单击 （地面）按钮，在场景中创建一个地面对象，如图 7-35 所示。

提示：创建的地面在视图中是有边界的，而实际上地面是无限大的。

9) 在"对象"面板中选择"破碎",然后利用 （移动工具）将其沿 Y 轴向上移动,并在变换栏中将"Y"的数值设置为 400cm,效果如图 7-36 所示。

图 7-35　在场景中创建一个地面对象

图 7-36　将"破碎"沿 Y 轴向上移动 400cm

10) 给地面添加一个"碰撞体"标签。方法：在"对象"面板中右键单击地面,从弹出的快捷菜单中选择"模拟标签 | 碰撞体"命令,如图 7-37 所示,给地面添加一个"碰撞体"标签,如图 7-38 所示。

提示：除了使用地面作为碰撞体外,还可以使用立方体作为碰撞体。但不要使用平面作为碰撞体,否则计算会出现错误。

11) 同理,给"破碎"添加一个"刚体"标签,如图 7-39 所示。

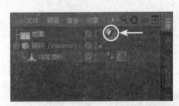

图 7-38　给地面添加一个"碰撞体"标签

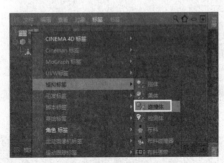

图 7-37　选择"碰撞体"命令

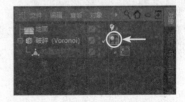

图 7-39　给"破碎"添加一个"刚体"标签

12) 在动画栏中单击 （向前播放）按钮播放动画,即可看到鸡尾酒杯碰到地面后的破碎效果,如图 7-40 所示。

图 7-40　鸡尾酒杯碰到地面后的破碎效果

13）此时碎片分布范围过大，在"对象"面板中选择"破碎"的 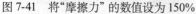（刚体）标签，然后在属性面板"碰撞"选项组中将"摩擦力"的数值设为 150%，如图 7-41 所示。接着单击 ▶（向前播放）按钮播放动画，可以看到此时碎片与地面碰撞后反弹次数过多，即小碎片分布范围过大，如图 7-42 所示。

图 7-41　将"摩擦力"的数值设为 150%

图 7-42　小碎片分布范围过大

14）在"破碎"属性面板"碰撞"选项卡中将"反弹"的数值设为 10%，将"碰撞噪波"设为 0%，如图 7-43 所示。接着单击 ▶（向前播放）按钮播放动画，此时鸡尾酒杯的破碎效果就很自然了，如图 7-44 所示。

图 7-43　设置"反弹"和"碰撞噪波"参数

图 7-44　预览动画

15）赋给地面材质。方法：在材质栏中双击鼠标，新建一个材质球，并将其重命名为"地面"，然后在属性面板中将"颜色"设置为一种蓝色（HSV 的数值为 (230°，90%，90%)）。接着将这个材质拖给场景中的地面模型，效果如图 7-45 所示。

16）添加摄像机。方法：在工具栏中单击 📷（摄像机）按钮，给场景添加一个摄像机。在"对象"面板中激活 🎯 按钮，进入摄像机视角。在"属性"面板中将摄像机的"焦距"设置为"135"，如图 7-46 所示。为了便于对齐，进入摄像机的"属性"面板的"合成"选项卡，勾选"网格"复选框，在视图中显示出网格。在透视视图中调整摄像机的位置，如图 7-47 所示。

图 7-45　赋给地面一个蓝色材质

图 7-46　将摄像机的"焦
距"设置为"135"

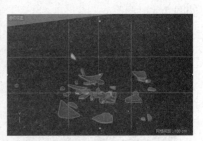

图 7-47　调整摄像机的位置

17) 在工具栏中单击████ (渲染到图片查看器) 按钮, 渲染效果如图 7-48 所示。此时的渲染效果很不真实, 下面通过给场景添加全局光照和天空 HDR 的方法来解决这个问题。

图 7-48　渲染效果

18) 添加全局光照。方法: 在工具栏中单击████ (编辑渲染设置) 按钮, 从弹出的"渲染设置"对话框中单击左下方的████按钮, 从弹出的下拉菜单中选择"全局光照"命令, 如图 7-49 所示。接着在右侧"常规"选项卡中将"预设"设置为"室内 - 预览 (小型光源)", 如图 7-50 所示。

图 7-49　添加"全局光照"

图 7-50　将"预设"设置为"室内 - 预览 (小型光源)"

19) 给场景添加天空对象。方法: 在工具栏████ (地面) 工具上按住鼠标左键, 从弹出的隐藏工具中选择████, 给场景添加一个"天空"效果。

20）制作天空材质。方法：在材质栏中双击鼠标，新建一个材质球，然后将其重命名为"天空"。接着双击材质球进入"材质编辑器"，再取消勾选"颜色"和"反射"复选框，勾选"发光"复选框，在右侧指定给纹理一张网盘中的"源文件\7.2 鸡尾酒杯摔碎效果\tex\室内模拟.hdr"贴图，最后单击右上方的 ⊠ 按钮，关闭材质编辑器。

21）将"天空"材质拖到"对象"面板中的天空对象上，即可赋予材质，如图 7-51 所示。

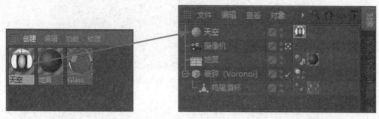

图 7-51　将"天空"材质拖到"对象"面板中的天空对象上

22）在工具栏中单击 ▦（渲染到图片查看器）按钮，查看赋予场景全局光照和天空 HDR 后的整体渲染效果，如图 7-52 所示。

图 7-52　赋予场景全局光照和天空 HDR 后的整体渲染效果

23）设置渲染输出参数。方法：在工具栏中单击 ▦（编辑渲染设置）按钮，然后在弹出的"渲染设置"对话框中将输出尺寸设置为 1280×720 像素，输出"帧范围"设置为"全部帧"，如图 7-53 所示。接着将"抗锯齿"设置为"最佳"，"最小级别"为 2×2，"最大级别"为 4×4，如图 7-54 所示。将"保存格式"设置为 PNG，后单击"文件"右侧的 ▦ 按钮，指定保存的名称和路径，如图 7-55 所示。单击右上方的 ⊠ 按钮，关闭"渲染设置"对话框。

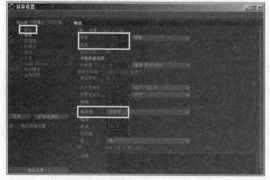

图 7-53　设置"输出"参数

图 7-54　设置"抗锯齿"参数

图 7-55　设置保存名称、路径和格式

24) 在工具栏中单击 ■（渲染到图片查看器）按钮，即可渲染输出序列图片。

25) 至此,鸡尾酒杯的破碎效果制作完毕。执行菜单中的"文件 | 保存工程（包含资源）"命令，将文件保存打包。

7.3　布料下落的包裹动画

7.3　布料下落
的包裹动画

要点：

本例将制作一个布料下落的包裹动画效果,如图 7-56 所示。通过本例的学习,读者应掌握"布料碰撞器"和"布料"标签的使用方法。

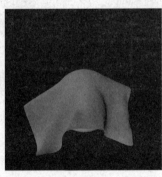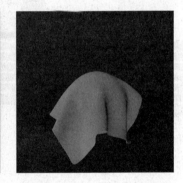

图 7-56　布料下落的包裹动画

操作步骤：

1) 在工具栏 ■（立方体）工具上按住鼠标左键,从弹出的隐藏工具中选择 ● 球体,在视图中创建一个球体。为了保证球体的圆滑度,在属性面板中将球体的"分段"设置为 60,效果如图 7-57 所示。

2) 在工具栏 ■（立方体）工具上按住鼠标左键,从弹出的隐藏工具中选择 ▱ 平面,在视图中创建一个平面。然后将其沿 Y 轴向上移动 400cm,如图 7-58 所示。

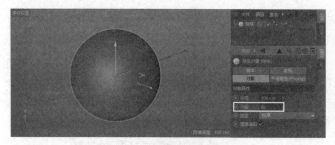
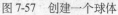

图 7-57 创建一个球体

图 7-58 将平面沿 Y 轴向上移动 400cm

3）在"对象"面板中同时选择"球体"和"平面"，然后在编辑模式工具栏中单击 （可编辑对象）按钮（快捷键是〈C〉），将它们从参数对象转换为可编辑对象。

提示：这一步十分关键，如果不将它们转换为可编辑对象，后面给它们添加"布料碰撞器"和"布料"标签时，无法看到布料下落后的包裹效果。

4）给球体添加一个"布料碰撞器"标签。方法：在"对象"面板中右键单击地面，从弹出的快捷菜单中选择"模拟标签 | 布料碰撞器"命令，如图 7-59 所示，给地面添加一个"布料碰撞器"标签，如图 7-60 所示。

5）同理，给"平面"添加一个"布料"标签，如图 7-61 所示。

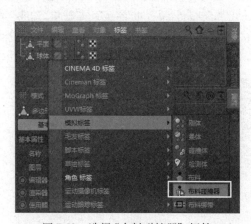

图 7-60 给地面添加一个"布料碰撞器"标签

图 7-59 选择"布料碰撞器"标签

图 7-61 给"平面"添加一个"布料"标签

6）在动画栏中单击 （向前播放）按钮播放动画，即可看到布料下落后的包裹效果了，如图 7-62 所示。

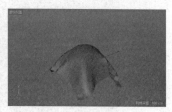

图 7-62 布料下落后的包裹效果

7）此时作为布料的平面模型不够圆滑，下面对其进行平滑处理。方法：按住键盘上的〈Alt〉键，单击工具栏中的 （细分曲面）工具，给它添加一个"细分曲面"生成器的父级，效果如图 7-63 所示。

8）在动画栏中单击 ▶（向前播放）按钮播放动画，会发现布料下落后的包裹效果很生硬，不像布料而像塑料布的包裹效果，这是因为硬度过大的缘故。在"对象"面板中选择"平面"后面的 （布料）标签，然后在属性面板"标签"选项卡中将"硬度"数值设为 10%，如图 7-64 所示。

图 7-63　"细分曲面"效果

图 7-64　将 （布料）标签的"硬度"设为 10%

9）在动画栏中单击 ▶（向前播放）按钮播放动画，会发现布料在包裹过程中拉扯过大，而且会产生局部穿模的错误，如图 7-65 所示。进入 （布料）标签属性面板的"高级"选项卡，勾选"本体碰撞"复选框，并将"子采样"的数值设为 5，如图 7-66 所示。然后单击 ▶（向前播放）按钮播放动画，此时会发现布料包裹过程中不存在拉扯错误了，但依然存在局部穿模的错误，如图 7-67 所示。

图 7-65　布料的拉扯和穿模错误

图 7-66　勾选"本体碰撞"复选
框，并将"子采样"的数值设为 5

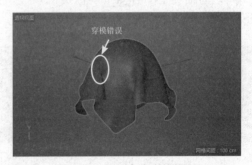

图 7-67　依然存在穿模错误

10）在 （布料）标签属性面板"标签"选项卡中将"迭代"数值设为 2，如图 7-68 所示。然后在动画栏中单击 ▶（向前播放）按钮播放动画，此时布料包裹过程就很自然了，如图 7-69 所示。

图 7-68 将"迭代"数值设为 2

图 7-69 预览效果

11）至此，布料下落的包裹效果制作完毕。执行菜单中的"文件 | 保存工程（包含资源）"命令，将文件保存打包。

7.4 Q 弹效果

7.4 Q 弹效果

要点：

本例将制作一个呆萌小熊的 Q 弹效果，如图 7-70 所示。本例的重点是"碰撞体"和"柔体"标签的使用。通过本例的学习，读者应掌握设置动画的帧频、帧率和动画时间总长度，"碰撞体"和"柔体"标签，调用材质库材质，添加物理天空以及输出序列图片的方法。

图 7-70 呆萌小熊的 Q 弹效果

操作步骤：

1）执行菜单中的"文件 | 打开"（快捷键是〈Ctrl+O〉）命令，打开网盘中的"源文件 \7.4 Q 弹效果 \ 小熊 .c4d"文件，如图 7-71 所示。

2）这个模型是通过"立方体"和"对称"生成器制作出的一个小熊低模模型。通过执行视图菜单中的"显示 | 光影着色（线条）"（快捷键是〈N+B〉）命令，以光影着色（线条）的方式显示模型，可以查看小熊的布线分布，如图 7-72 所示。

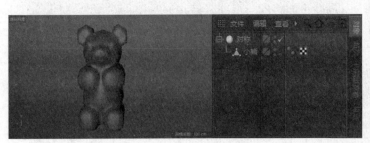

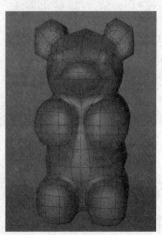

图 7-71　打开"小熊 .c4d"文件　　　　图 7-72　以光影着色（线条）的
　　　　　　　　　　　　　　　　　　　　　　　　方式显示模型

3）在"对象"面板中同时选择"对称"和"小熊"，单击右键，从弹出的快捷菜单中选择"连接对象 + 删除"命令，将它们转换为一个可编辑对象。然后将其重命名为"小熊"。

4）设置动画的帧率和帧频。方法：按快捷键〈Ctrl+D〉，在属性面板的"工程设置"选项卡中将"帧率"设置为 25，如图 7-73 所示。接着在工具栏中单击 ![icon](编辑渲染设置）按钮，在弹出的"渲染设置"对话框中将"帧频"设置为 25，如图 7-74 所示。

图 7-73　将"帧率"设置为 25　　　　　　图 7-74　将"帧频"设置为 25

5）为了便于观看效果，执行视图菜单中的"显示 | 光影着色"（快捷键是〈N+A〉）命令，以光影着色的方式显示模型。

6）在工具栏中单击 ![icon]（地面）按钮，在场景中创建一个地面对象，如图 7-75 所示。

7）给地面添加一个"碰撞体"标签。方法：在"对象"面板中右键单击地面，从弹出的快捷菜单中选择"模拟标签 | 碰撞体"命令，如图 7-76 所示，给地面添加一个"碰撞体"标签，如图 7-77 所示。

8）同理，给"对象"面板中的"小熊"添加一个"柔体"标签，如图 7-78 所示。

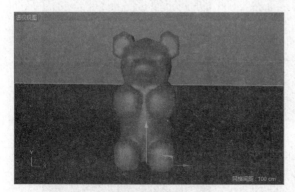

图 7-75　在场景中创建一个地面对象

图 7-76　选择"碰撞体"命令

图 7-77　给地面添加一个"碰撞体"标签

图 7-78　给小熊添加一个"柔体"标签

9）利用 ⊕（移动工具）将小熊沿 Y 轴向上移动，并在变换栏中将"Y"的数值设置为 90cm，效果如图 7-79 所示。

10）在动画栏中单击 ▶（向前播放）按钮播放动画，会发现小熊到达地面后直接塌下去了，而且很不圆滑，如图 7-80 所示。

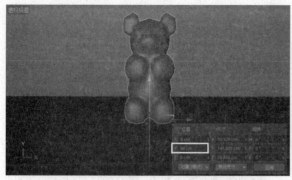

图 7-79　将小熊沿 Y 轴向上移动 90cm

图 7-80　小熊到达地面后直接塌下去了

11）对小熊模型进行平滑处理。方法：按住键盘上的〈Alt〉键，单击工具栏中的 ⬜（细分曲面）工具，给它添加一个"细分曲面"生成器的父级，效果如图 7-81 所示。

12）在"对象"面板中选择"小熊"的 ⬤（柔体）标签，然后在属性面板"柔体"选项组中将"硬度"的数值设为 10%，如图 7-82 所示。接着单击 ▶（向前播放）按钮播放动画，会发现小熊接触到地面后回弹很生硬，Q 弹效果不明显，如图 7-83 所示。

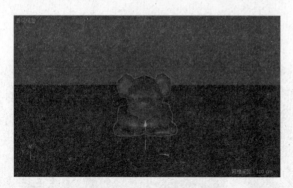

图 7-81 "细分曲面"效果

图 7-83 小熊接触到地面后很生硬，Q 弹效果不明显

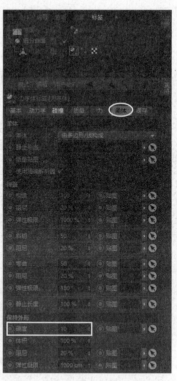

图 7-82 将"硬度"的数值设为 10%

13) 在 （柔体）标签属性面板"柔体"选项组中将"斜切"和"弯曲"的数值设为 5，如图 7-84 所示。接着单击 ▶（向前播放）按钮播放动画，此时小熊接触到地面后就有了大体的 Q 弹效果，如图 7-85 所示。

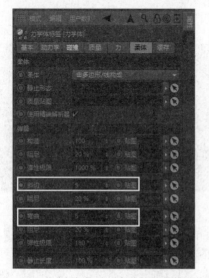

图 7-84 将"斜切"和"弯曲"的数值设为 5

图 7-85 预览效果

14）此时小熊下落的速度过快，按快捷键〈Ctrl+D〉，在"动力学"选项卡中将"时间缩放"的数值设为 50%，"重力"的数值设为 500cm，如图 7-86 所示。接着单击 ▶（向前播放）按钮播放动画，此时小熊下落速度就正常了。

15）此时小熊接触到地面后的回弹没有离开地面，这是错误的，下面就来解决这个问题。方法：在"对象"面板中选择"小熊"的 ◉（柔体）标签，然后在属性面板"柔体"选项组中将"斜切""弯曲"和"体积"下的"阻尼"数值均设为 2%，如图 7-87 所示。接着单击 ▶（向前播放）按钮播放动画，此时小熊接触到地面后的回弹效果就很自然了。

16）此时小熊是垂直下落的，Q 弹效果表现得不是很充分，下面制作小熊倾斜下落的效果。方法：在"对象"面板中选择"小熊"，然后将时间滑块定位到第 0 帧的位置，利用 ◯（旋转工具）将小熊沿 P 轴旋转 −7°，沿 B 轴旋转 −5°，效果如图 7-88 所示。

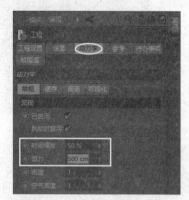

图 7-86　设置"动力学"参数

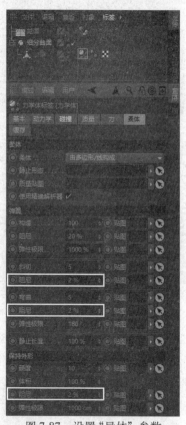

图 7-87　设置"导体"参数

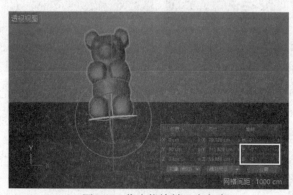

图 7-88　将小熊旋转一定角度

17）单击 ▶（向前播放）按钮播放动画，会发现由于动画时间的总长度过短，小熊的 Q 弹效果表现得不够完整。下面将动画时间的总长度延长到 250 帧，也就是 10 秒，如图 7-89 所示。

图 7-89　将动画时间的总长度延长到 250 帧

18）单击 ▶（向前播放）按钮播放动画，会发现小熊回弹过程中有翻转的趋势，如图 7-90 所示，但本例不需要这种效果。在 ◉（柔体）标签属性面板"碰撞"选项组中将"摩擦力"的数值设为 100%，如图 7-91 所示。接着单击  （向前播放）按钮播放动画，此时小熊接触到地面后的 Q 弹效果就很自然了，如图 7-92 所示。

19) 设置渲染的尺寸。方法：在工具栏中单击 ▓ （编辑渲染设置）按钮，在弹出的"渲染设置"对话框中将输出尺寸设置为 1280×1280 像素，单击右上方的 ☒ 按钮关闭该对话框。

图 7-90　小熊回弹过程中有翻转的趋势

图 7-91　将"摩擦力"的数值设为 100%

  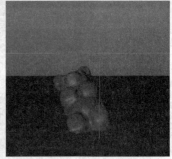

图 7-92　小熊接触到地面后的 Q 弹效果就很自然了

20) 为了便于观看，按快捷键〈Shift+V〉，在属性面板"查看"选项卡中将"透明"设置为 95%，如图 7-93 所示，此时视图中渲染区域以外的部分会显示为黑色，如图 7-94 所示。

图 7-93　将"透明"设置为 95%

图 7-94　将"透明"设置为 95% 后的效果

21) 添加摄像机。方法:在工具栏中单击 📷 (摄像机) 按钮,给场景添加一个摄像机。在"对象"面板中激活 🔲 按钮,进入摄像机视角。在"属性"面板中将摄像机的"焦距"设置为"135",接着在透视视图中调整摄像机的角度和位置,使小熊的回弹动画位于画面的中央位置,如图 7-95 所示。

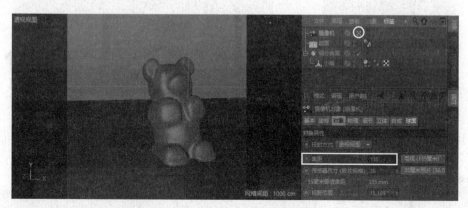

图 7-95　调整摄像机的角度和位置

22) 赋给小熊材质。方法:在材质栏中双击鼠标,新建一个材质球,并将其重命名为"地面",在属性面板中将"颜色"设置为一种蓝色 (HSV 的数值为 (230°, 80%, 80%))。接着将这个材质拖给场景中的小熊模型, 效果如图 7-96 所示。

23) 赋给地面材质。方法:按快捷键〈Shift+F8〉,从弹出的"内容浏览器"中双击"云杉木清漆"材质, 如图 7-97 所示, 将其调入到材质栏中, 接着将材质栏中的"云杉木清漆"材质球拖给场景中的地面模型, 如图 7-98 所示。

提示:关于默认材质库的安装请参见"2.2.2 C4D 外部材质库的安装"。

图 7-96　赋给小熊一种蓝色材质

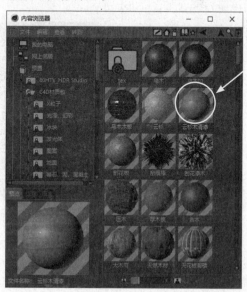

图 7-97　选择"云杉木清漆"材质

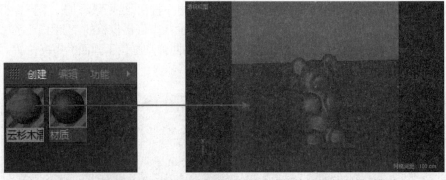

图 7-98　将材质栏中的"云杉木清漆"材质球拖给场景中的地面模型

24）在工具栏中单击 物理天空 按钮，如图 7-99 所示，给场景添加一个物理天空，效果如图 7-100 所示。

图 7-99　单击 物理天空 按钮

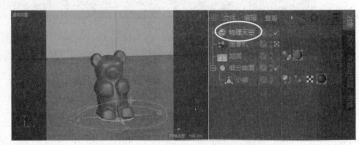

图 7-100　给场景添加一个物理天空

25）在工具栏中单击 （渲染到图片查看器）按钮，查看赋予场景材质和添加物理天空后的渲染效果，如图 7-101 所示。

图 7-101　渲染效果

26）设置渲染输出参数。方法：在工具栏中单击 （编辑渲染设置）按钮，在弹出的"渲染设置"对话框中将输出"帧范围"设置为"全部帧"，如图 7-102 所示。接着将"抗锯齿"设置为"最佳"，"最小级别"为 2×2，"最大级别"为 4×4，如图 7-103 所示。再将"保存格式"设置为 PNG，最后单击"文件"右侧的 按钮，指定保存的名称和路径，如图 7-104 所示。单击右上方的 × 按钮，关闭"渲染设置"对话框。

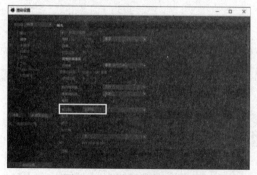

图 7-102　设置"输出"参数

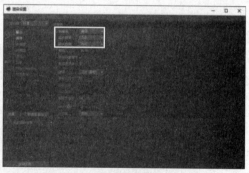

图 7-103　设置"抗锯齿"参数

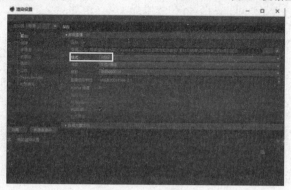

图 7-104　设置保存名称、路径和格式

27) 至此,呆萌小熊的 Q 弹效果制作完毕。执行菜单中的"文件 | 保存工程(包含资源)"命令,将文件保存打包。

7.5　玉石原石内部的展示效果

　要点:

本例将制作一个玉石原石被切开的效果,如图 7-105 所示。本例的重点是制作玉石被垂直切割,"检测体""碰撞体"和"刚体"标签的使用。通过本例的学习,读者应掌握设置动画的帧频、帧率和动画时间总长度,"破碎"命令,"检测体""碰撞体"和"刚体"标签的应用。

图 7-105　玉石原石被切开的效果

操作步骤：

1）设置动画的帧率和帧频。方法：按快捷键〈Ctrl+D〉，在属性面板的"工程设置"选项卡中将"帧率"设置为25。接着在工具栏中单击 （编辑渲染设置）按钮，在弹出的"渲染设置"对话框中将"帧频"设置为25。

2）在动画栏中将时间的总长度设置为150帧，也就是6秒。

3）制作玉石原石模型。方法：在工具栏 （立方体）工具上按住鼠标左键，从弹出的隐藏工具中选择 球体，在视图中创建一个球体。此时的球体不够圆滑，在视图菜单中执行"显示|光影着色（线条）"（快捷键是〈N+B〉）命令，将其以"光影着色（线条）"的方式显示，再在属性面板中将其"分段"设置为60，效果如图7-106所示。

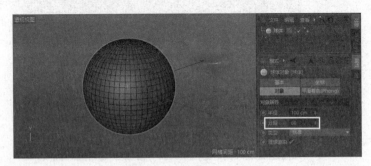

图7-106　制作玉石原石模型

4）按住键盘上的〈Shift〉键，在工具栏 （扭曲）工具上按住鼠标左键，从弹出的隐藏工具中选择 FFD，如图7-3所示，给球体添加一个"FFD"变形器的子集。然后进入 （点模式），框选下部的控制点，调整出玉石原石的形状如图7-107所示。

图7-107　调整出玉石原石的形状

5）制作玉石原石的破碎效果。方法：选中球体，按住键盘上的〈Alt〉键，执行菜单中的"运动图形|破碎"命令，给球体添加一个"破碎"的父级，如图7-108所示。此时默认的破碎效果不是本例所需要的，可在"破碎"属性面板"来源"选项卡中选择"点生成器-分布"，如图7-109所示，按〈Delete〉键删除，此时玉石原石默认的破碎效果就去除了，如图7-110所示。

图 7-108　默认的破碎效果　　图 7-109　选择"点生成器 - 分布"　　图 7-110　去除默认的破碎效果

6) 为了便于观看,在"对象"面板中取消"FFD"变形器在编辑器(视图)中的显示,如图 7-111 所示,然后执行视图菜单中的"显示 | 光影着色"(快捷键是〈N+A〉)命令,将视图以光影着色的方式进行显示,如图 7-112 所示。

提示:在"对象"面板中取消"FFD"变形器在编辑器(视图)中的显示,和取消"FFD"变形器的效果完全是不一样的。本例是关闭了"FFD"变形器在编辑器(视图)中的显示,但"FFD"变形器效果依然存在。如果要对比添加"FFD"变形器前后的效果,可以单击 ☑ 按钮进行查看。

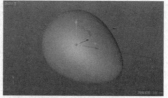

图 7-111　隐藏"FFD"的显示　　　　图 7-112　将模型以光影着色的方式进行显示

7) 制作玉石原石在垂直方向上被一分为二的效果。方法:按快捷键〈F2〉,切换到顶视图,然后利用工具栏中的 ✐ (画笔工具)绘制一条直线,如图 7-113 所示。接着进入"破碎"属性面板的"来源"选项卡,将"样条"拖到"来源"右侧,如图 7-114 所示,效果如图 7-115 所示。

图 7-113　绘制一条直线

图 7-115　以样条进行破碎的效果　　　　　图 7-114　将"样条"拖到"来源"右侧

8）此时玉石原石被样条切割的方向是错误的，在"对象"面板中选择"样条"，然后在属性面板"坐标"选项卡中将"R.H"设置为90°，如图7-116所示，此时玉石原石的切割方向就正确了。

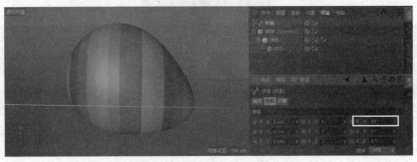

图7-116　将"R.H"设置为90°

9）此时玉石原石在垂直方向上被切割的段数过多，而本例只需要两段。在"对象"面板中选择"样条"，进入■（模型）模式，利用工具栏中的■（缩放工具）沿Z轴拉长，再利用✛（移动工具）沿X轴调整位置，使玉石原石在垂直方向上分为两段，如图7-117所示。

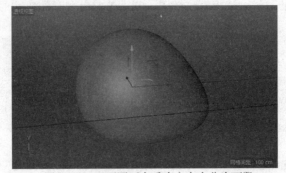

图7-117　玉石原石在垂直方向上分为两段

10）为了便于观看，在"对象"面板中关闭"线条"在视图中的显示。

11）在"对象"面板中选择"破碎"，执行菜单中的"插件|Drop2Floor"命令，将其对齐到地面。然后给"破碎"添加一个"刚体"标签。

12）在工具栏中单击▦（地面）按钮，在场景中创建一个地面对象，然后给它添加一个"碰撞体"标签，如图7-118所示。

提示：创建的地面在视图中是有边界的，而实际上地面是无限大的。

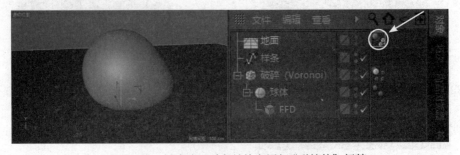

图7-118　创建地面对象并给它添加"碰撞体"标签

13）在动画栏中单击 ▶（向前播放）按钮播放动画，即可看到玉石原石一分为二的裂开效果，如图 7-119 所示。

图 7-119　玉石原石一分为二的裂开效果

14）此时玉石原石是从一开始就裂开了，而本例要求原石在被物体接触后才裂开，下面就来制作这个效果。方法：在"对象"面板中选择"破碎"的 🔲（刚体）标签，然后在属性面板"动力学"选项卡中将"激发"设置为"开启碰撞"，如图 7-120 所示。此时单击 ▶（向前播放）按钮播放动画，玉石原石就自始至终不会被破碎了。

15）制作玉石原石被平面接触到之后开始裂开的效果。方法：在视图中创建一个平面，然后在属性面板中将"方向"设为 +X。接着将其适当缩小，并移动到合适位置，如图 7-121 所示。

图 7-120　将"激发"设置为"开启碰撞"

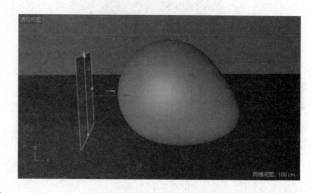

图 7-121　创建一个平面

16）在"对象"面板中右键单击"平面"，从弹出的快捷菜单中选择"模拟标签 | 检测体"命令，如图 7-122 所示，给它添加一个"检测体"标签。在动画栏中单击 ▶（向前播放）按钮播放动画，再将平面向右移动到刚好接触到玉石原石的位置，此时可以看到玉石原石的裂开效果。接着在动画栏中单击 ❚❚ 按钮，停止播放动画。

提示：给平面添加"检测体"标签和"碰撞体"标签的区别在于"检测体"标签只是接触到了物体，而与物体不会发生摩擦力和反弹的相互影响，效果如图 7-123 所示。而"碰撞体"标签则是碰到物体后，会与物体发生摩擦力和反弹的相互影响，效果如图 7-124 所示。

图 7-123　给"平面"添加"检测体"标签的碰撞效果

图 7-122　给平面添加一个"检测体"标签　　图 7-124　给"平面"添加"碰撞体"标签的碰撞效果

17)录制平面的移动动画。方法:将时间滑块移动到第0帧,然后在"平面"属性面板的"坐标"选项卡中记录"P.X""P.Y"和"P.Z"的关键帧,如图 7-125 所示。接着将时间滑块移动到第 50 帧,将"P.X"的数值设置为 –100cm,再记录"P.X""P.Y"和"P.Z"的关键帧,如图 7-126 所示。

图 7-125　在第 0 帧记录"平面"的关键帧　　图 7-126　在第 50 帧记录"平面"的关键帧

18) 在"对象"面板中关闭"平面"在视图中的显示,然后在动画栏中单击 ▶ (向前播放)按钮播放动画,效果如图 7-127 所示。

图 7-127　预览效果

19) 此时玉石原石在裂开之后右侧的部分会发生晃动,而本例要求右侧的部分保持静止。在"对象"面板中选择"破碎"后面的 ⬤ (刚体) 标签,在属性面板"动力学"选项卡中勾选"自定义初速度"复选框,再将"初始线速度"沿 X 轴方向的数值设置为 –120cm,如图 7-128 所示。

接着在动画栏中单击 ▶（向前播放）按钮播放动画，即可看到玉石原石裂开的同时，右侧的部分会保持静止的效果了，如图 7-129 所示。

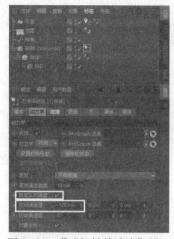

图 7-128　将"初始线速度"沿 X 轴方向的数值设置为 –120cm

图 7-129　将"初始线速度"沿 X 轴方向的数值设置为 –120cm 的预览效果

20）制作玉石原石的表皮和内部两种不同材质的效果。方法：在"破碎"属性面板"对象"选项卡中取消勾选"着色碎片"复选框，如图 7-130 所示。再在"选集"选项卡中勾选"内表面"和"外表面"复选框，如图 7-131 所示。然后在材质栏中创建一个黑色材质球，将其拖给"对象"面板中的"破碎"对象；选中 ▣（纹理标签），将"内表面"选集拖到"选集"右侧，如图 7-132 所示。接着在材质栏中创建一个白色材质球，将其拖给"对象"面板中的"破碎"对象；选中 ▣（纹理标签），将"外表面"选集拖到"选集"右侧，如图 7-133 所示。此时玉石原石的表皮颜色显示为黑色，内部显示为白色，如图 7-134 所示。

图 7-130　取消勾选"着色碎片"复选框

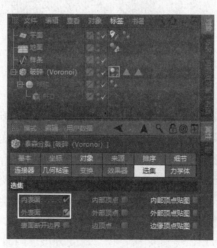

图 7-131　勾选"内表面"和"外表面"复选框

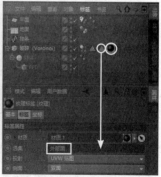

图 7-132　将"内表面"选集拖到"选集"右侧

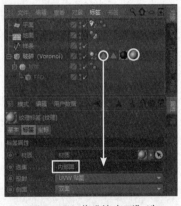

图 7-133 将"外表面"选
集拖到"选集"右侧

图 7-134 玉石原石的表皮颜色显示为黑色,内部显示为白色

21) 至此,玉石原石内部的展示效果制作完毕。执行菜单中的"文件 | 保存工程(包含资源)"
命令,将文件保存打包。

7.6　飘扬的旗帜

 要点:

　　本例将制作一个飘扬的旗帜效果,如图 7-135 所示。通过本例的学习,读者应掌握"布料"
标签的使用方法。

图 7-135　飘扬的旗帜效果

操作步骤:

　　1) 设置动画的帧率和帧频。方法:按快捷键〈Ctrl+D〉,在属性面板的"工程设置"选项
卡中将"帧率"设置为 25。接着在工具栏中单击 ![] (编辑渲染设置) 按钮,在弹出的"渲染设置"
对话框中将"帧频"设置为 25。

　　2) 在动画栏中将时间的总长度设置为 150 帧,也就是 6 秒。

　　3) 在视图中创建一个平面,执行视图菜单中的"显示 | 光影着色(线条)"(快捷键是〈N+B〉)
命令,将其以光影着色(线条)的方式进行显示。接着在属性面板中将其"宽度"设置为
650cm、"高度"设置为 400cm,"宽度分段"和"高度分段"均设置为 40,"方向"设置为"+Z",
效果如图 7-136 所示。

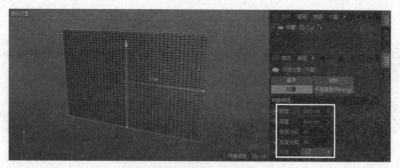

图 7-136　创建平面并设置参数

4）在编辑模式工具栏中单击 ![icon]（可编辑对象）按钮（快捷键是〈C〉），将它们从参数对象转换为可编辑对象。

5）给平面添加一个"布料"标签。方法：右键单击"对象"面板中的"平面"，从弹出的快捷菜单中选择"模拟标签 | 布料"命令，给它添加一个"布料"标签。

6）按快捷键〈F4〉，切换到正视图。然后进入 ![icon]（点模式），利用 ![icon]（框选工具），在平面左侧框选上下相应的顶点，如图 7-137 所示。接着在"对象"面板中选择 ![icon]（布料）标签，在属性面板"修整"选项卡中单击"固定点"右侧的 ![icon] 按钮，将它们设置为固定点，此时设置好的固定点会显示为紫色，如图 7-138 所示。

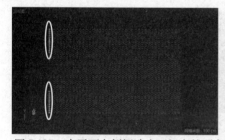

图 7-137　在平面左侧框选上下相应的顶点

图 7-138　将选择的顶点设置为固定点

7）创建旗杆。方法：在视图中创建一个圆柱体，然后在属性面板中将其"半径"设置为 12cm，"高度"设置为 1000cm，接着在正视图中将其移动到平面左侧，如图 7-139 所示。

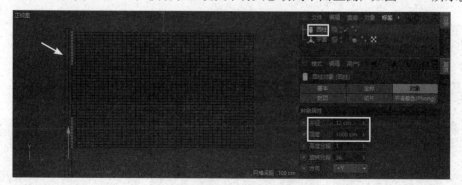

图 7-139　创建圆柱并将其移动到平面左侧

8）按快捷键〈F1〉，切换到透视视图。执行视图菜单中的"显示 | 光影着色"（快捷键是〈N+B〉）命令，将模型以光影着色的方式显示。接着在动画栏中单击 ![icon]（向前播放）按钮

播放动画，会发现此时旗帜的飘动效果很不自然，如图 7-140 所示。

图 7-140　预览效果（飘扬效果很不自然）

9）在"对象"面板中选择（布料）标签，在属性面板"影响"选项卡中设置参数如图 7-141 所示。然后在动画栏中单击▶（向前播放）按钮播放动画，效果如图 7-142 所示。

图 7-141　设置"影响"参数

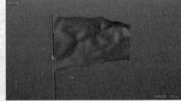

图 7-142　预览效果（飘扬效果过于生硬，不够柔和）

10）此时旗帜的飘扬效果过于生硬，不够柔和。在（布料）标签属性面板的"修整"选项卡中将"松弛"后"步"的数值设置为 5，如图 7-143 所示。然后在动画栏中单击▶（向前播放）按钮播放动画，效果如图 7-144 所示。

图 7-143　将"步"的数值设置为 5

图 7-144　预览效果（飘扬效果不够自然）

11）为了使飘扬的旗帜效果更加自然，在（布料）标签属性面板的"标签"选项卡中将"迭代"设置为 5，"弯曲"设置为 100%，如图 7-145 所示。然后在动画栏中单击▶（向前播放）按钮播放动画，效果如图 7-146 所示。

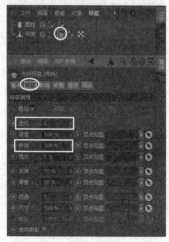

图 7-145　设置"标签"参数　　　　　图 7-146　预览效果（在局部出现穿插的错误）

12）此时旗帜在局部会出现穿插的错误。在（布料）标签属性面板的"高级"选项卡中勾选"本体碰撞"复选框，将"子采样"设置为 6，如图 7-147 所示。然后在动画栏中单击▶（向前播放）按钮播放动画，此时飘扬的旗帜就不存在穿插的错误了，效果如图 7-148 所示。

图 7-147　设置"高级"参数　　　　　图 7-148　预览效果（不是实时的）

13）此时旗帜的飘扬动画播放速度很慢，不是实时的。在（布料）标签属性面板的"缓存"选项卡中单击 计算缓存 按钮，如图 7-149 所示，开始计算缓存，如图 7-150 所示。当缓存计算完之后（布料）标签会变为 状态，如图 7-151 所示。

14）在动画栏中单击▶（向前播放）按钮播放动画，此时就可以看到实时的飘扬的旗帜动画了。

图 7-149　单击 计算缓存 按钮　　　　图 7-150　开始计算缓存　　　图 7-151　当缓存计算完之后 ▣ （布料）标签会变为 ▣ 状态

15）赋予旗杆一个白色材质，赋予旗帜一个红色材质。然后在工具栏中选择 ▣ （背景），给场景添加一个背景，再赋予其一个蓝色材质。接着单击 ▶ （向前播放）按钮播放动画，效果如图 7-152 所示。

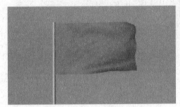

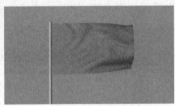

图 7-152　预览效果

16）至此，飘扬的旗帜动画制作完毕。执行菜单中的"文件 | 保存工程（包含资源）"命令，将文件保存打包。

7.7　倒塌的墙壁动画

要点：

7.7　局部倒塌的墙壁动画

　　本例将制作一个倒塌的墙壁动画，如图 7-153 所示。本例的重点是制作墙壁上局部破碎效果。通过本例的学习，读者应掌握"破碎"命令，"碰撞体""刚体"和"运动图形选集"标签的使用方法。

图 7-153　倒塌的墙壁动画

操作步骤:

1) 设置动画的帧率和帧频。方法：按快捷键〈Ctrl+D〉，在属性面板的"工程设置"选项卡中将"帧率"设置为 25。接着在工具栏中单击 ██ (编辑渲染设置) 按钮,在弹出的"渲染设置"对话框中将"帧频"设置为 25。

2) 在动画栏中将时间的总长度设置为 150 帧，也就是 6 秒。

3) 创建墙壁模型。方法:在视图中创建一个立方体,然后在属性面板"对象"选项卡中将"尺寸.X"设置为 800cm,"尺寸.Y"设置为 400cm,"尺寸.Z"设置为 50cm, 在"坐标"选项卡中将"P.Y"设置为 200cm，效果如图 7-154 所示。

图 7-154　创建墙壁模型

4) 创建地面。在工具栏中单击 ██ (地面) 按钮, 在场景中创建一个地面对象, 如图 7-155 所示。

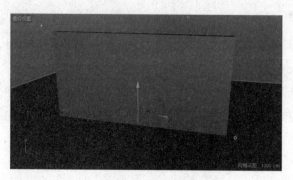

图 7-155　创建地面

5) 制作墙壁破碎效果。方法：在"对象"面板中选择"立方体"，按住〈Alt〉键，执行菜单中的"运动图形 | 破碎"命令，给它添加一个"破碎"的父级。接着在"破碎"属性面板的"来源"选项卡中选择"点生成器 - 分布",再将"数量"设置为 100,如图 7-156 所示,效果如图 7-157所示。

图 7-156　设置"来源"参数

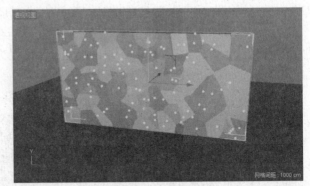

图 7-157　"破碎"效果

6) 制作墙壁局部破碎效果。方法：在视图中创建一个球体，在属性面板中将其"半径"设置为150cm，再将其移动到合适位置，如图7-158所示。

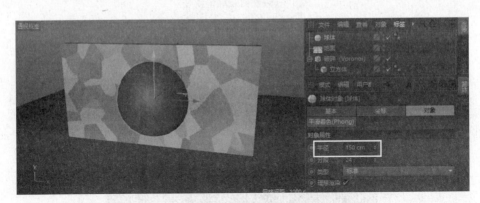

图 7-158　创建球体并将其移动到合适位置

7) 进入"破碎"属性面板的"来源"选项卡，将"对象"面板中的"球体"拖到"来源"右侧，接着选择"来源"右侧的球体，将"创建算法"设置为"体积"，"点数量"设置为500，如图7-159所示，效果如图7-160所示。

8) 在"对象"面板中选择"球体"，然后在视图中沿 X 轴移动球体，此时球体的破碎效果会随着球体的移动而变化，如图7-161所示。

9) 在"对象"面板中隐藏"球体"的显示，如图7-162所示。

10) 给"对象"面板中的"地面"添加一个 （碰撞体）标签，然后在属性面板"碰撞"选项卡中将"反弹"设置为20%，"摩擦力"设置为150%，如图7-163所示。

图 7-159　设置"来源"参数

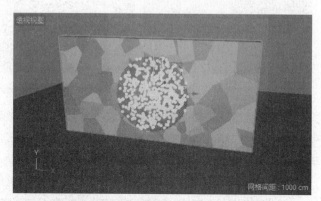

图 7-160　预览效果（球体的破碎效果）

图 7-161　球体的破碎效果会随着球体的移动而变化

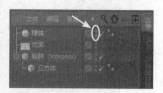

图 7-162　隐藏"球体"的显示

11）给"对象"面板中的"破碎"添加一个 （刚体）标签，然后在属性面板"碰撞"选项卡中将"反弹"设置为 20%，"摩擦力"设置为 150%，如图 7-164 所示。

图 7-163　设置"碰撞体"标签参数

图 7-164　设置"刚体"标签参数

12) 在动画栏中单击 ▶（向前播放）按钮播放动画，效果如图 7-165 所示。

图 7-165　预览效果（墙壁整体倒塌）

13) 此时墙壁是整体倒塌的，而本例要求墙壁是局部倒塌的。在"对象"面板中选择"破碎"，单击右键，从弹出的快捷菜单中选择"MoGraph 标签 | 运动图形选集"命令，给它添加一个 ■（运动图形选集）标签。接着在"运动图形选集"标签中将"半径"设置为 20，在视图中绘制出运动图形选集的区域，此时绘制区域中的顶点会显示为黄色，如图 7-166 所示。

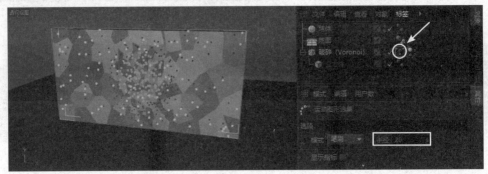

图 7-166　添加 ■（运动图形选集）标签，并绘制出运动图形选集的区域

14) 在"对象"面板中选择 ●（刚体）标签，进入属性面板的"动力学"选项卡，接着将 ■（运动图形选集）标签拖到"MoGraph 选集"右侧，如图 7-167 所示。

15) 在动画栏中单击 ▶（向前播放）按钮播放动画，即可看到墙壁局部倒塌效果，如图 7-168 所示。

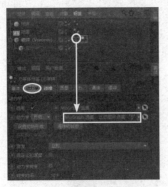

图 7-167　将 ■（运动图形选集）
标签拖到"MoGraph 选集"右侧

图 7-168　预览效果

16) 赋予墙壁内外两种不同的材质。方法：在"对象"面板中选择"破碎"，然后在属性面板的"选集"选项卡中勾选"内表面"和"外表面"两个复选框，如图 7-169 所

示。接着按快捷键〈Shift+F8〉，调出"内容浏览器"，再双击"内容浏览器"中的"Beige Stone"和"砂岩 04"两种材质，如图 7-170 所示，将它们调入材质栏中。分别将它们拖给"对象"面板中的"破碎"对象，并赋予不同的多边形选集，如图 7-177 所示。在工具栏中单击■（渲染到图片查看器）按钮，查看赋予墙壁内外不同材质后的渲染效果，如图 7-172 所示。

提示：这两种材质属于外部材质库中的材质，外部材质库的安装方法请参见"2.2.2 C4D 外部材质库的安装"。

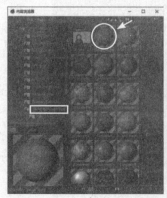

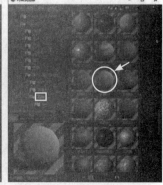

图 7-169 勾选"内表面"和"外表面"两个复选框

图 7-170 双击"Beige Stone"和"砂岩 04"两种材质

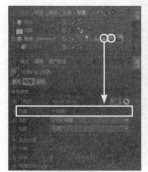

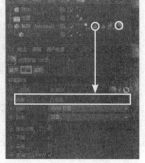

图 7-171 分别将两种材质拖给"破碎"对象

图 7-172 渲染效果(碎块形状过于尖锐)

17）此时在视图中放大局部，会发现破碎后的碎块形状过于尖锐，如图 7-173 所示。在"对象"面板中选择"破碎"，在属性面板"细节"选项卡中勾选"启用细节"复选框，将"噪波类型"设置为"FBM"，再将"噪波强度"设置为 10cm，如图 7-174 所示，此时碎块的形状就很自然了，如图 7-175 所示。

18）赋予地面材质。方法：在材质栏中双击鼠标，新建一个材质球，并将其重命名为"地面"，然后将这个材质拖给"对象"面板中的地面模型。接着将视图调整到一个合适角度，在工具栏中单击■（渲染到图片查看器）按钮，渲染效果如图 7-176 所示。

图 7-173　碎块形状过于尖锐

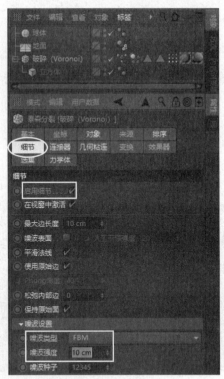

图 7-174　设置"细节"参数

图 7-175　碎块的形状就很自然了

图 7-176　渲染效果

19) 至此，局部倒塌的墙壁动画制作完毕。执行菜单中的"文件 | 保存工程(包含资源)"命令，将文件保存打包。

7.8　挥舞的旗帜

　要点：

本例将制作一个挥舞的旗帜效果，如图 7-177 所示。本例的重点是利用"布料绑带"标签制作旗帜跟随旗杆一起运动的效果。通过本例的学习，读者应掌

7.8　挥舞的旗帜

握清除缓存、"布料绑带"标签和函数曲线的应用。

图 7-177　挥舞的旗帜

操作步骤：

1）执行菜单中的"文件 | 打开"（快捷键是〈Ctrl+O〉）命令，打开网盘中的"源文件 \7.8 飘扬的旗帜 \ 飘扬的旗帜 .c4d"文件，如图 7-178 所示。

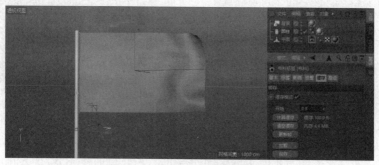

图 7-178　打开"飘扬的旗帜 .c4d"文件

2）在"对象"面板中选择"圆柱"，在编辑模式工具栏中单击 (可编辑对象) 按钮（快捷键是〈C〉），将其转换为一个可编辑对象。

提示：这一步很重要，如果不将圆柱转换为可编辑对象，则后面无法制作出旗帜和旗杆一起运动的效果。

3）在"对象"面板中选择已缓存的 (布料标签)，然后在属性面板"缓存"选项卡中单击 清空缓存 按钮，清除缓存。清除缓存后布料标签显示为 状态。

4）在"布料标签"属性面板"修整"选项卡中单击"固定点"后面的 清除 按钮，如图 7-179 所示，清除以前设置好的固定点。

5）给平面添加一个"布料绑带"标签。方法：按快捷键〈F4〉，切换到正视图。在"对象"面板中选择"平面"，再进入 (点模式)，利用 (框选工具) 框选平面左侧的一列顶点，接着右键单击"对象"面板中的"平面"，从弹出的快捷菜单中选择"模拟标签 | 布料绑带"命令，给它添加一个 (布料绑带) 标签。

6）在"布料绑带"标签属性面板的"标签"选项卡中单击"绑定至"后面的 按钮，然后选择"对象"面板中的"圆柱"，单击 设置 按钮，即可将选择的顶点绑定到圆柱上，此时绑定好的顶点显示为浅黄色，如图 7-180 所示。

7）设置旗杆运动的关键帧。方法：将时间滑块移动到第 0 帧的位置，在"圆柱"属性面板"坐标"选项卡中记录一个"R.B"的关键帧，如图 7-181 所示。接着将时间滑块定位在第 30 帧

图 7-179　单击"固定点"后面的 ▆▆ 按钮　　图 7-180　将选择的顶点绑定到圆柱上

的位置，将"R.B"的数值设置为 -20，并记录一个关键帧，如图 7-182 所示。

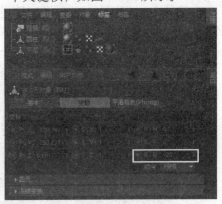

图 7-181　在第 0 帧记录一个"R.B"的关键帧　图 7-182　在第 30 帧将"R.B"的数值设置为 -20，
并记录一个关键帧

8）同理，分别将时间滑块定位在第 60 帧、第 90 帧和第 120 帧，然后将"R.B"的数值分别设置为 0、20、0，并记录关键帧。

9）在动画栏中单击 ▶（向前播放）按钮播放动画，此时就可以看到旗帜和旗杆一起运动的效果了。但是此时旗杆的运动不是匀速的。执行菜单中的"窗口 | 时间线（函数曲线）"命令，然后在弹出的图 7-183 所示的"时间线窗口"中单击 ▨（线性）按钮，将曲线转为线性，如图 7-184 所示。接着关闭"时间线窗口"。

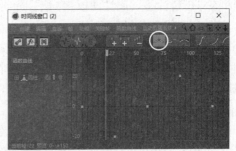

图 7-183　时间线窗口　　　　　　　　　图 7-184　将曲线转为线性

10）在动画栏中单击 ▶（向前播放）按钮播放动画，就可以看到挥舞的旗帜匀速运动的效果了，如图 7-185 所示。

图 7-185 挥舞的旗帜

11）至此，挥舞的旗帜动画制作完毕。执行菜单中的"文件|保存工程（包含资源）"命令，将文件保存打包。

7.9 课后练习

制作图 7-186 所示的足球撞击积木效果。

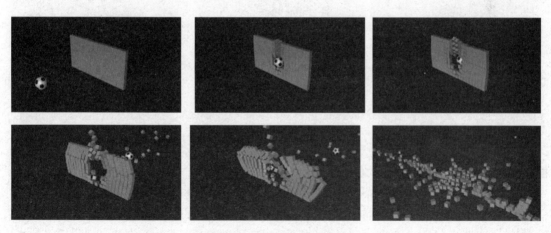

图 7-186 足球撞击积木效果

第 8 章　粒　　子

本章重点：

粒子是 Cinema 4D 制作动画的重要模块，包括发射器和力场两部分。通过发射器可以模拟出数量众多并且随机分布的颗粒状效果，包括模拟出风力、重力、摩擦力等效果。通过本章的学习，读者应掌握利用粒子制作动画的方法。

8.1　喷涌而出的金币效果

8.1　喷涌而出的金币效果

要点：

本例将制作一个喷涌而出的金币效果，如图 8-1 所示。通过本例的学习，读者应掌握"发射器"和"刚体"标签的应用。

图 8-1　喷涌而出的金币效果

操作步骤：

1) 执行菜单中的"文件 | 打开"（快捷键是〈Ctrl+O〉）命令，打开网盘中的"源文件 \8.1 喷涌而出的金币效果 \ 陶罐 .c4d"文件。

2) 添加发射器。方法：执行菜单中的"模拟 | 粒子 | 发射器"命令，给场景添加一个发射器对象。

3) 当前场景中看不到发射器，这是因为发射器位于陶罐内部。选择"发射器"对象，然后在"属性"面板的"坐标"选项卡中将 Y 的位置设为 150cm，P 的旋转设为 90°，如图 8-2 所示。此时拖动时间滑块就可以在看到喷射的粒子了，如图 8-3 所示。

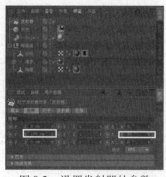

图 8-2　设置发射器的参数

图 8-3　喷射的粒子

4) 此时粒子发射的数量过少,下面进入"粒子"选项卡,将"编辑器生成比率"和"渲染器生成比率"均设为 80,并勾选"显示对象"复选框,如图 8-4 所示。此时拖动时间滑块就可以看到喷射的粒子数量增多了,如图 8-5 所示。

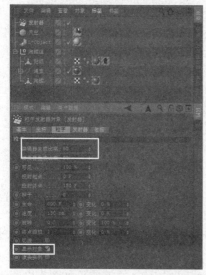

图 8-4 设置发射器的"粒子"选项卡参数　　图 8-5 设置发射器的"粒子"选项卡参数后的效果

5) 制作金币模型。方法:在工具栏 ![立方体] (立方体) 工具上按住鼠标左键,从弹出的隐藏工具中选择 ![圆柱],创建一个圆柱体。为了便于观看,利用 ![移动] (移动工具) 将其移动到合适位置。在"属性"面板的"对象"选项卡中将圆柱的"半径"设为 20cm,"高度"设为 10cm,如图 8-6 所示。接着在"封顶"选项卡中勾选"圆角"复选框,将"分段"设为 10,"半径"设为 2cm,如图 8-7 所示,效果如图 8-8 所示。

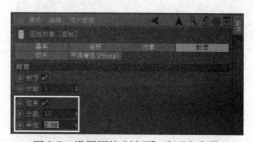

图 8-6 设置圆柱"对象"选项卡参数　　　图 8-7 设置圆柱"封顶"选项卡参数

图 8-8 金币模型效果

6) 在"对象"面板中将"圆柱"拖入"发射器"成为子集,如图 8-9 所示。然后右键单击"圆柱",从弹出的快捷菜单中选择"模拟标签 | 刚体"命令,如图 8-10 所示,给它添加一个"刚体"标签。

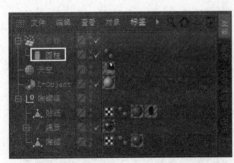

图 8-9　将"圆柱"拖入"发射器"成为子集　　　　图 8-10　给圆柱添加一个"刚体"标签

7) 同理,在"对象"面板中选择"陶罐",给它也添加一个"刚体"标签。添加了"刚体"标签后的对象右侧会出现一个（刚体）图标,如图 8-11 所示。

8) 此时拖动时间滑块会发现金币喷涌而出的同时,陶罐往下落,这是错误的。选择"陶罐"后的（刚体）图标,然后在"碰撞"选项卡中将"外形"由"自动"改为"静态网格",如图 8-12 所示。此时拖动时间滑块,就可以看到金币喷涌而出的同时,陶罐保持静止的效果了,如图 8-13 所示。

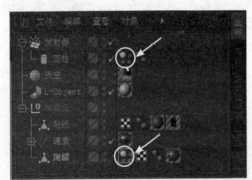

图 8-11　添加了"刚体"标签后的对象右侧会出现一个（刚体）图标

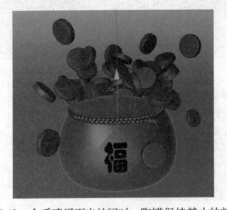

图 8-13　金币喷涌而出的同时,陶罐保持静止的效果　　图 8-12　将"外形"设为"静态网格"

9）将材质栏中的"金色"材质拖给"对象"面板，作为金币的"圆柱"，然后拖动时间滑块预览效果，如图 8-14 所示。

图 8-14　预览效果

10）至此，喷涌而出的金币效果制作完毕。执行菜单，的"文件 | 保存工程（包含资源）"命令，将文件保存打包。

8.2　丝滑的液态巧克力动态背景

 要点：

　　本例将制作一个丝滑的液态巧克力动态背景，如图 8-15 所示。通过本例介绍的方法不仅可以模拟出液态巧克力的动态效果，还可以模拟出布料的动态效果。通过本例的学习，读者应掌握"颤动"变形器和"湍流"粒子的使用。

图 8-15　丝滑的液态巧克力动态背景

操作步骤：

　　1）设置动画的帧率和帧频。方法：按快捷键〈Ctrl+D〉，在属性面板的"工程设置"选项卡中将"帧率"设置为 25。接着在工具栏中单击 ▦（编辑渲染设置）按钮，在弹出的"渲染设置"对话框中将"帧频"设置为 25。

　　2）在动画栏中将时间的总长度设置为 250 帧，也就是 10 秒。

　　3）在工具栏 ▦（立方体）工具上按住鼠标左键，从弹出的隐藏工具中选择 ▦ 平面，在视图中创建一个平面。执行视图菜单中的"显示 | 光影着色（线条）"（快捷键是〈N+B〉）命令，将其以光影着色（线条）的方式进行显示，接着在属性面板中将平面的"宽度分段"和"高度分段"均设为 150，效果如图 8-16 所示。

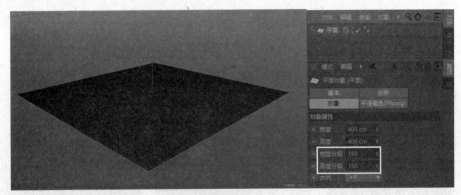

图 8-16　将平面的"宽度分段"和"高度分段"均设为 150

4) 按住键盘上的〈Shift〉键，在工具栏 （扭曲）工具上按住鼠标左键，从弹出的隐藏工具中选择 颤动，如图 8-17 所示，从而给平面添加一个"颤动"变形器。

5) 此时单击 ▶ （向前播放）按钮播放动画，看不到平面的起伏变化。执行菜单中的"模拟 | 粒子 | 湍流"命令，给场景添加一个"湍流"粒子。在"对象"面板中选择"颤动"，再进入属性面板的"影响"选项卡，将"对象"面板中的"湍流"拖到"影响"右侧，如图 8-18 所示。接着为了便于观看效果，执行视图菜单中的"显示 | 光影着色"命令，将其以光影着色的方式进行显示。单击 ▶ （向前播放）按钮播放动画，即可看到平面上出现了类似于微风吹拂下的水面起伏动画，如图 8-19 所示。

图 8-17　选择 颤动

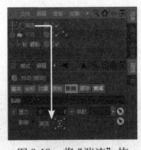

图 8-18　将"湍流"拖到"影响"右侧

图 8-19　平面上的起伏变化

6) 此时平面的起伏强度过小，下面进入"湍流"属性面板的"对象"选项卡，将"强度"设置为 20cm，如图 8-20 所示。然后单击 ▶ （向前播放）按钮播放动画，即可看到平面的起伏强度明显变大了，如图 8-21 所示。

图 8-20　将"强度"设置为 20cm

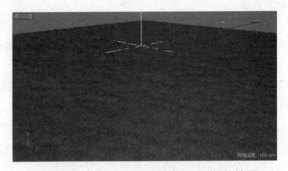

图 8-21　将"强度"设置为 20cm 后的效果

7）此时每个波纹的尺寸过小，下面进入"湍流"属性面板的"对象"选项卡，将"缩放"设置为100%，如图 8-22 所示。然后单击▶（向前播放）按钮播放动画，即可看到平面上每个波纹的尺寸变大了，如图 8-23 所示。

图 8-22　将"缩放"设置为100%　　　　图 8-23　将"缩放"设置为100%后的效果

8）此时平面的高低起伏太小，下面进入"颤动"属性面板的"对象"选项卡，展开"高级"选项组，将"弹簧"的数值设置为0，如图 8-24 所示，然后单击▶（向前播放）按钮播放动画，效果如图 8-25 所示。

 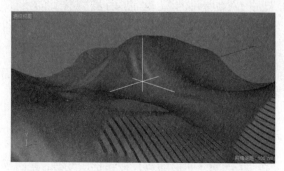

图 8-24　将"弹簧"的数值设置为0　　　　图 8-25　将"弹簧"的数值设置为0后的效果

9）此时平面上会出现条纹，这是错误的，下面就来解决这个问题。方法：在"对象"面板中选择"平面"，按住键盘上的〈Shift〉键，在工具栏 （扭曲）工具上按住鼠标左键，从弹出的隐藏工具中选择 平滑 ，给平面添加一个"平滑"变形器的子集。接着将其移动到"颤动"变形器的下方，如图 8-26 所示。单击▶（向前播放）按钮播放动画，此时平面上的条纹就消失了，效果如图 8-27 所示。

提示：之所以将"平滑"变形器移动到"颤动"变形器的下方，是因为 C4D 是按照从上往下的顺序来执行命令的，如果"平滑"变形器在"颤动"变形器的上方是无法解决平面上出现的条纹错误的。

图 8-26　将"平滑"变形器移动　　　　图 8-27　添加"平滑"变形器后的效果
　　　　到"颤动"变形器的下方

10）此时平面上的起伏变化不够丰富，按住键盘上的〈Ctrl〉键，复制出"湍流1"和"湍流2"。将"湍流1"的"强度"设置为10cm，"缩放"设置为100%。接着将"湍流2"的"强度"设置为10cm，"缩放"设置为300%，如图8-28所示。进入"颤动"属性面板的"影响"选项卡，将"对象"面板中的"湍流1"和"湍流2"拖到"影响"右侧，如图8-29所示。

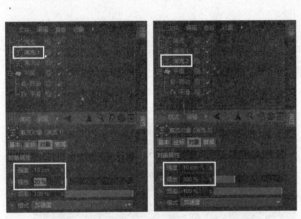

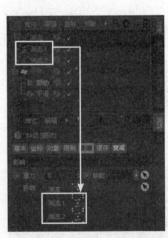

图 8-28　设置"湍流1"和"湍流2"的参数　　　图 8-29　将"湍流1"和"湍流2"
　　　　　　　　　　　　　　　　　　　　　　　　　　拖到"影响"右侧

11）单击 ▶（向前播放）按钮播放动画，此时平面上的类似于布料飘动的效果就很自然了，如图8-30所示。

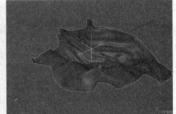

图 8-30　类似于布料飘动的效果

12）按住键盘上的〈Alt〉键＋鼠标中键，将视图旋转到一个合适角度，赋给平面一个巧克力材质。再单击 ▶（向前播放）按钮播放动画，即可看到类似于液态巧克力的流动效果，如图 8-31 所示。

图 8-31　类似于液态巧克力的流动效果

13）至此，丝滑的液态巧克力动态背景制作完毕。执行菜单中的"文件 | 保存工程（包含资源）"命令，将文件保存打包。

8.3　缠绕的电线动画

 要点：

本例将制作一个缠绕的电线动画，如图 8-32 所示。本例的重点是模拟电线的缠绕效果和设置电线缠绕的初始状态。通过本例的学习，读者应掌握设置动画的帧频、帧率和动画时间总长度，"柔体"和"碰撞体"标签，"追踪对象""力""摩擦"粒子的方法。

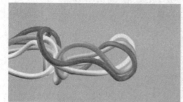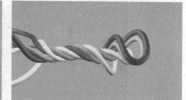

图 8-32　缠绕的电线动画

 操作步骤：

1. 制作电线的缠绕效果

1）设置动画的帧率和帧频。方法：按快捷键〈Ctrl+D〉，在属性面板的"工程设置"选项卡中将"帧率"设置为 25。接着在工具栏中单击 （编辑渲染设置）按钮，在弹出的"渲染设置"对话框中将"帧频"设置为 25。

2）在动画栏中将时间的总长度设置为 250 帧，也就是 10 秒。

3）在工具栏 （画笔）工具上按住鼠标左键，从弹出的隐藏工具中选择 ，在视图中创建一个圆环。然后在"圆环"属性面板的"对象"选项卡中将"平面"设置为"XZ"，"半径"设置为 300cm，效果如图 8-33 所示。

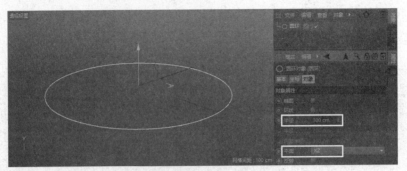

图 8-33　创建圆环并设置参数

4) 在"对象"面板中选择"球体"，给它添加一个 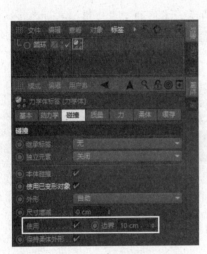 （柔体）标签。接着在"柔体"标签属性面板的"碰撞"选项卡中勾选"使用"复选框，并将"边界"的数值设置为10cm，如图 8-34 所示。为了使电线缠绕不过于柔软，进入"柔体"选项卡，将"斜切"设置为5、"阻尼"设置为5%、"弯曲"设置为5、"阻尼"设置为5%，如图 8-35 所示。

图 8-34　勾选"使用"复选框，并
将"边界"的数值设置为10cm

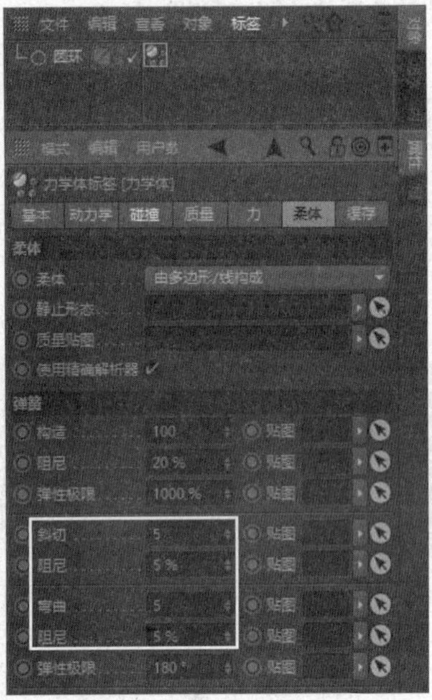

图 8-35　设置"柔体"参数

5) 单击 ▶ （向前播放）按钮播放动画，发现圆环会产生下落效果，而本例要求圆环是静止不动的。按快捷键〈Ctrl+D〉，在属性面板"动力学"选项卡中将"重力"设置为 0cm，如图 8-36 所示。为了使电线缠绕动画计算得更加精确，进入"高级"选项卡，将"步每帧"设置为 10，如图 8-37 所示。此时单击 ▶ （向前播放）按钮播放动画，就可以看到圆环保持静止状态了。

6) 在"对象"面板中选择"圆环"，执行菜单中的"运动图形 | 追踪对象"命令，接着在"追踪对象"属性面板的"对象"选项卡中将"追踪模式"设置为"连接所有对象"，"类型"设置为"B- 样条"，勾选"闭合样条"复选框，并将"点插值方式"设置为"自然"，"数量"设置为 10，如图 8-38 所示。

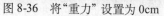

图 8-36　将"重力"设置为 0cm

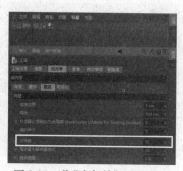

图 8-37　将"步每帧"设置为 10

图 8-38　设置"追踪对象"参数

7）在工具栏 （画笔）工具上按住鼠标左键，从弹出的隐藏工具中选择 多边，在视图中创建一个多边形。在"多边形"属性面板的"对象"选项卡中将"半径"设置为 10cm，"侧边"设置为 10，效果如图 8-39 所示。接着在"对象"面板中同时选择"多边"和"追踪对象"，按住键盘上的〈Ctrl+Alt〉键，在工具栏中选择 （扫描），给它们添加一个"扫描"生成器的父级，制作出电线的初始模型，如图 8-40 所示。

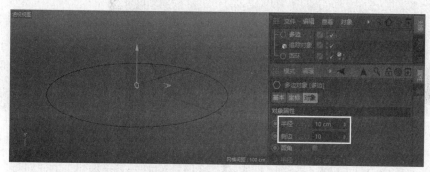

图 8-39　设置多边形参数

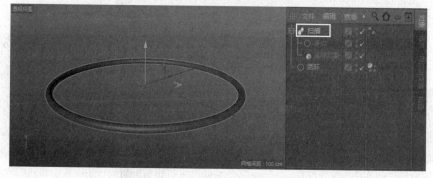

图 8-40　制作出电线的初始模型

8) 在"对象"面板中隐藏"圆环"，选择所有对象后按快捷键〈Alt+G〉，将它们组成一个组，并将组的名称重命名为"缠绕的电线"，如图 8-41 所示。

9) 在视图中创建一个圆柱，在属性面板中将"半径"设置为 20cm，"高度"设置为 1000cm，"高度分段"设置为 100，效果如图 8-42 所示。

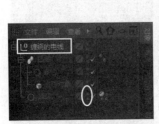

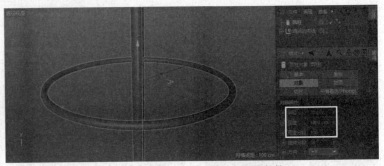

图 8-41　新建"缠绕的电线"组　　　　　图 8-42　创建圆柱并设置参数

10) 按快捷键〈F2〉，切换到顶视图，将圆柱移动到左侧，再按住〈Ctrl〉键水平向右复制出一个圆柱。为了便于区分，在"对象"面板中将它们重命名为"圆柱 - 左"和"圆柱 - 右"，如图 8-43 所示。

11) 在"对象"面板中同时选择"圆柱 - 左"和"圆柱 - 右"，给它们添加一个 （碰撞体）标签，如图 8-44 所示。

图 8-43　复制并移动圆柱，然后进行重命名　　　图 8-44　"圆柱 - 左"和"圆柱 - 右"添加（碰撞体）标签

12) 在工具栏中单击 （摄像机）按钮，给场景添加一个摄像机。在"对象"面板中激活 按钮，进入摄像机视角。接着在变换栏中将"旋转"的"H"和"P"的数值均设置为 0，将"位置"的"X"数值也设置为 0，如图 8-45 所示，效果如图 8-46 所示。

图 8-45　设置摄像机的旋转角度和位置　　　图 8-46　设置摄像机的旋转角度和位置后的效果

13) 制作"圆柱 - 右"的旋转动画。方法：将时间滑块移动到第 0 帧的位置，进入"圆柱 -

右"属性面板的"坐标"选项卡,记录一个"R.P"的关键帧,如图 8-47 所示。接着将时间滑块移动到第 250 帧的位置,将"R.P"的数值设置为 1800°,并记录关键帧,如图 8-48 所示。

图 8-47　将"R.P"的数值设置为 0,并记录关键帧　　图 8-48　将"R.P"的数值设置为 1800°,并记录关键帧

14) 在动画栏中单击 ▶ (向前播放) 按钮播放动画,会发现电线缠绕的过程中会飞出圆柱,如图 8-49 所示,这是因为摩擦力过小的原因。下面将时间滑块移动到第 0 帧,执行菜单中的"模拟 | 粒子 | 摩擦"命令,添加一个"摩擦"对象,接着在"摩擦"属性面板"对象"选项卡中将"强度"设置为 20,如图 8-50 所示。在动画栏中单击 ▶ (向前播放) 按钮播放动画,即可看到电线在缠绕过程中始终没有离开圆柱的效果,如图 8-51 所示。

图 8-49　电线缠绕的过程中飞出圆柱　　　　　图 8-50　将"强度"设置为 20

图 8-51　电线在缠绕过程中始终没有离开圆柱的效果

15) 为了增强画面效果,下面在"对象"面板中按住〈Ctrl〉键,复制出"缠绕的电线 1"和"缠

绕的电线2"，然后在第0帧，在视图中将"缠绕的电线1"沿Y轴向上移动40cm，将"缠绕的电线2"沿Y轴向下移动40cm，效果如图8-52所示。

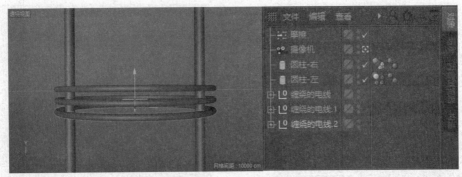

图8-52　复制并移动电线的位置

16) 单击 ▶（向前播放）按钮播放动画，效果如图8-53所示。

图8-53　3根电线的缠绕动画

2. 设置电线开始缠绕时的初始形态

1) 在"对象"面板中按住〈Ctrl〉键，复制出一个"圆柱-右"，并将其重命名为"圆柱-右-静止"，然后在第0帧，在"圆柱-右-静止"属性面板的"坐标"选项卡中取消"R.P"的关键帧，如图8-54所示。

2) 在"对象"面板中选择"圆柱-右"的 ▓ （碰撞体）标签，然后在属性面板"动力学"选项卡中取消勾选"启用"复选框，并隐藏其显示，如图8-55所示。

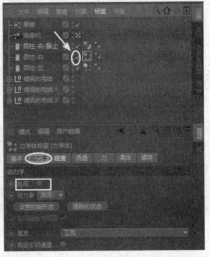

图8-54　取消"圆柱-右-静止"的"R.P"的关键帧　图8-55　取消勾选"启用"复选框，并隐藏"圆柱-右"

3）执行菜单中的"模拟 | 动力学 | 力"命令，在场景中添加一个"力"对象。然后在"力"属性面板的"对象"选项卡中将"强度"设置为50cm，如图8-56所示。

4）单击▶（向前播放）按钮播放动画，根据画面效果将时间定位在要设置为初始状态的帧上（此时选择的是第70帧），如图8-57所示；再在"对象"面板中展开"缠绕的电线""缠绕的电线1"和"缠绕的电线2"，同时选择3个 ■（柔体）标签，在属性面板"动力学"选项卡中单击 设置初始形态 按钮，如图8-58所示，从而将该帧设置为初始状态。

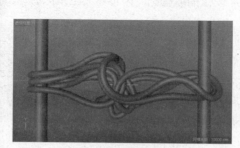

图8-56　将"力"的"强度"设置为50cm　　图8-57　将时间定位在要设置为初始状态的帧上　　图8-58　单击 设置初始形态 按钮

5）在"对象"面板中选择"圆柱 - 右 - 静止"后的 ■（碰撞体）标签，在属性面板"动力学"选项卡中取消勾选"启用"复选框，如图8-59所示。接着选择"圆柱 - 右"后的 ■（碰撞体）标签，在属性面板"动力学"选项卡中恢复勾选"启用"复选框，如图8-60所示。

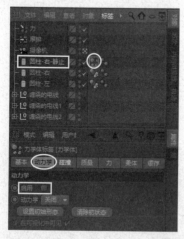
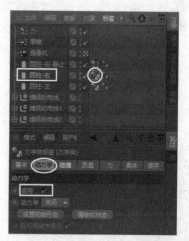

图8-59　在"圆柱 - 右 - 静止"后的 ■（碰撞体）标签中取消勾选"启用"复选框　　图8-60　在"圆柱 - 右"后的 ■（碰撞体）标签中恢复勾选"启用"复选框

6）在"对象"面板中关闭"力"的效果，然后隐藏"圆柱 - 右 - 静止"和"圆柱 - 左"，如图8-61所示。

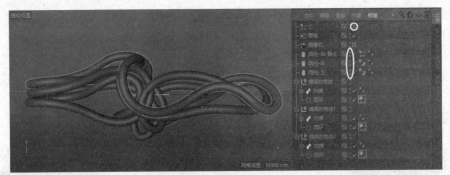

图 8-61　关闭"力"的效果，然后隐藏"圆柱 - 右 - 静止"和"圆柱 - 左"

7) 单击 ▶ （向前播放）按钮播放动画，即可看到电线的缠绕效果，如图 8-62 所示。

图 8-62　电线的缠绕效果

3. 制作材质

1) 在材质栏中双击鼠标，新建一个材质球，并将其重命名为"天蓝色"，然后在属性面板中将"颜色"设置为一种天蓝色 (HSV 的数值为 (190°，90%，90%))。同理，新建另外两个材质球，再将它们重命名为"蓝色"和"黄色"。接着将"蓝色"材质球的颜色设置为一种蓝色 (HSV 的数值为 (230°，85%，80%))，将"黄色"材质球的颜色设置为一种黄色 (HSV 的数值为 (60°，85%，95%))。

2) 将材质栏中的"天蓝色""蓝色"和"黄色"材质球分别拖给"对象"面板中的"缠绕的电线""缠绕的电线 1"和"缠绕的电线 2"，如图 8-63 所示，效果如图 8-64 所示。

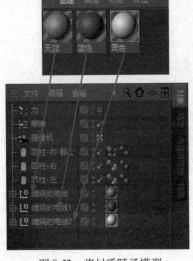

图 8-53　将材质赋予模型

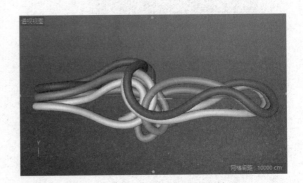

图 8-54　将材质赋予模型后的效果

3) 将视图调整到合适位置，如图 8-65 所示。

图 8-65　将视图调整到合适位置

4) 单击 ▶ （向前播放）按钮播放动画，即可看到电线的缠绕效果，如图 8-66 所示。

图 8-66　电线的缠绕效果

5) 至此，缠绕的电线动画制作完毕。执行菜单中的"文件 | 保存工程（包含资源）"命令，将文件保存打包。

8.4　课后练习

1) 制作图 8-67 所示的礼花绽放效果。

图 8-67　礼花绽放效果

2) 制作图 8-68 所示的表皮脱落文字动画效果。

图 8-68　表皮脱落文字动画效果

第9章 毛 发

本章重点：

毛发系统是 Cinema 4D 的一个重要模块，包括毛发参数和毛发材质两部分。利用 Cinema 4D 的毛发系统可以模拟出真实的动物毛发、杂草、柔软的地毯和牙刷毛等效果。通过本章的学习，读者应掌握添加和调整毛发的方法。

9.1 毛茸茸的靠垫

要点：

本例将制作一个毛茸茸的靠垫，如图 9-1 所示。本例的重点是利用"公式"变形器制作心形靠垫模型和利用"添加毛发"命令来制作毛茸茸的效果。通过本例的学习，读者应掌握"公式"变形器、添加和调整毛发的方法。

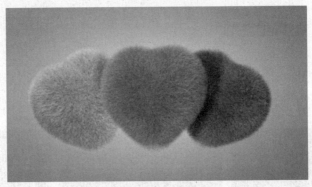

图 9-1　毛茸茸的靠垫

操作步骤：

1. 制作心形模型

1) 在工具栏 （立方体）工具上按住鼠标左键，从弹出的隐藏工具中选择 ●　球体 ，在视图中创建一个球体。为了使球体上产生的绒毛密集一些，在"属性"面板"对象"选项卡中将球体"分段"设置为 100，效果如图 9-2 所示。

提示：这里需要注意的是"7.1 跳动的红心效果"中，通过给球体添加"细分曲面"生成器而不是通过增加球体分段使球体产生平滑效果，是为了避免添加"柔体"标签后，计算机运行速度变慢，出现运算错误。本例不需要给心形模型添加"柔体"标签，所以可以直接通过增加球体的分段来使球体产生平滑效果，并使后面球体上产生的绒毛密集一些。

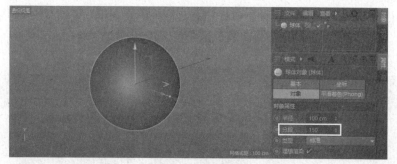

图 9-2　创建球体并设置参数

2）在"球体"属性面板的"坐标"选项卡中将"S.X"设置为 0.6，"S.Y"设置为 0.9，使球体产生扁平效果，如图 9-3 所示。

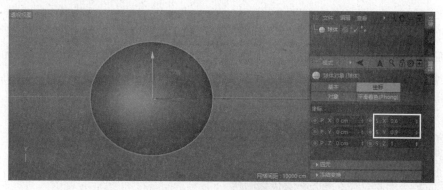

图 9-3　使球体产生扁平效果

3）在"对象"面板中选择"球体"，然后按住键盘上的〈Shift〉键，在工具栏 （扭曲）工具上按住鼠标左键，从弹出的隐藏工具中选择 公式，如图 9-4 所示，给平面添加一个"公式"变形器的子集。接着在"公式"属性面板的"对象"选项卡中将"尺寸"设置为（4000cm，200cm，800cm），将"d（u,v,x,y,z,t）"设置为"Sin((u+t)*2.0*PI)*0.5"，制作出心形效果，如图 9-5 所示。

图9-4　选择 公式

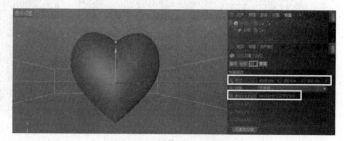

图9-5　制作出心形效果

2. 制作毛茸茸的效果

1）在"对象"面板中选择"球体"，执行菜单中的"模拟 | 毛发对象 | 添加毛发"命令，给球体添加一个毛发对象，效果如图 9-6 所示，此时材质栏中会自动产生一个名称为"毛发材质"

的材质球,如图 9-7 所示。接着在工具栏中单击 ![icon] (渲染活动视图) 按钮(快捷键是〈Ctrl+R〉),渲染效果如图 9-8 所示。

图 9-6 给球体添加一个毛发对象　　图 9-7 "毛发材质"材质球　　图 9-8 渲染效果(毛发过少)

2) 此时产生的毛发过少,下面在"毛发"属性面板的"毛发"选项卡中将"数量"设置为 10000,在"克隆"选项组中将"克隆"设置为 5,"发根"设置为 10cm,"发梢"设置为 10cm,如图 9-9 所示。接着在工具栏中单击 ![icon] (渲染活动视图)按钮(快捷键是〈Ctrl+R〉),渲染效果如图 9-10 所示,此时毛发数量明显增多了。

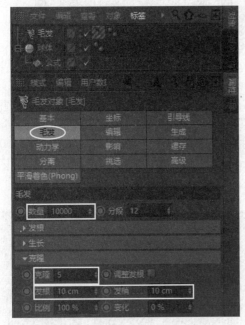

图 9-9 设置"毛发"参数　　　　　　　图 9-10 渲染效果(毛发长度过长)

3) 此时产生的毛发长度过长,在"毛发"属性面板的"引导线"选项卡中将"长度"设置为 50cm,如图 9-11 所示。然后在工具栏中单击 ![icon] (渲染活动视图)按钮(快捷键是〈Ctrl+R〉),渲染效果如图 9-12 所示,此时毛发长度就比较合适了。

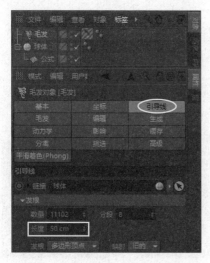

图 9-11　将"长度"设置为 50cm

图 9-12　将"长度"设置为 50cm 后的渲染效果

　　4）设置毛发材质的属性。方法：在材质栏中双击"毛发材质"，进入材质编辑器，如图 9-13 所示。然后将渐变条右侧的色标拖到外面进行删除，再双击左侧色标，将其颜色设置为一种紫色（HSV 的数值设置为（300，100%，100%）），如图 9-14 所示。

图 9-13　材质编辑器

图 9-14　双击右侧色标并设置颜色

　　5）为了便于观看效果，右键单击左上方的预览窗口，从弹出的快捷菜单中选择"打开窗口"命令，打开预览窗口并放大窗口的显示，如图 9-15 所示。在左侧选择"高光"，再在右侧将"强度"加大为 80%，如图 9-16 所示，效果如图 9-17 所示。

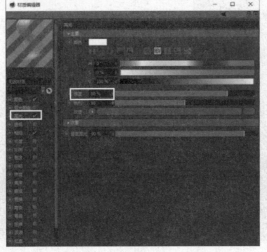

图 9-15　预览效果（一）　　　图 9-16　将"强度"加大为 80%　　　图 9-17　将"强度"加大为 80% 后的效果

6）在左侧选择"粗细"，再在右侧将"发根"设置为 0.5cm，接着按住键盘上的〈Ctrl〉键，在曲线上添加一个控制点并调整曲线形状如图 9-18 所示，使毛发形成两端细、中间粗的效果，如图 9-19 所示。

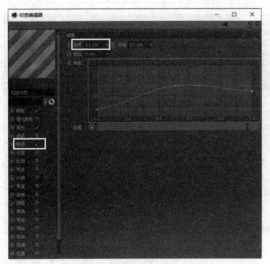

图 9-18　调整"粗细"参数　　　　　图 9-19　调整"粗细"参数后的预览效果

7）在左侧勾选"卷发""纠结"和"集束"复选框，如图 9-20 所示，预览窗口显示如图 9-21 所示。

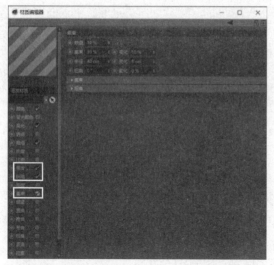
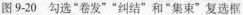

图 9-20　勾选"卷发""纠结"和"集束"复选框

图 9-21　预览效果 (二)

8) 关闭"材质编辑器"，在工具栏中单击 （渲染活动视图）按钮（快捷键是〈Ctrl+R〉），查看调整毛发材质后的渲染效果，如图 9-22 所示。

9) 此时中间的球体显示为灰色，下面赋予球体一个紫色材质。方法：在材质栏中双击鼠标，新建一个材质球，在属性栏中将其颜色设置为一种紫色 (HSV 的数值为 (300°，100%，100%))，再将这个材质球拖给"对象"面板中的球体。在工具栏中单击 （渲染活动视图）按钮（快捷键是〈Ctrl+R〉），渲染效果如图 9-23 所示。

图 9-22　调整毛发材质后的渲染效果

图 9-23　赋予球体材质后的渲染效果

10) 至此，毛茸茸的靠垫效果制作完毕。执行菜单中的"文件 | 保存工程 (包含资源)"命令，将文件保存打包。

9.2　飘动的绒毛圆环

　要点：

本例将制作一个飘动的绒毛圆环效果，如图 9-24 所示。本例的重点是"振动"标签和毛发的使用。通过本例的学习，读者应掌握设置动画的帧频、帧率和动画时间总长度"振动"标签，添加毛发，制作多色渐变材质，添加摄像机和灯光，以及输出序列图片的方法。

图 9-24　飘动的绒毛圆环效果

操作步骤:

1) 设置动画的帧率和帧频。方法:按快捷键〈Ctrl+D〉,在属性面板的"工程设置"选项卡中将"帧率"设置为 25。接着在工具栏中单击████(编辑渲染设置)按钮,在弹出的"渲染设置"对话框中将"帧频"设置为 25。

2) 在动画栏中将时间的总长度设置为 200 帧,也就是 8 秒。

3) 在工具栏████(立方体)工具上按住鼠标左键,从弹出的隐藏工具中选择██ ██ 圆环,在视图中创建一个圆环。然后执行视图菜单中的"显示 | 光影着色(线条)"(快捷键是〈N+B〉)命令,将其以光影着色(线条)的方式进行显示,如图 9-25 所示。

4) 为了使圆环上产生的毛发密集一些,在"圆环"属性面板的"对象"选项卡中将"圆环分段"设置为 100,"导管分段"设置为 50,如图 9-26 所示。

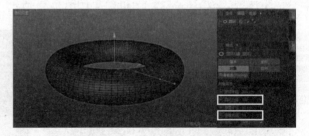

图 9-25　以光影着色(线条)的方式显示圆环　　　　图 9-26　设置"圆环"参数

5) 制作圆环的位移动画。方法:在"对象"面板中右键单击"圆环",从弹出的快捷菜单中选择"CINEMA 4D 标签 | 振动"命令,给它添加一个"振动"标签。然后在"振动"标签的属性面板中勾选"启用位置"复选框,将"振幅"均设置为 100cm,"频率"设置为 0.2,如图 9-27所示。接着单击▶(向前播放)按钮播放动画,即可看到圆环的位移动画。

6) 制作圆环的旋转动画。方法:在"振动"标签的属性面板中勾选"启用旋转"复选框,然后将"振幅"设置为 180,360,180,"频率"设置为 0.2,如图 9-28 所示。接着单击▶(向前播放)按钮播放动画,即可看到圆环的位移和旋转动画,如图 9-29 所示。

7) 给圆环添加毛发效果。方法:执行菜单中的"模拟 | 毛发对象 | 添加毛发"命令,给圆环添加一个毛发对象,然后在"毛发"属性面板的"影响"选项卡中将"重力"设置为 0,如图 9-30所示。接着单击▶(向前播放)按钮播放动画,即可看到圆环上毛发的飘动动画,如图 9-31 所示。

图 9-27　设置位移的振幅和频率　　图 9-28　设置旋转的振幅和频率　　图 9-29　圆环的位移和旋转动画

8）设置毛发材质的属性。方法：在材质栏中双击"毛发材质"，进入"材质编辑器"。为了便于观看效果，右键单击左上方的预览窗口，从弹出的快捷菜单中选择"打开窗口"命令，打开预览窗口并放大窗口的显示，如图 9-22 所示。接着在左侧勾选"比例"复选框，在右侧将"变化"设置为 10%，如图 9-33 所示，效果如图 9-34 所示。

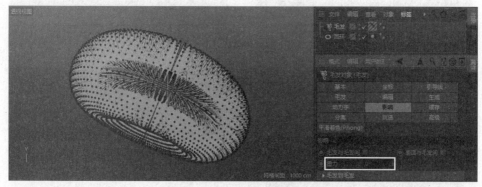

图 9-30　将毛发的"重力"设置为 0

图 9-31　圆环上毛发的飘动动画

提示：执行菜单中的"模拟 | 毛发对象 | 添加毛发"命令后，材质栏中会自动产生一个名称为"毛发材质"的材质球。

  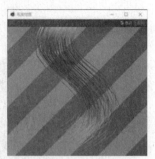

图 9-32　放大窗口的显示　　图 9-33　将"比例"的"变化"数值设置为 10%　　　图 9-34　预览效果

9）在左侧勾选"卷发"复选框，在右侧将"卷发"的数值设置为 10%，如图 9-35 所示。接着在左侧勾选"纠结"复选框，在右侧将"纠结"的数值设置为 20%，如图 9-36 所示。在左侧勾选"弯曲"和"卷曲"复选框，将"卷曲"的数值设置为 20%，如图 9-37 所示，此时预览窗口显示效果如图 9-38 所示。

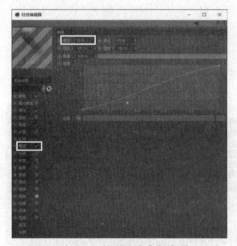 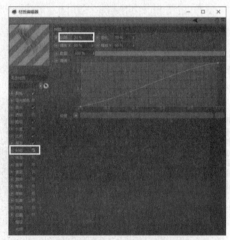

图 9-35　设置"卷发"参数　　　　　　　　　　图 9-36　设置"纠结"参数

图 9-37　设置"卷曲"参数　　　　　　　　　　图 9-38　预览窗口显示效果

10) 关闭"材质编辑器",在工具栏中单击■■(渲染活动视图)按钮(快捷键是〈Ctrl+R〉),查看调整毛发材质后的渲染效果,如图 9-39 所示。

11) 此时的毛发数量过少,在"毛发"属性面板"毛发"选项卡中将"数量"设置为 50000,"分段"设置为 20,然后按快捷键〈Ctrl+R〉,渲染当前透视视图,此时毛发数量明显增多了,效果如图 9-40 所示。

 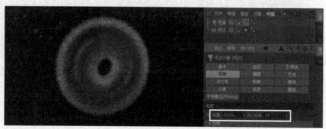

图 9-39　调整毛发材质后的渲染效果　图 9-40　将毛发"数量"设置为 50000,"分段"设置为 20 的渲染效果

12) 此时毛发的长度过长,在"毛发"属性面板"引导线"选项卡中将"长度"设置为 80cm,按快捷键〈Ctrl+R〉,渲染当前的透视视图,此时毛发的长度就缩短了,如图 9-41 所示。

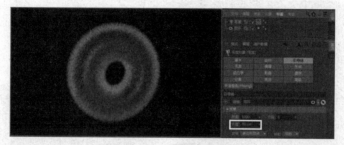

图 9-41　毛发的长度缩短了

13) 创建地面背景。方法:执行菜单中的"插件 |L-Object"命令,在视图中创建一个地面背景。分别在顶视图和右视图中加大其宽度与深度,并将"曲面偏移"设置为 2000。接着在透视视图中将视图调整到合适角度,效果如图 9-42 所示。

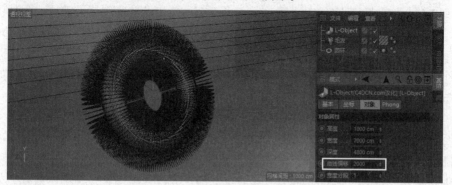

图 9-42　创建地面背景并设置参数

14) 创建摄像机。方法:在工具栏中单击■■(摄像机)按钮,给场景添加一个摄像机。在"对象"面板中激活■按钮,进入摄像机视角。接着在"属性"面板中将摄像机的"焦距"设置为"135",在透视图中调整摄像机的位置。为了避免对视图进行误操作,给摄像机添加一个■(保护)标签,如图 9-43 所示。

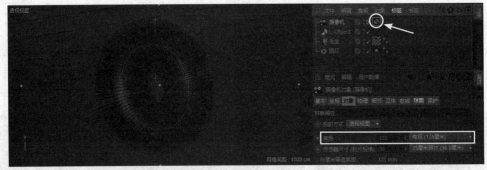

图 9-43　调整摄像机的位置并给摄像机添加 ⬛（保护）标签

15）赋予地面材质。方法：在材质栏中双击鼠标，新建一个材质球，并将其重命名为"地面背景"。双击材质球进入"材质编辑器"，在左侧选择"颜色"复选框，在右侧将颜色设置为一种蓝色（HSV 的数值设置为（200，70%，70%）），取消勾选"反射"复选框，如图 9-44 所示。关闭"材质编辑器"，将"地面背景"材质拖给场景中的地面背景模型，效果如图 9-45 所示。

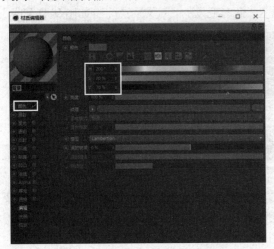

图9-44　设置地面背景的材质参数　　　　图 9-45　将"地面背景"材质拖给地面背景模型的效果

16）赋予圆环渐变材质。方法：在材质栏中双击鼠标，新建一个材质球，并将其重命名为"渐变"。双击材质球进入"材质编辑器"，在左侧选择"颜色"，在右侧单击"纹理"右侧的■按钮，从弹出的快捷菜单中选择"渐变"命令，如图 9-46 所示，给它添加一个"渐变"纹理，如图 9-47 所示。接着单击"渐变"，进行"渐变"设置，设置渐变色如图 9-48 所示。

17）此时材质产生的是双色过渡渐变，下面制作多色线性渐变。方法：单击"渐变"右侧的■按钮，展开"渐变"参数，将"插值"设置为"无"，"位置"设置为 50%，如图 9-49 所示。接着在渐变条上单击右键，从弹出的快捷菜单中选择"双节点"命令，如图 9-50 所示，效果如图 9-51 所示。同理，再执行两次"双节点"命令，产生出多色线性渐变效果，如图 9-52 所示。

18）此时渐变色的饱和度不够，而且亮度偏暗。在"材质编辑器"中单击右上方的■按钮，回到上一级。再指定给"纹理"一个"过滤"，如图 9-53 所示。单击"过滤"，进行"过滤"设置，将"饱和度"设置为 30%，"明度"设置为 10%，如图 9-54 所示。

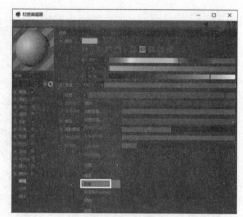
图 9-46 选择"渐变"命令

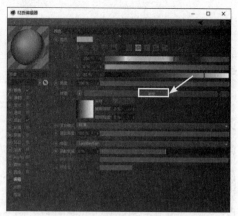
图 9-47 添加"渐变"纹理

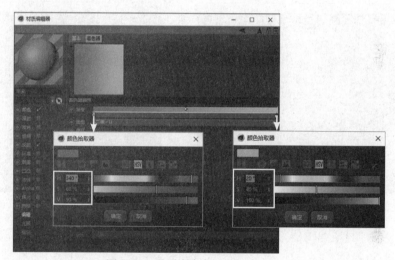
图 9-48 设置渐变色

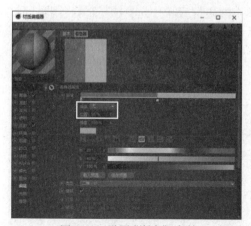
图 9-49 设置"渐变"参数

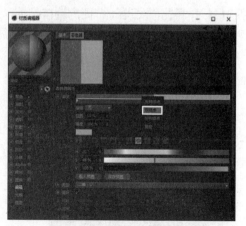
图 9-50 选择"双节点"命令

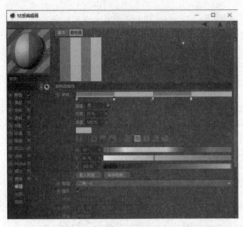

图 9-51　执行"双节点"命令的渐变效果

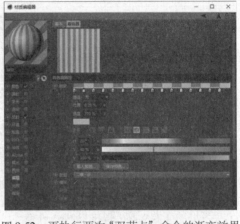

图 9-52　再执行两次"双节点"命令的渐变效果

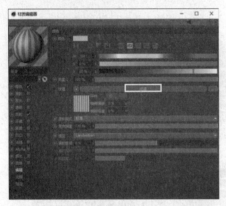

图 9-53　指定给"纹理"一个"过滤"

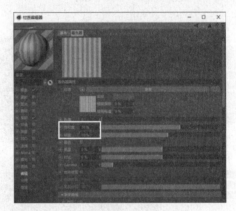

图 9-54　设置"过滤"参数

19) 关闭"材质编辑器"，将"渐变"材质拖给"对象"面板中的"圆环"，如图 9-55 所示，效果如图 9-56 所示。

20) 将"渐变"材质添加到"毛发材质"中。方法：在材质栏中双击"渐变"材质球，进入"材质编辑器"，单击"纹理"右侧的■按钮，从弹出的快捷菜单中选择"复制着色器"命令，如图 9-57 所示。接着在材质栏中双击"毛发材质"材质球，进入编辑状态。取消勾选"高光"复

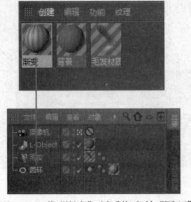

图 9-55　将"渐变"材质指定给"圆环"

图 9-56　将"渐变"材质指定给"圆环"后的效果

选框,展开"发根"选项组,单击"纹理"右侧的 ■ 按钮,从弹出的快捷菜单中选择"粘贴着色器"命令,如图 9-58 所示。关闭"材质编辑器"。

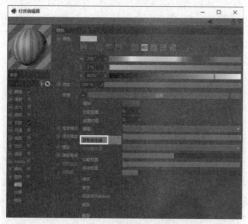

图 9-57　选择"复制着色器"命令

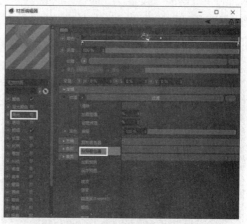

图 9-58　选择"粘贴着色器"命令

21）在工具栏中单击 ■（渲染到图片查看器）按钮,查看赋予模型材质后的整体渲染效果,如图 9-59 所示。

22）此时整个场景偏暗,下面通过在场景中添加灯光来解决这个问题。方法:在"对象"面板中单击"摄像机"后面的 ■ 按钮,退出摄像机视角。然后在工具栏中单击 ■（灯光）按钮,在场景中添加一个"灯光"对象。在"灯光"属性面板中将灯光"类型"设置为"区域光",接着在视图中将灯光移动到圆环的正前方,如图 9-60 所示。同理,再在场景中创建两个"区域光",并调整它们的位置和旋转角度,如图 9-61 所示。

23）在"对象"面板中单击"摄像机"后面的 ■ 按钮,回到摄像机视角。然后在工具栏中单击 ■（渲染到图片查看器）按钮,查看给场景添加灯光的整体渲染效果,此时场景就被照亮了,如图 9-62 所示。

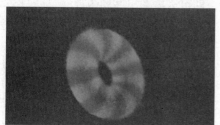

图 9-59　赋予模型材质后的整体渲染效果

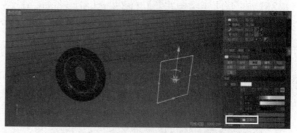

图 9-60　将灯光移动到圆环的正前方

图 9-61　在场景中创建另外两个区域光

图 9-62　给场景添加灯光的整体渲染效果

24) 设置渲染输出参数。方法:在工具栏中单击 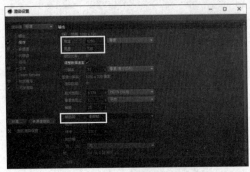(编辑渲染设置)按钮,然后在弹出的"渲染设置"对话框中将输出尺寸设置为 1280×720 像素,输出"帧范围"设置为"全部帧",如图 9-63 所示。将"抗锯齿"设置为"最佳","最小级别"为 2×2,"最大级别"为 4×4,如图 9-64 所示。再将"保存格式"设置为 PNG,单击"文件"右侧的 按钮,指定保存的名称和路径,如图 9-65 所示。单击右上方的 ✕ 按钮,关闭"渲染设置"对话框。

图 9-63   设置"输出"参数

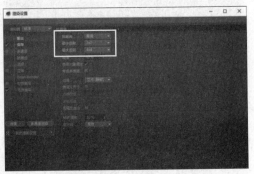

图 9-64   设置"抗锯齿"参数

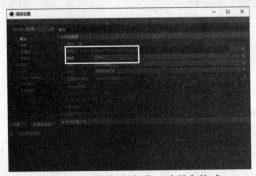

图 9-65   设置保存名称、路径和格式

25) 在工具栏中单击 (渲染到图片查看器)按钮,即可渲染输出序列图片。

26) 至此,飘动的绒毛圆环动画制作完毕。执行菜单中的"文件|保存工程(包含资源)"命令,将文件保存打包。

9.3 课后练习

制作图 9-66 所示的化妆刷效果。

图 9-66   化妆刷效果

第 3 部分　综合实例演练

■ 第 10 章　综合实例

第 10 章　综合实例

本章重点：

通过前面 9 章的学习，大家已经掌握了 Cinema 4D 的基本操作。本章将通过红超牌羽毛球展示效果和沙宣洗发水展示效果两个综合实例来具体讲解 Cinema 4D 在实际设计工作中的应用，旨在帮助读者拓宽思路，提高综合应用 Cinema 4D 的能力。

10.1　红超牌羽毛球展示效果

 要点：

本例将利用 C4D 制作一个完整的红超牌羽毛球展示效果，如图 10-1 所示。本例的重点是环状羽毛的制作、将标志指定到指定区域、环境的烘托和在 Photoshop 中进行后期处理。通过本例的学习，读者应掌握利用 C4D 和 Photoshop 制作产品展示效果图的方法。

图 10-1　红超牌羽毛球展示效果

10.1　红超羽毛球展示效果 1（模型 + 材质）

 操作步骤：

1. 制作单个羽毛球模型

（1）制作单根羽毛

1）在视图中显示作为参照的背景图。方法：选择正视图，按快捷键〈Shift+V〉，然后在属性面板"背景"选项卡中单击"图像"右侧的█████按钮，从弹出的对话框中选择网盘中的"源文件 \10.1　红超牌羽毛球展示效果 \ 单根羽毛球参考图 .jpg"图片，单击"打开"按钮，此时正视图中就会显示出背景图片，如图 10-2 所示。接着将"水平尺寸"设置为 80，将"透明"设置为 70%，将视图适当放大，使羽毛位于视图中央位置，如图 10-3 所示。

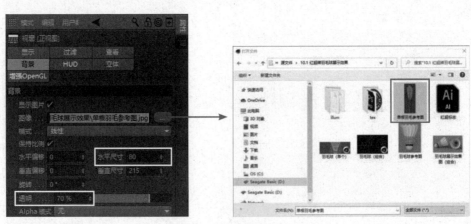

图 10-2　指定背景图片

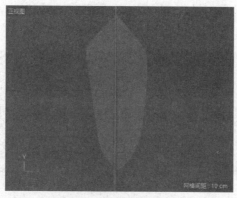

图 10-3　将视图适当放大

2）绘制羽毛的形状。方法：利用工具栏中的 （画笔工具）根据背景图绘制羽毛的形状，如图 10-4 所示。

3）给羽毛添加一个厚度。方法：按住键盘上的〈Alt〉键，在工具栏中选择 （挤压），给样条添加一个"挤压"生成器的父级。然后在属性面板中将挤压"移动"的 z 数值设置为 0.1cm，此时羽毛就产生了一个厚度，如图 10-5 所示。

图 10-4　根据背景图绘制羽毛的形状　　　图 10-5　利用"挤压"生成器使样条产生一个厚度

4）制作羽柄的模型。方法：在正视图中利用 （画笔工具）根据背景图绘制出羽柄的样条，在绘制完成后按〈Esc〉键，退出绘制状态，效果如图 10-6 所示。

5）在工具栏中创建出一个圆环，在属性面板"对象"选项卡中勾选"椭圆"复选框，然后将椭圆的半径设置为 2cm、3cm，如图 10-7 所示。

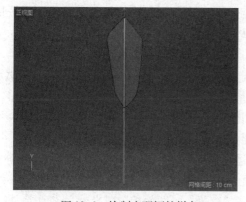

图 10-6　绘制出羽柄的样条　　　　　图 10-7　设置"椭圆"参数

6) 在"对象"面板中同时选择"样条"和"圆环",按住键盘上的〈Ctrl+Alt〉键,在工具栏中选择 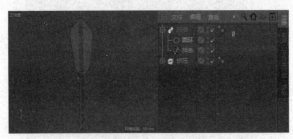 (扫描),给它们添加一个"扫描"生成器的父级,效果如图 10-8 所示。

图 10-8 "扫描"效果

7) 此时扫描后的羽柄模型上下宽度是一致的,而本例要求羽柄模型是上窄下宽的。在"扫描"属性面板"对象"选项卡"细节"选项组的"缩放"右侧单击鼠标,从中选择"样条预置 | 线性"命令,如图 10-9 所示,将左侧的控制点略微向上移动,如图 10-10 所示,此时羽柄模型就形成了上窄下宽的效果,如图 10-11 所示。

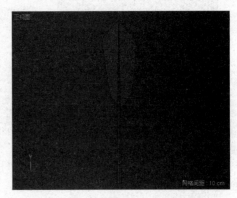

图 10-9 选择"线性"命令　　图 10-10 将左侧的控　　图 10-11 羽柄模型上窄下宽的效果
　　　　　　　　　　　　　　　　制点略微向上移动

8) 至此,单根羽毛的模型制作完成,下面在"对象"面板中选择所有的模型,按快捷键〈Alt+G〉,将它们组成一个组,并重命名为"单个羽毛"。

(2) 制作羽毛的克隆效果

1) 在视图中显示作为参照的背景图。方法:选择正视图,按快捷键〈Shift+V〉,然后在属性面板"背景"选项卡中单击"图像"右侧的 ▉▉ 按钮,从弹出的对话框中选择网盘中的"源文件 \10.1　红超牌羽毛球展示效果\ 羽毛球参考图 .jpg"图片,单击"打开"按钮,将"水平尺寸"设置为 200,如图 10-12 所示,此时正视图中显示效果如图 10-13 所示。

2) 按住键盘上的〈Alt〉键,执行菜单中的"运动图形 | 克隆"命令,给"单根羽毛"添加一个"克隆"父级。在"克隆"属性面板的"对象"选项卡中将"模式"设置为"放射",如图 10-14 所示。

3) 此时克隆后的羽毛方向是错误的。进入"克隆"属性面板的"坐标"选项卡,将"R.P"

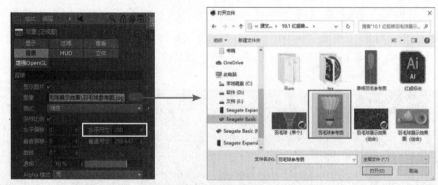

图 10-12　指定背景图片

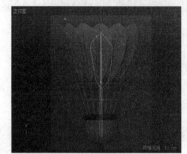

图 10-13　正视图中显示效果

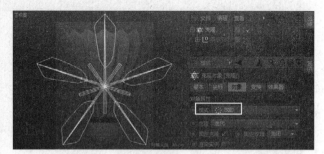

图 10-14　放射阵列效果

的数值设置为 90°，如图 10-15 所示；进入"变换"选项卡，将"旋转 .P"的数值设置为 -70°，如图 10-16 所示，效果如图 10-17 所示。

4）羽毛球上的羽毛数量为 16。在"克隆"属性面板"对象"选项卡中将"数量"设置为 16，然后将"半径"设置为 58cm，如图 10-18 所示。

图 10-15　将"R.P"的
数值设置为 90°

图 10-16　将"旋转 .P"的
数值设置为 -70°

图 10-17　显示效果

5）此时克隆后的羽毛与背景图在垂直方向上不匹配，下面在"克隆"属性面板"坐标"选项卡中将"P.Y"的数值设置为 25cm，效果如图 10-19 所示。

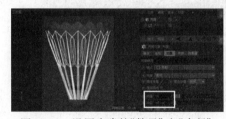

图 10-18　设置克隆的"数量"和"半径"

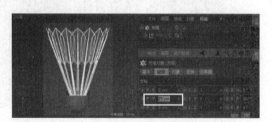

图 10-19　将"P.Y"的数值设置为 25cm

6）此时羽毛的上部与背景图基本匹配了，但下部偏短。按快捷键〈F2〉，切换到顶视图，然后在"对象"面板中选择"挤压"下的"样条"，进入 ![] （点模式），将底部的顶点沿 Y 轴向上移动，如图 10-20 所示，使羽毛在正视图中与背景图的底部匹配，如图 10-21 所示。

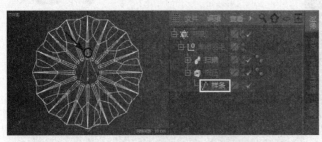
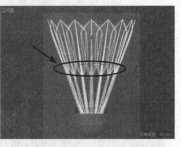

图 10-20　将底部的顶点沿 Y 轴向上移动　　　　图 10-21　使羽毛在正视图
　　　　　　　　　　　　　　　　　　　　　　　　　　　中与背景图的底部匹配

7）按快捷键〈F1〉，切换到透视视图，会发现羽毛之间有穿插错误，如图 10-22 所示。在"对象"面板中选择"挤压"，在属性面板的"坐标"选项卡中将"R.H"的数值设置为 −9°，此时羽毛之间就不存在穿插问题了，如图 10-23 所示。

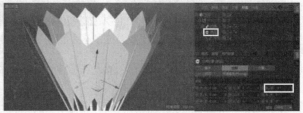

图 10-22　羽毛之间有穿插错误　　　　　图 10-23　将"R.H"的数值设置为 −9° 后的效果

（3）制作球头模型

1）按快捷键〈F4〉，切换到正视图，然后在视图中创建一个胶囊。接着在属性面板中将胶囊的"半径"设置为 34cm，"高度"设置为 135cm，在视图中将其沿 Y 轴向下移动，使之与背景图中的球体位置匹配，如图 10-24 所示。

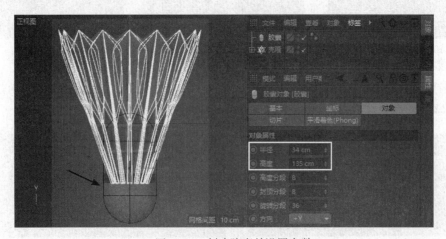

图 10-24　创建胶囊并设置参数

2）在编辑模式工具栏中单击 ![] （可编辑对象）按钮（快捷键是〈C〉），将其转换为可编辑对象。利用 ![] （框选工具），进入 ![] （点模式），根据参考图框选顶部多余的顶点，按〈Delete〉键删除多余的顶点，效果如图 10-25 所示。

3）制作球头顶部的封顶效果。方法：按快捷键〈F1〉，切换到透视视图，利用 ![] （移动工具），进入 ![] （点模式），在胶囊顶部边缘处双击鼠标，选中顶部边缘的一圈边，如图 10-26 所示。利用 ![] （缩放工具），配合〈Ctrl〉键向内缩放挤压两次，在变换栏中将"尺寸"的数值均设置为 0，如图 10-27 所示，形成球头顶部的封顶效果，如图 10-28 所示。

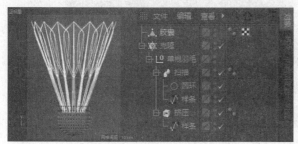

图 10-25 删除多余的顶点　　　　图 10-26 选中顶部边缘的一圈边

图 10-27 将"尺寸"的 X、Y、Z 的数值均设置为 0　　图 10-28 球头顶部的封顶效果

（4）制作羽毛四周的两条固定线模型

1）制作下方的固定线。方法：按快捷键〈F4〉，切换到正视图。在视图中创建一个圆环，在属性面板中将其"半径"设置为 40cm，"平面"设为"XZ"，将其沿 Y 轴向下移动，使之与背景图中下方固定线的位置相匹配，如图 10-29 所示。

2）按住键盘上的〈Alt〉键，执行菜单中的"插件|Reeper 2.07"|命令，给圆环添加一个 Reeper（绳索）的父级。接着在属性面板中将"线圈"设置为 100，"半径"设置为 1cm，"距离"设置为 0.7cm，效果如图 10-30 所示。

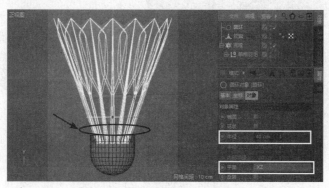

图 10-29 将圆环沿 Y 轴向下移动

提示："Reeper 2.07"插件可以在网盘中下载。

3）制作上方的固定线模型。方法：在正视图中按住〈Ctrl〉键，沿 Y 轴向上复制出一个固定线副本，然后在属性面板中将圆环"半径"改为 51cm，如图 10-31 所示；按快捷键〈F1〉，切换到透视视图，查看整体效果，如图 10-32 所示。

4）至此，羽毛球的模型制作完毕。

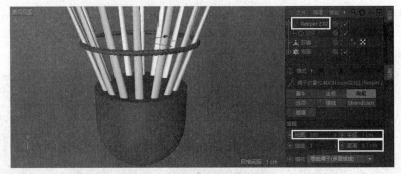

图 10-30　设置"线圈"参数

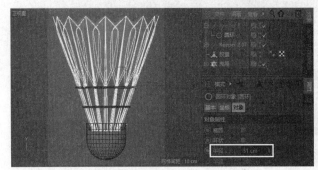

图 10-31　将圆环"半径"改为 51cm

图 10-32　整体效果

2. 制作羽毛球的材质

1）制作羽毛材质。方法：在材质栏中双击鼠标，新建一个材质球，并将其重命名为"羽毛"。双击材质球进入"材质编辑器"，在左侧勾选"Alpha"复选框，接着在右侧指定给"Alpha"纹理一张网盘中的"源文件 \10.1 红超牌羽毛球展示效果 \tex\ 羽毛球羽毛参考图 .psd"贴图，如图 10-33 所示。

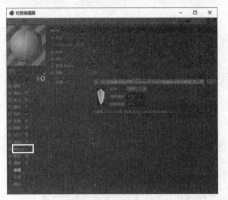

图 10-33　指定给"Alpha"纹理一张"羽毛球羽毛参考图 .psd"贴图

2）同理,在左侧勾选"凹凸"复选框,在右侧指定给"凹凸"纹理一张网盘中的"源文件\10.1 红超牌羽毛球展示效果\tex\羽毛球羽毛参考图.psd"贴图。为了增加羽毛的凹凸感,将"强度"加大为 200%,如图 10-34 所示。关闭"材质编辑器"。

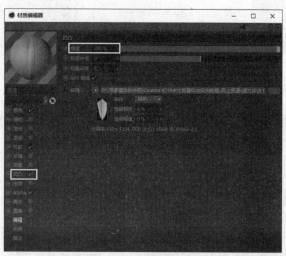

图 10-34　指定给"凹凸"纹理一张"羽毛球羽毛参考图.psd"贴图,并将凹凸"强度"加大为 200%

3）将材质栏中的"羽毛"材质拖给"对象"面板中的"挤压",在属性面板中将纹理"投射"设置为"平直",如图 10-35 所示。

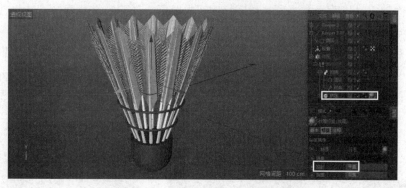

图 10-35　将纹理"投射"设置为"平直"

4）此时羽毛纹理与羽毛模型不匹配,在"对象"面板中右键单击 ▓（羽毛纹理标签）,从弹出的快捷菜单中选择"适合对象"命令,如图 10-36 所示。在弹出的对话框中单击 ▓ 按钮,如图 10-37 所示,效果如图 10-38 所示。接着在工具栏中单击 ▓（渲染到图片查看器）按钮,查看赋予羽毛材质后的渲染效果,如图 10-39 所示。

5）制作羽柄材质。方法:在材质栏中双击鼠标,新建一个材质球,并将其重命名为"羽柄"。在属性栏中将颜色设置为一种浅黄色(HSV 的数值为(50°,10%,80%)),将"羽柄"材质拖给"对象"面板中的"扫描"。再在工具栏中单击 ▓（渲染到图片查看器）按钮,渲染效果如图 10-40 所示。

图 10-36　选择 "适合对象" 命令

图 10-37　单击 是(Y) 按钮

图 10-38　渲染效果

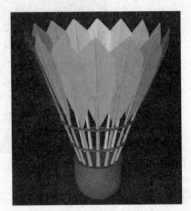

图 10-39　赋予羽毛材质后的渲染效果

图 10-40　赋予羽柄材质后的渲染效果

6）制作固定线材质。方法：在材质栏中双击鼠标，新建一个材质球，并将其重命名为 "固定线"。保持默认参数，将 "固定线" 材质拖给 "对象" 面板中的 "Reeper 2.07" 和 "Reeper 2"，如图 10-41 所示。接着在工具栏中单击 [图] （渲染到图片查看器）按钮，渲染效果如图 10-42 所示。

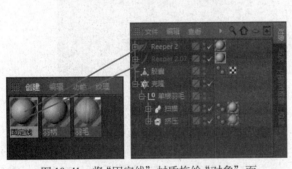

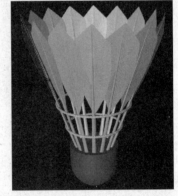

图 10-41　将 "固定线" 材质拖给 "对象" 面板中的 "Reeper 2.07" 和 "Reeper 2"

图 10-42　制作固定线材质后渲染效果

7）制作球头材质。方法：在材质栏中双击鼠标，新建一个材质球，并将其重命名为 "球头"。双击材质球进入 "材质编辑器"，在左侧勾选 "凹凸" 复选框，在右侧指定给 "凹凸" 纹理一张网盘中的 "源文件 \10.1　红超牌羽毛球展示效果 \tex\ 球头贴图 .psd" 贴图，并将凹凸 "强度" 加大为 500%，如图 10-43 所示。关闭 "材质编辑器"。

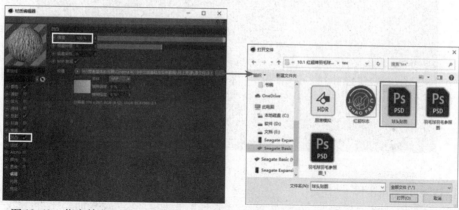

图 10-43 指定给"凹凸"纹理一张"球头贴图 .psd"贴图，并将凹凸"强度"加大为 500%

8) 将"球头"材质拖给"对象"面板中的"胶囊"。在属性面板中将纹理"投射"方式设置为"收缩包裹"，"长度 U"设置为 55%，"长度 V"设置为 5%，如图 10-44 所示。接着在工具栏中单击█（渲染到图片查看器）按钮，查看赋予球头材质后的整体渲染效果，如图 10-45 所示。

图 10-44 设置球头"纹理标签"参数

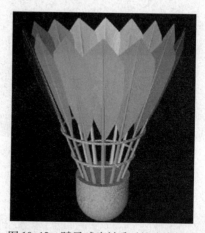

图 10-45 赋予球头材质后的渲染效果

9) 制作球头上的深绿色装饰条材质。方法：按快捷键〈F4〉，切换到正视图。在"对象"面板中选择"胶囊"，进入█（多边形模式），执行菜单中的"选择 | 循环选择"（快捷键是〈U+L〉）命令，接着在球头侧面上方单击，选中侧面上方的一圈多变形。执行菜单中的"选择 | 设置选集"命令，将它们设置为一个选集，如图 10-46 所示。

10) 在材质栏中双击鼠标，新建一个材质球，并将其重命名为"绿色"。双击材质球进入"材质编辑器"，在左侧选择"颜色"，再在右侧将颜色设置为一种深绿色（HSV 的数值为（130°，

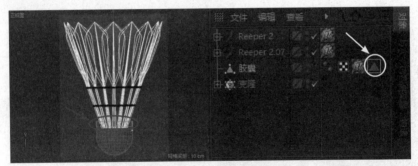

图 10-46　将球头侧面上方的一圈边设置为一个选集

100%，10%))，如图 10-47 所示。

11）在左侧选择"反射"，在右侧单击"添加"按钮，给反射添加一个"GGX"，接着设置 GGX 的相关参数如图 10-48 所示。再单击右上方的 ☒ 按钮，关闭"材质编辑器"。

12）将"绿色"材质分别拖给"对象"面板中的"胶囊"，然后将前面设置好的 ▲（多边形选集）拖到"选集"右侧，此时"绿色"纹理就赋予了设置好的多边形，效果如图 10-49 所示。接着在工具栏中单击 ▦（渲染到图片查看器）按钮，渲染效果如图 10-50 所示。

图 10-47　颜色设置为一种深绿色（HSV
的数值为（130°，100%，10%））

图 10-48　给"反射"添加 GGX，并设置参数

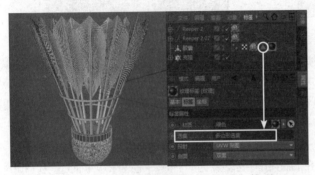

图 10-49　赋予选择的多边形"绿色"纹理

图 10-50　渲染效果

13）制作球头顶部封顶位置的材质，这个位置由两种材质构成。一种是外围的白色材质，另一种是中央的标志材质。下面先来制作外围的白色材质。方法：选择球头顶部外围的一圈多边形，执行菜单中的"选择 | 设置选集"命令，将它们设置为一个选集，如图 10-51 所示。接着在材质栏中双击鼠标，新建一个材质球，并将其重命名为"白色"，再将"白色"材质拖给"对象"面板中的"胶囊"，将前面设置好的　（多边形选集）拖到"选集"右侧，如图 10-52 所示，此时"白色"纹理就赋予了设置好的多边形。在工具栏中单击　（渲染到图片查看器）按钮，渲染效果如图 10-53 所示。

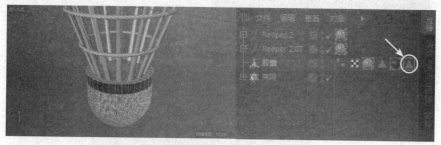

图 10-51　将选定的多边形设置为一个选集

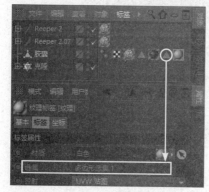

图 10-52　赋予选择的多边形"白色"纹理

图 10-53　渲染效果

14）制作球头顶部中央位置的标志材质。方法：选择球头顶部中央位置的多边形，执行菜单中的"选择 | 设置选集"命令，将它们设置为一个选集，如图 10-54 所示。接着在材质栏中双击鼠标，新建一个材质球，并将其重命名为"标志"，双击材质球进入"材质编辑器"，指定给"颜色"纹理一张网盘中的"源文件 \10.1　红超牌羽毛球展示效果 \tex\ 红超标志 .png"贴图，如图 10-55 所示。在左侧勾选"Alpha"复选框，在右侧指定给"Alpha"纹理同样一张网盘中的"源文件 \10.1　红超牌羽毛球展示效果 \tex\ 红超标志 .png"贴图，如图 10-56 所示。关闭"材质编辑器"。

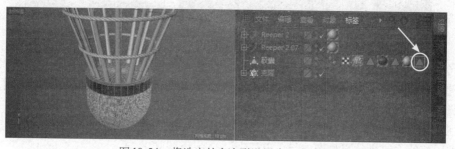

图 10-54　将选定的多边形设置为一个选集

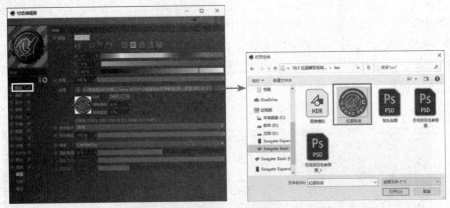

图 10-55　指定给"颜色"纹理一张"红超标志 .png"贴图

图 10-56　指定给"Alpha"纹理一张"红超标志 .png"贴图

15) 将"标志"材质拖给"对象"面板中的"胶囊"，再将前面设置好的 ▲（多边形选集）拖到"选集"右侧，然后将纹理"投射"方式设置为"平直"，效果如图 10-57 所示。

图 10-57　将标志纹理赋予指定的多边形，并将"投射"方式设置为"平直"

16) 此时标志纹理显示不正确，下面进入 ▓（纹理模式），在视图中将纹理旋转 -90°，再右键单击▓（标志纹理标签），从弹出的快捷菜单中选择"适合对象"命令，接着在属性面板中将"长度 U"和"长度 V"均设置为 84%，"偏移 U"和"偏移 V"均设置为 8%，如图 10-58 所示。再将视图调整到合适角度，如图 10-59 所示。最后在工具栏中单击▓（渲染到图片查看器）按钮，渲染效果如图 10-60 所示。

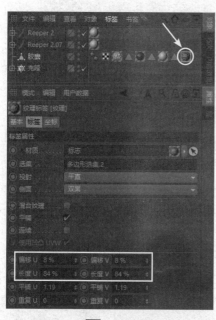

图 10-58　设置 ▓（标志纹理标签）参数

图 10-59　将视图调整到合适角度

图 10-60　渲染效果

17）将视图旋转到一个合适角度，在"对象"面板中选择所有对象，按快捷键〈Alt+G〉键，将它们组成一个组，并将组的名称重命名为"羽毛球"，如图 10-61 所示。

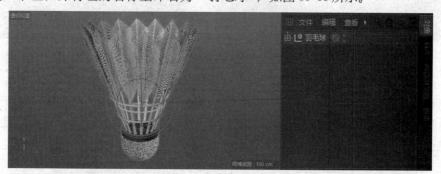

图 10-61　将视图旋转到合适角度，并将所有对象组成一个名称为"羽毛球"的组

3. 制作羽毛球展示效果

1）在"对象"面板中选择"羽毛球"，执行菜单中的"插件 |Drop2-Floor"命令，将其对齐到地面。

提示："Drop2Floor"插件可以在网盘中下载。

10.1　红超羽毛球展示效果 2（材质 +ps 后期）

2）创建地面背景。方法：执行菜单中的"插件 |L-Object"命令，创建一个地面背景。然后进入 ▣（模型模式），分别在顶视图和右视图中加大地面背景的宽度与深度，并在 L-Object 的属性面板中将"曲线偏移"设置为 1000，接着在右视图中调整地面背景的位置，如图 10-62 所示。

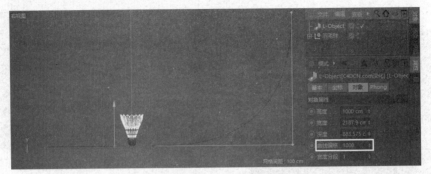

图 10-62　设置地面背景的参数和位置

提示："L-Object"插件可以在网盘中下载。

3) 利用 （旋转工具）将羽毛球沿 P 轴旋转 −73.2°，执行菜单中的"插件 |Drop2Floor"命令，将其对齐到地面，如图 10-63 所示。

4) 按快捷键〈F1〉，切换到透视视图，然后按住〈Ctrl〉键，复制出一个羽毛球模型，并将其向左移动。接着在视图中调整两个羽毛球的角度，再将它们对齐到地面，如图 10-64 所示。

图 10-63　将羽毛球沿 P 轴旋转 −73.2°，并对齐到地面　　图 10-64　复制羽毛球并旋转角度，然后对齐到地面

5)创建摄像机。方法：在工具栏中单击 （摄像机）按钮，给场景添加一个摄像机。在"对象"面板中激活 按钮，进入摄像机视角。接着在"属性"面板中将摄像机的"焦距"设置为"135"，再在透视图中调整摄像机的位置，如图 10-65 所示。

图 10-65　创建摄像机并调整摄像机的位置

6) 为了能在视图中清楚地看到渲染区域，按快捷键〈Shift+V〉，在"属性"面板"查看"选项卡中将"透明"设置为 95%，此时渲染区域以外会显示为黑色，效果如图 10-66 所示。

7) 赋予地面材质。方法：在材质栏中双击鼠标，新建一个名称为"地面"的材质球，然

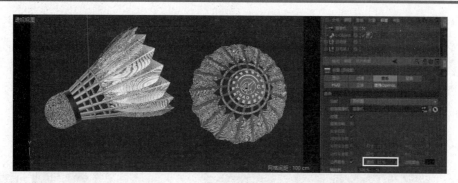

图 10-66　将"透明"设置为 95% 后的效果

后在属性栏中将地面的颜色设置为一种灰色（HSV 的数值为（0°，0%，60%））。接着将"地面"材质拖给场景中的地面模型，效果如图 10-67 所示。

8）在工具栏中单击 （渲染到图片查看器）按钮，查看赋予地面材质后的渲染效果，如图 10-68 所示。此时的渲染效果很不真实，下面通过给场景添加全局光照和天空 HDR 的方法来解决这个问题。

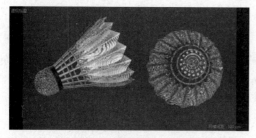

图 10-67　将"地面"材质拖给场景中的地面模型　　　　图 10-68　渲染效果

9）添加全局光照。方法：在工具栏中单击 （编辑渲染设置）按钮，从弹出的"渲染设置"对话框中单击左下方的 按钮，从弹出的下拉菜单中选择"全局光照"命令，如图 10-69 所示。接着在右侧"常规"选项卡中将"预设"设置为"室内 - 预览（小型光源）"，如图 10-70 所示。单击右上方的 ☒ 按钮，关闭"渲染设置"对话框。

图 10-69　添加"全局光照"　　　　图 10-70　将"预设"设置为"室内 - 预览（小型光源）"

10）在工具栏 （地面）工具上按住鼠标左键，从弹出的隐藏工具中选择 ，给场景添加一个"天空"效果。

11）制作天空材质。方法：在材质栏中双击鼠标，新建一个材质球，将其重命名为"天空"。接着双击材质球进入"材质编辑器"，取消勾选"颜色"和"反射"复选框，勾选"发光"复选框，在右侧指定给纹理一张网盘中的"源文件 \10.1 红超羽毛球展示效果 \tex\ 厨房模拟 .hdr"贴图，如图 10-71 所示。单击右上方的 ▣ 按钮，关闭"材质编辑器"。

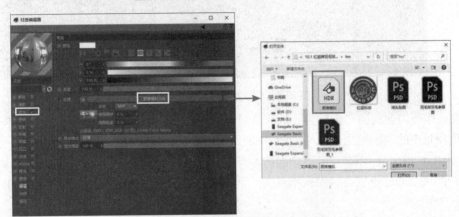

图 10-71　制作天空材质并指定贴图

12）将"天空"材质拖到"对象"面板中的天空对象上，即可赋予"天空"对象材质，如图 10-72 所示。在工具栏中单击 ▦ （渲染到图片查看器）按钮，查看给场景添加了全局光照和天空 HDR 后的整体渲染效果，如图 10-73 所示。

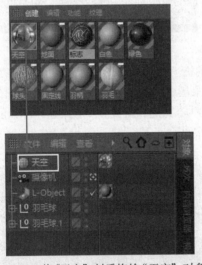

图 10-72　将"天空"材质拖给"天空"对象

图 10-73　整体渲染效果

13）此时标志位置的光线过暗，下面通过在场景中添加一个"灯光"对象作为补光来解决这个问题。方法：在工具栏中单击 💡 （灯光）按钮，在场景中添加一个"灯光"对象。接着在视图中调整灯光的位置，再在属性面板中将灯光的"强度"设置为 20%，如图 10-74 所示。在工具栏中单击 ▦ （渲染到图片查看器）按钮，查看添加了灯光后的整体渲染效果，如图 10-75 所示，此时整个场景的渲染效果就很真实了。

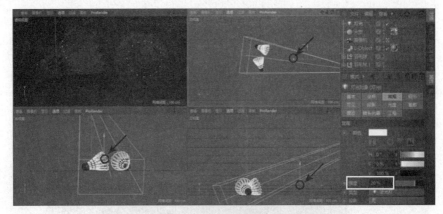

图 10-74 调整灯光的位置和强度

图 10-75 添加了灯光后的整体渲染效果

14）进行最终的渲染输出。方法：在工具栏中单击 （编辑渲染设置）按钮，从弹出的"渲染设置"对话框中将输出尺寸设置为 1280×720 像素，输出的"帧范围"设置为"当前帧"，如图 10-76 所示。在左侧选择"保存"，再在右侧将要保存的文件名称设为"羽毛球展示效果图"，并将"格式"设置为"TIFF"，如图 10-77 所示。接着在左侧选择"抗锯齿"，在右侧将"抗锯齿"设置为"最佳"，"最小级别"设置为"2×2"，"最大级别"设置为"4×4"，如图 10-78 所示。单击右上方的 ⊠ 按钮，关闭"渲染设置"对话框。

图 10-76 设置"输出"参数

图 10-77 设置"保存"参数

图 10-78 设置"抗锯齿"参数

15) 在工具栏中单击 ![icon] （渲染到图片查看器）按钮，进行作品最终的渲染输出。

16) 至此，红超羽毛球展示效果制作完毕。执行菜单中的"文件 | 保存工程（包含资源）"命令，将文件保存打包。

4. 利用 Photoshop 进行后期处理

1) 在 Photoshop CC 2018 中打开前面保存输出的网盘中的"羽毛球展示效果图 .tif"图片，按快捷键〈Ctrl+J〉，复制出一个"图层 1"层，如图 10-79 所示。接着单击右键，从弹出的快捷菜单中选择"转换为智能对象"命令，将其转换为智能图层，此时图层分布如图 10-80 所示。

2) 执行菜单中的"滤镜 |Camera Raw 滤镜"命令，在弹出的对话框中设置滤镜参数如图 10-81 所示，单击"确定"按钮。

图 10-79 复制出一个"图层 1"层

图 10-80 将"图层 1"转换为智能对象

3) 此时可以通过单击"图层 1"前面的 ![icon] 图标，查看执行"Camera Raw 滤镜"前后的效果对比，如图 10-82 所示。执行菜单中的"文件 | 存储"命令，保存文件。

至此，红超羽毛球的展示效果图制作完毕。

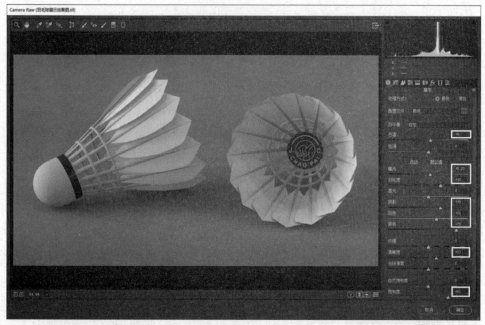

图 10-81　设置 "Camera Raw 滤镜" 参数

图 10-82　单击"图层 1" 前面的 图标来查看执行"Camera Raw 滤镜" 前后的效果对比

10.2　沙宣洗发水展示效果

 要点：

本例将利用 C4D 制作一个完整的沙宣洗发水展示效果，如图 10-83 所示。本例中的重点是沙宣洗发水模型的制作、将标志指定到指定区域、环境的烘托和在 Photoshop 中进行后期处理。通过本例的学习，读者应掌握利用 C4D 和 Photoshop 制作产品展示效果图的方法。

操作步骤：

1. 制作沙宣洗发水模型

（1）制作瓶身模型

1）在正视图中显示作为参照的背景图。方法：选择正视图，按快捷键

10.2　沙宣洗发水
展示效果 1（模型）

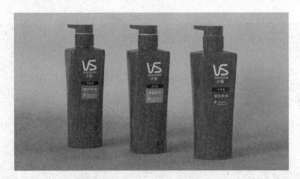

图 10-83　沙宣洗发水展示效果

〈Shift+V〉，然后在属性面板"背景"选项卡中单击"图像"右侧的 ████ 按钮，从弹出的对话框中选择网盘中的"源文件 \10.2 沙宣洗发水展示效果 \ 正视图参照图 .jpg"图片，如图 10-84 所示，单击"打开"按钮，将背景图片的"透明"设置为 50%，此时背景图片在正视图中的显示效果如图 10-85 所示。

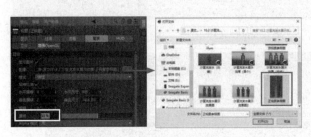

图 10-84　指定背景图片

图 10-85　正视图中背景图片的显示效果

2）按快捷键〈F2〉，切换到顶视图。在工具栏 ✐（画笔）工具上按住鼠标左键，从弹出的隐藏工具中选择 ○ 圆环，在正视图中创建一个圆环。

3）按快捷键〈F4〉，切换到正视图，按快捷键〈Shift+V〉，在属性面板"背景"选项卡中调整背景图"水平偏移"和"垂直偏移"的参数，使背景图的底部位置与创建的圆环尽量匹配，如图 10-86 所示。

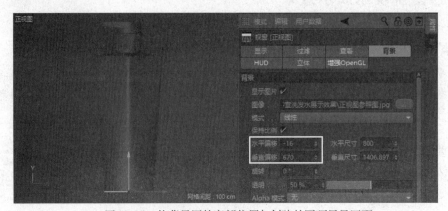

图 10-86　使背景图的底部位置与创建的圆环尽量匹配

4）按快捷键〈F2〉，切换到顶视图。在工具栏 （画笔）工具上按住鼠标左键，从弹出的隐藏工具中选择 四边，在正视图中创建一个四边形。接着在属性面板"对象"选项卡中设置四边形的参数，如图 10-87 所示。按快捷键〈F4〉，切换到正视图，将四边形沿 Y 轴向上移动到合适位置，如图 10-88 所示。

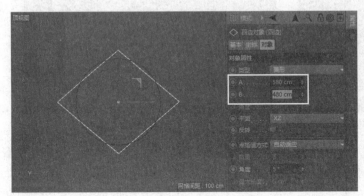
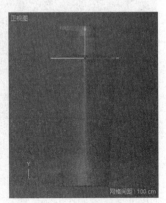

图 10-87　创建四边形并设置参数　　　　　　图 10-88　将四边形沿 Y 轴
　　　　　　　　　　　　　　　　　　　　　　　　　　向上移动到合适位置

5）按住键盘上的〈Ctrl〉键，沿 Y 轴向上复制出一个"圆环 1"，并参照背景图将其放置到瓶身顶部，将其"半径"设置为 100cm，如图 10-89 所示。

6）在"对象"面板中选中所有的图形，按住键盘上的〈Ctrl+Alt〉键，在工具栏 （细分曲面）工具上按住鼠标左键，从弹出的隐藏工具中选择 放样，给所有的样条添加一个"放样"生成器的父级，效果如图 10-90 所示。

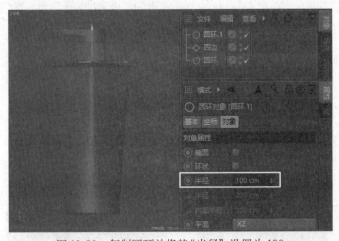

图 10-89　复制圆环并将其"半径"设置为 100cm　　图 10-90　放样后的效果

7）此时放样后的模型产生了明显的变形，在"放样"属性面板"对象"选项卡中勾选"线性插值"复选框，这样放样后的模型就显示正常了，如图 10-91 所示。

8）制作瓶身底部的圆角效果。方法：进入"放样"属性面板的"封顶"选项卡，将"末端"设置为"圆角封顶"，再将"半径"设置为 10cm，"步幅"设置为 5，如图 10-92 所示。

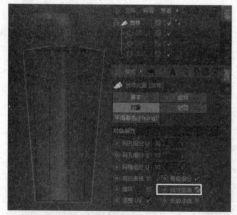

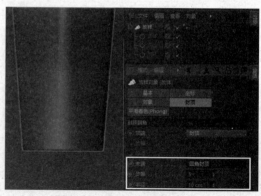

图 10-91　勾选"线性插值"复选框后的放样效果　　　　图 10-92　设置"封顶"参数

9）制作瓶身顶部的效果。方法：在"放样"属性面板的"封顶"选项卡中将"顶端"设置为"无"，按快捷键〈F1〉，切换到透视视图。接着在"对象"面板中选中所有的对象，单击右键，从弹出的快捷菜单中选择"连接对象＋删除"命令，将它们转换为一个可编辑对象。利用　（移动工具）在瓶口处双击鼠标，选中瓶口处的一圈边，如图 10-93 所示。按住键盘上的〈Ctrl〉键，将其沿 Y 轴向上挤压，如图 10-94 所示。

10）为了稳定瓶口转角处的结构，下面对转角处的边进行倒角处理。方法：利用　（移动工具），选择　（边模式），在瓶口转角处双击鼠标，选中转角处的一圈边，如图 10-95 所示。然后单击右键，从弹出的快捷菜单中选择"倒角"命令，在视图中对边进行倒角处理，并在属性面板中将"偏移"设置为 3cm，"细分"设置为 1，效果如图 10-96 所示。

11）瓶身模型制作完毕，下面对其进行平滑处理。方法：按住键盘上的〈Alt〉键，单击工具栏中的　（细分曲面）工具，给它添加一个"细分曲面"生成器的父级，效果如图 10-97 所示。为了便于区分，将"细分曲面"重命名为"瓶身"。

（2）制作防滑模型

图 10-93　选中瓶口处的一圈边　　图 10-94　沿 Y 轴向上挤压　　图 10-95　选中转角处的一圈边

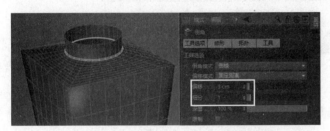

图 10-96　对转角处的边进行倒角处理

图 10-97　"细分曲面"效果

1）按快捷键〈F4〉，切换到正视图。在视图中创建一个圆柱，并参照背景图的防滑部分将其沿 Y 轴向上移动到合适位置，调整其半径和高度，使之与背景图中的防滑部分尽量匹配。接着执行视图菜单中的"显示 | 光影着色（线条）"命令，将其以光影着色线条的方式显示，将圆柱的"旋转分段"设置为 120，效果如图 10-98 所示。进入"封顶"选项卡，取消勾选"封顶"复选框，如图 10-99 所示，使圆柱形成中空的结构。

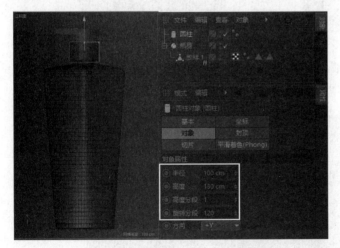

图 10-98　调整圆柱的位置和参数

图 10-99　取消勾选"封顶"复选框

2）在编辑模式工具栏中单击 （可编辑对象）按钮（快捷键是〈C〉），将其转换为可编辑对象。进入 （边模式），按快捷键〈K+L〉，切换到循环 / 路径切割工具，在属性面板中勾选"镜像切割"复选框，接着参照背景图，在圆柱上单击，在圆柱上下各切割出一圈边，如图 10-100 所示。

3）为了便于操作，下面在编辑模式工具栏中选择 Ⓢ （视窗单体显示）按钮，使视图中只显示作为杯盖的圆柱。

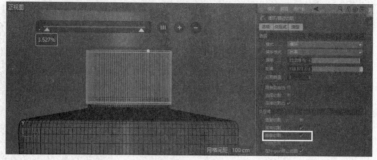

图 10-100　在圆柱上下各切割出一圈边

4）选择 ▧（框选工具），进入 ▣（多边形）模式，执行菜单中的"选择 | 循环选择"（快捷键是〈U+L〉）命令，再在圆柱的中间单击，选中圆柱中间循环选择多边形，如图 10-101 所示。

　　提示：选择 ◤（实体选择工具），进入 ▣（多边形）模式，在属性面板中取消勾选"仅选择可见元素"
　　　　复选框，如图 10-102 所示，接着在视图中通过拖动鼠标的方法也可以选择圆柱中间循环选择多
　　　　边形。

图 10-101　选中圆柱中间循环选择多边形

图 10-102　取消勾选"仅选择可见元素"复选框

5）单击右键，从弹出的快捷菜单中选择"内部挤压"（快捷键是〈I〉）命令，在属性面板中取消勾选"保持群组"复选框，再对多边形进行内部挤压，如图 10-103 所示。

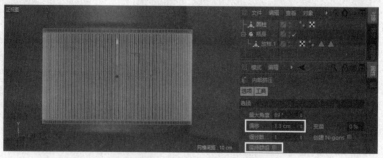

图 10-103　对多边形进行内部挤压

6）单击右键,从弹出的快捷菜单中选择"挤压"(快捷键是〈D〉)命令,对多边形向外进行挤压,并在属性面板中将挤压"偏移"设置为 1cm，如图 10-104 所示。

7）为了稳定挤压后的结构，按快捷键〈K+L〉，切换到循环 / 路径切割工具，然后在圆柱挤压后多边形的上下各切割出一圈边，如图 10-105 所示。

8）挤压底部侧面的多边形。方法：按快捷键〈U+L〉，切换到循环选择工具，选中圆柱底部

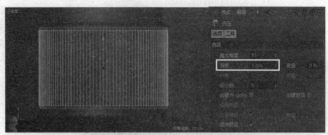

图 10-104 对多边形向外进行挤压

图 10-105 在挤压后多边形的上下各切割出一圈边

的一圈多边形，然后按快捷键〈D〉，切换到"挤压"工具，对其向外挤压 1cm，如图 10-106 所示。

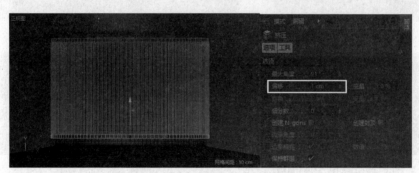

图 10-106 对多边形向外进行挤压 1cm

9）圆柱顶部进行封口处理。方法：按快捷键〈F1〉，切换到透视视图，利用 ![移动工具] （移动工具），进入 ![边模式] （边模式），在圆柱的顶部双击，选择顶部的一圈边，如图 10-107 所示。接着利用 ![缩放工具] （缩放工具），按住键盘上的〈Ctrl〉键，向内进行缩放挤压，如图 10-108 所示。在属性栏中将 X、Y、Z 的尺寸均设置为 0，如图 10-109 所示，制作出顶部的封口效果，如图 10-110 所示。

图 10-107 选择顶部的一圈边

图 10-108 向内进行缩放挤压

图 10-109　将 X、Y、Z 的尺寸均设置为 0

图 10-110　顶部的封口效果

10）制作顶部的斜角效果。方法：利用 ✛（移动工具），进入 ⬛（边模式），在圆柱顶部的转角处双击，选中转角处的一圈边，如图 10-111 所示。单击右键，从弹出的快捷菜单中选择"倒角"（快捷键是〈M+S〉）命令，接着对其进行倒角，并在属性面板中设置相应的倒角参数，效果如图 10-112 所示。为了稳定斜角结构，同时选择斜角处的两圈边，如图 10-113 所示，对齐进行倒角处理，如图 10-114 所示。

图 10-111　选中转挣脱处的一圈边

图 10-112　设置"倒角"参数

图 10-113　同时选择斜角处的两圈边

图 10-114　对齐进行倒角效果

11）防滑模型制作完毕，下面对其进行平滑处理。方法：按住键盘上的〈Alt〉键，单击工具栏中的 ⬛（细分曲面）工具，给它添加一个"细分曲面"生成器的父级，效果如图 10-115 所示。为了便于区分，下面将"细分曲面"重命名为"防滑"。

图 10-115　"细分曲面"效果

（3）制作装饰模型

1）在编辑模式工具栏中选择 Ⓢ（关闭视窗独显）按钮，显示出所有模型。

2）按快捷键〈F4〉，切换到正视图，在视图中创建一个圆柱。接着参照背景图将其放置到合适位置，并在属性面板"对象"选项卡中设置"半径"和"高度"参数，使之与背景图中的装饰部分尽量匹配，如图 10-116 所示。进入"封顶"选项卡，勾选"圆角"复选框，使圆柱产生圆角效果，如图 10-117 所示。

图 10-116　将圆柱放置到合适位置并调整参数

图 10-117　勾选"圆角"复选框

3）为了便于区分，下面将"圆柱"重命名为"装饰"。

（4）制作瓶盖模型

1）在正视图中创建一个圆柱，参考背景图将其移动到合适位置，并在属性面板中调整其参数，使之与背景图中的瓶盖部分尽量匹配，如图 10-118 所示。

图 10-118　将圆柱移动到合适位置并设置其参数

2）为了便于操作，下面在编辑模式工具栏中选择 Ⓢ（视窗单体显示）按钮，使视图中只显示作为瓶盖的圆柱。

3）在顶视图中显示作为参照的背景图。方法：按快捷键〈F2〉，切换到顶视图，按快捷键〈Shift+V〉，在属性面板"背景"选项卡中指定给"背景"右侧网盘中的"源文件\9.2 沙宣洗发水展示效果\顶视图参照图 .jpg"图片。接着在属性面板"背景"选项卡中调整背景图的大小和位置，使背景图中的瓶盖半径与圆柱的半径尽量匹配。将背景图的"透明"设置为 50%，效果如图 10-119 所示。

图 10-119　在顶视图中显示背景图并调整大小和透明度

4）按快捷键〈C〉，将其转换为可编辑对象。

5）在顶视图中调整出瓶盖的大体形状。方法：选择 （框选工具），进入 （多边形模式），框选如图 10-120 所示的多边形，再利用 （移动工具），配合〈Ctrl〉键将其沿 X 轴向左进行挤压，如图 10-121 所示。接着在变换栏中将 X 的尺寸设置为 0，如图 10-122 所示，效果如图 10-123 所示。利用 （缩放工具）将其沿 Z 轴进行缩小，使之与背景图中的瓶嘴形状尽量匹配，效果如图 10-124 所示。

图 10-120　框选多边形

图 10-121　沿 X 轴向左进行挤压

图 10-122　将 X 的尺寸设置为 0

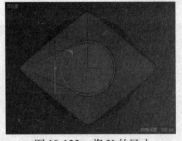

图 10-123　将 X 的尺寸设置为 0 后的效果

图 10-124　将其沿 Z 轴进行缩小，使之与背景图的瓶嘴大小尽量匹配

6）同理，对选中的多边形进行继续挤压和缩放，效果如图 10-125 所示。

图 10-125　对选中的边进行继续挤压和缩放

7）按快捷键〈F4〉，切换到正视图，如图 10-126 所示。利用 （框选工具），进入 （点模式），调整相应顶点的位置和方向，使之与背景图片尽量匹配，如图 10-127 所示。

图 10-126　切换到正视图　　　　　　　　图 10-127　调整相应顶点的位置和方向

8）按快捷键〈F1〉，切换到透视视图，进入 （多边形模式），如图 10-128 所示。利用内部挤压命令对其进行挤压，效果如图 10-129 所示。

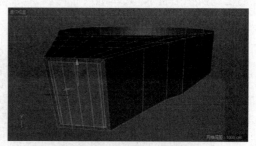

图 10-128　进入 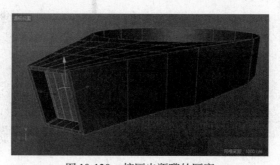（多边形模式）　　　　图 10-129　内部挤压多边形

提示：在使用内部挤压命令挤压之前，一定要勾选"保持群组"复选框。

图 10-130　挤压出瓶嘴的厚度

9）利用 （移动工具），按住〈Ctrl〉键沿 X 轴将其向内进行挤压，形成瓶嘴的厚度，如图 10-130 所示。再按〈Delete〉键，删除选中的多边形。

10）为了稳定瓶口的结构，按快捷键〈K+L〉，切换到循环/路径切割工具，然后在瓶口四周切割出几圈边来稳定瓶口的形状，如图 10-131 所示。

11）对瓶盖进行平滑处理。方法：按住键盘上的〈Alt〉键，单击工具栏中的 （细分曲面）工具，给它添加一个"细分曲面"生成器的父级，效果如图 10-132 所示。

12）对瓶盖顶部进行封口处理。方法：按住键盘上的〈Alt〉键＋鼠标左键，将视图旋转到合适角度，显示出瓶盖开口位置，如图 10-133 所示。关闭细分曲面的显示，再选择"圆柱"，

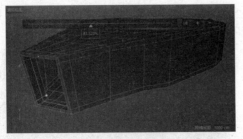

图 10-131　在瓶口四周切割出几圈边来稳定瓶口的形状　　　　图 10-132　"细分曲面"效果

如图 10-134 所示。接着进入 （边模式），执行菜单中的"选择 | 循环选择"（快捷键是〈U+L〉）命令，在属性面板中勾选"选择边界循环"命令，在瓶盖顶部开口处单击，选中顶部开口处的一圈边，如图 10-135 所示。

13）利用 （缩放工具），配合〈Ctrl〉键，对选中的一圈边向内挤压两次，如图 10-136 所示。然后在变换栏中将 X、Y、Z 的尺寸均设置为 0，制作出瓶盖顶部的封口效果，如图 10-137 所示。

提示：向内挤压两次，而不是一次，是为了通过多添加一圈边稳定瓶盖封口处的结构。

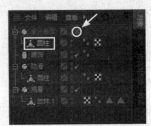

图 10-133　显示出瓶盖开口位置　　　　　　　　图 10-134　选择"圆柱"

图 10-135　选中顶部开口处的一圈边

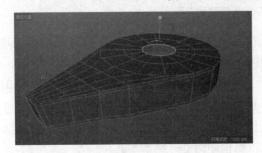

图 10-136　对选中的一圈边向内挤压两次　　　　　图 10-137　制作出瓶盖顶部的封口效果

14）制作出瓶盖下方的收口形状。方法：将视图旋转到合适角度，显示出瓶盖下方的开口位置，然后按快捷键〈U+L〉，选择底部的一圈边，如图 10-138 所示。在编辑模式工具栏中选择 ⑤（关闭视窗独显）按钮，显示出所有模型。接着利用 ✛（移动工具），配合〈Ctrl〉键将其沿 Y 轴向下进行挤压，适合缩小挤压后的边，效果如图 10-139 所示。

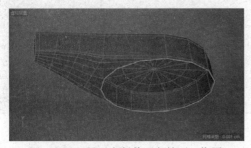
图 10-138　显示出瓶盖下方的开口位置

图 10-139　适当缩小挤压后的边

15）利用 ▣（缩放工具），配合〈Ctrl〉键，对选中的一圈边向内缩放挤压，如图 10-140 所示。

16）对瓶盖底部边缘进行倒角处理。方法：利用 ✛（移动工具），在圆柱底部边缘双击，选择一圈边，如图 10-141 所示。单击右键，从弹出的快捷菜单中选择"倒角"命令，对其进行倒角，并在属性面板中设置倒角参数，效果如图 10-142 所示。

图 10-140　向内缩放挤压

图 10-141　选择底部边缘的一圈边

17）为了稳定瓶盖转角处的结构，按快捷键〈K+L〉，切换到循环 / 路径切割工具，在瓶盖转角处切割出一圈边，如图 10-143 所示。

图 10-142　倒角效果

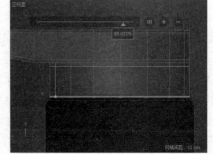
图 10-143　在瓶盖转角处切割出一圈边

18）在"对象"面板恢复"细分曲面"的显示。利用 ▣（缩放工具）适当放大瓶盖模型，使之与装饰模型的宽度匹配，效果如图 10-144 所示。为了便于区分，将"细分曲面"重命名为"瓶盖"。

19）沙宣洗发水模型制作完毕。下面按快捷键〈F1〉，切换到透视视图，查看整体效果，效果如图 10-145 所示。

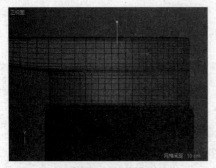

图 10-144　适当放大瓶盖模型使之
与装饰模型的宽度匹配

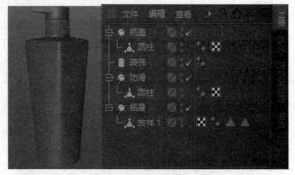

图 10-145　模型的整体效果

20）在"对象"面板中选择所有的对象，然后按快捷键〈Alt+G〉，将它们组成一个组，并将组的名称重命名为"洗发水"。

21）执行菜单中的"插件 |Drop2Floor"命令，将洗发水模型对齐到地面。

22）创建摄像机。方法：在工具栏中单击 （摄像机）按钮，给场景添加一个摄像机。在"对象"面板中激活 按钮，进入摄像机视角。接着在"属性"面板中将摄像机的"焦距"设置为"135"，在透视图中调整摄像机的位置，如图 10-146 所示。

图 10-146　创建摄像机并调整焦距和位置

23）为了能在视图中清楚地看到渲染区域，按快捷键〈Shift+V〉，在"属性"面板"查看"选项卡中将"透明"设置为 95%，此时渲染区域以外会显示为黑色，效果如图 10-147 所示。

24）创建地面背景。方法：执行菜单中的"插件 |L-Object"命令，创建一个地面背景。进入 （模型模式），分别在顶视图和右视图中加大地面背景的宽度与深度，并在 L-Object 的属性面板中将"曲线偏移"设置为 1000，接着在右视图中调整地面背景的位置，如图 10-148 所示。

25）按快捷键〈F1〉，切换到透视视图，如图 10-149 所示。至此，沙宣洗发水场景模型部分制作完毕。

2. 制作沙宣洗发水的材质

1）制作基础材质。方法：在材质栏中双击鼠标，新建一个名称为"基础材质"的材质球，双击材质球进入"材质编辑器"，在左侧选择"颜色"，在右侧将"颜色"设置为一种蓝色（HSV 的数值为（0°，90%，70%）），

10.2　沙宣洗发水
展示效果 2（材质）

图 10-147　将"透明"设置为 95% 后的效果

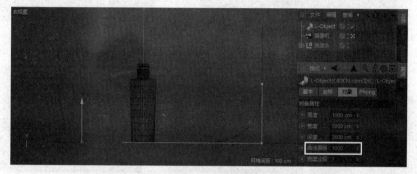

图 10-148　创建地面背景并调整参数和位置

图10-149　切换到透视视图

如图 10-150 所示。

2）在左侧选择"反射"，在右侧单击"添加"按钮，给反射添加一个
"GGX"，再设置 GGX 的相关参数如图 10-151 所示。接着单击右上方的 ▣ 按钮，关闭"材质编辑器"。将这个材质分别拖给"对象"面板中的"放样 1""防滑"和"瓶盖"，如图 10-152 所示，效果如图 10-153 所示。

3）制作装饰材质。方法：按住〈Ctrl〉键，在材质栏中复制出一个"基础材质"，将其重命名为"绿色"，再在属性面板中将颜色设置为一种绿色（HSV 的数值为 (80°, 70%, 80%)），接着关闭"材质编辑器"，将"绿色"材质拖给"对象"面板中的"装饰"，如图 10-154 所示，效果如图 10-155 所示。

4）制作瓶身上的凹凸材质。方法：按住〈Ctrl〉键，在材质栏中复制出一个"基础材质"，将其重命名为"凹凸"，再双击材质球进入"材质编辑器"，在左侧勾选"凹凸"，在右侧指定给"凹凸"

图 10-150 将"颜色"设置为一种蓝色（HSV 的数值为（0°，90%，70%））

图 10-151 设置"反射"参数

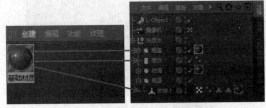

图 10-152 将"基础材质"拖给"对象"面板中的"放样 1""防滑"和"瓶盖"

图 10-153 将"基础材质"赋予模型后的效果

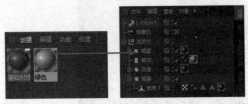

图 10-154 将"绿色"材质拖给"对象"面板中的"装饰"

图 10-155 将"绿色"材质赋予模型后的效果

纹理一张网盘中的"源文件 \10.2 沙宣洗发水展示效果 \tex\ 凹凸 .png"贴图，如图 10-156 所示。关闭"材质编辑器"，将"凹凸"材质拖给"对象"面板中的"放样 1"，效果如图 10-157 所示。

5）此时"凹凸"纹理显示不正确，在属性面板中将"凹凸纹理"的"投射"方式设置为"柱状"，

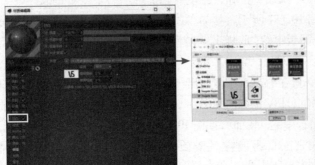

图 10-156 指定给"凹凸"纹理一张"凹凸 .png"贴图

图 10-157 将"凹凸"材质赋予模型后的效果

"偏移 U"设置为 –55%，"偏移 V"设置为 170%，"长度 U"设置为 75%，"长度 V"设置为 200%，取消勾选"平铺"复选框，效果如图 10-158 所示。

图 10-158　设置"凹凸"纹理参数后的效果

6）制作瓶身上的两个 logo 材质。首先设置要放置两个 logo 的多边形选集。方法：执行视图菜单中的"显示 | 光影着色（线条）"（快捷键是〈N+B〉）命令，以光影着色（线条）的方式显示模型。在"对象"面板中单击 ▦ 按钮，退出摄像机视角，关闭"瓶身"的效果显示。接着选择"放样 1"，进入 ▦（多边形模式），利用 ▧（实体选择工具）在瓶身上框选多边形。执行菜单中的"选择 | 设置选集"命令，将它们设置为一个选集，如图 10-159 所示。同理，设置要放置第 2 个 logo 的多边形选集，如图 10-160 所示。

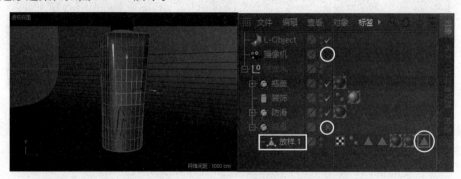

图 10-159　将选择的多边形设置为一个选集

图 10-160　设置要放置第 2 个 logo 的多边形选集

7）在材质栏中双击鼠标，新建一个名称为"logo1"的材质球，双击材质球进入"材质编辑器"，在左侧选择"颜色"，在右侧指定给"颜色"纹理一张网盘中的"源文件 \10.2　沙宣洗发水展示效果 \tex\logo1.png"贴图，如图 10-161 所示。接着在左侧选择"反射"，在右侧单击"添加"按钮，给反射添加一个"GGX"，再设置 GGX 的相关参数如图 10-162 所示。单击右上方的 ▣ 按钮，关闭"材质编辑器"。

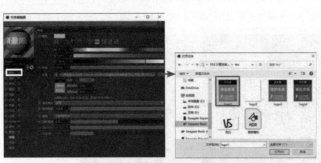

图 10-161　指定给"颜色"纹理一张"logol.png"贴图　　　　图 10-162　设置"反射"参数

8) 将"logo1"材质拖给"对象"面板中的"放样1"。在属性面板中将(logo1 纹理标签) 的"投射"方式设置为"柱状",将前面设置好的 logo1 的多边形选集拖到"选集"右侧,如图 10-163 所示。

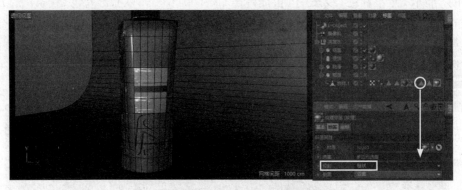

图 10-163　将前面设置好的 logo1 的多边形选集拖到"选集"右侧

9)此时 logo1 的纹理贴图位置和大小不正确。在(logo1 纹理标签)属性面板中将"偏移 U" 设置为 81%,"偏移 V"设置为 42%,"长度 U"设置为 15%,"长度 V"设置为 100%,并取消勾选"平铺"复选框,如图 10-164 所示,效果如图 10-165 所示。

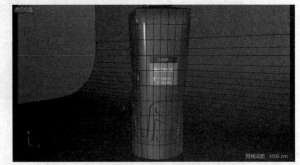

图 10-164　设置　(logo1 纹理标签) 的参数　　　图 10-165　设置　(logo1 纹理标签) 参数后的效果

10) 在材质栏中双击鼠标,新建一个名称为"logo2"的材质球,双击材质球进入"材质编辑器",在左侧勾选"Alpha"复选框,在右侧指定给"Alpha"纹理一张网盘中的"源

文件 \10.2　沙宣洗发水展示效果 \tex\logo2.png" 贴图，如图 10-166 所示。

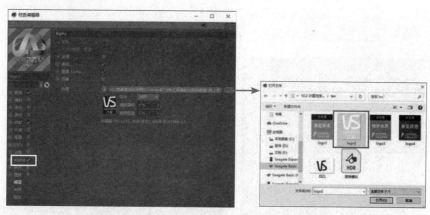

图 10-166　指定给 "Alpha" 纹理一张 "logo2.png" 贴图

11) 此时 logo2 的颜色不是纯白色，下面在左侧选择 "颜色"，在右侧将 "颜色" 设置为纯白色（HSV 的数值为 (0°, 0%, 100%)），如图 10-167 所示。单击右上方的 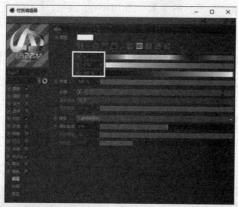 按钮，关闭 "材质编辑器"。

12) 将 "logo2" 材质拖给 "对象" 面板中的 "放样 1"。在属性面板中将 （logo1 纹理标签）的 "投射" 方式设置为 "平直"，将前面设置好的 logo2 的多边形选集拖到 "选集" 右侧，如图 10-168 所示。

图 10-167　指将颜色设置为纯白色（HSV 的数值为 (0°, 0%, 100%)）

图 10-168　将前面设置好的 logo2 的多边形选集拖到 "选集" 右侧

13）此时 logo2 的纹理贴图位置和大小不正确。在 （logo1 纹理标签）属性面板中将"偏移 U"设置为 96%，"偏移 V"设置为 -67%，"长度 U"设置为 55%，"长度 V"设置为 95%，并取消勾选"平铺"复选框，如图 10-169 所示，效果如图 10-170 所示。

图 10-169　设置 （logo2 纹理标签）的参数　　图 10-170　设置 （logo2 纹理标签）参数后的效果

14）在"对象"面板中恢复"瓶身"的效果显示。

15）制作地面材质。方法：在材质栏中双击鼠标，新建一个名称为"地面"的材质球，保持默认参数。将"地面"材质拖给场景中的地面背景模型。接着激活 按钮，进入摄像机视角。执行视图菜单中的"显示 | 光影着色"（快捷键是〈N+A〉）命令，以光影着色的方式显示模型，效果如图 10-171 所示。

16）在工具栏中单击 （渲染到图片查看器）按钮，查看赋予场景材质后的整体渲染效果，如图 10-172 所示。

图 10-171　进入摄像机视角　　　　　　　图 10-172　整体渲染效果

3. 添加全局光照和天空 HDR

从上面效果可以看出沙宣洗发水反射效果不太真实。下面通过给场景添加全局光照和天空 HDR 来解决这个问题。

1）添加全局光照。方法：在工具栏中单击 （编辑渲染设置）按钮，从弹出的"渲染设置"对话框中单击左下方的 按钮，从弹出的下拉菜单中选择"全局光照"命令，如图 10-173 所示。

接着在右侧"常规"选项卡中将"预设"设置为"室内 - 预览（小型光源）"，如图 10-174 所示。

图 10-173　添加"全局光照"　　　　图 10-174　将"预设"设置为"室内 - 预览(小型光源)"

2）在工具栏 ▦（地面）工具上按住鼠标左键，从弹出的隐藏工具中选择 ◐ 天空，给场景添加一个"天空"对象。

3）在材质栏中双击鼠标，新建一个名称为"天空"的材质球。双击材质球进入"材质编辑器"。取消勾选"颜色"和"反射"复选框，勾选"发光"复选框，再指定给"纹理"网盘中的"源文件 \10.2　沙宣洗发水展示效果 \tex\ 厨房模拟 .hdr"贴图，如图 10-175 所示。单击右上方的 ✖ 按钮，关闭"材质编辑器"。

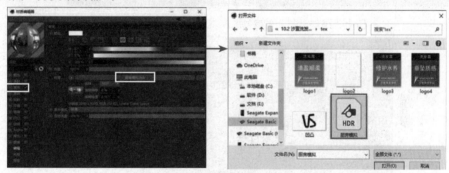

图 10-175　设置"天空"材质

4）将"天空"材质直接拖到"对象"面板中的天空上，如图 10-176 所示。

5）在工具栏中单击 ▦（渲染到图片查看器）按钮，查看添加全局光照和天空 HDR 后的整体渲染效果，如图 10-177 所示。

4. 制作多种沙宣洗发水展示效果

1）在"对象"面板中选择"洗发水"，在视图中按住〈Ctrl〉键，向左和向右各复制出一个洗发水模型。为了便于区分，在"对象"面板中重命名为"清盈顺柔""修护水养"和"垂坠质感"，如图 10-178 所示。

2）替换"修护水养"瓶身上的标志。方法：在材质栏中选择"logo1"，按住〈Ctrl〉键，复制出一个副本，并将其重命名为"logo3"。双击"logo3"，进入"材质编辑器"，在左侧选择"颜色"，在右侧指定给"颜色"纹理一张网盘中的"源文件 \10.2　沙宣洗发水展示效果 \tex\logo3.png"贴图，如图 10-179 所示。关闭"材质编辑器"。

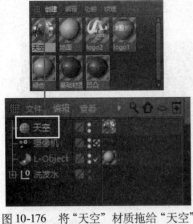

图 10-176　将"天空"材质拖给"天空"　图 10-177　添加全局光照和天空 HDR 后的整体渲染效果

10.2　沙宣洗发水展示效果 3（材质 +ps 后期）

图 10-178　复制并重命名洗发水名称

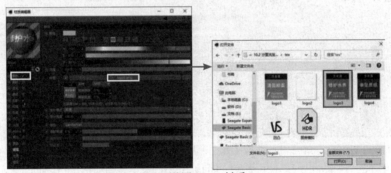

图 10-179　设置 logo3 材质

3）将"logo3"材质球拖到"修护水养"中瓶身右侧的 （logo1 纹理标签）上，将"log01"纹理标签替换为"log03 纹理标签"，如图 10-180 所示。

4）替换"垂直质感"瓶身上的标志。方法：在材质栏中选择"logo1"，然后按住〈Ctrl〉键，复制出一个副本，并将其重命名"logo4"。双击"logo4"，进入"材质编辑器"，在左侧选择"颜色"，在右侧指定给"颜色"纹理一张网盘中的"源文件 \9.2　沙宣洗发水展示效果 \tex\logo4.png"贴图，如图 10-181 所示。关闭"材质编辑器"。

5）将"logo4"材质球拖给"垂坠质感"中瓶身右侧的 （logo1 纹理标签）上，将"log01 纹理标签"替换为"log04 纹理标签"，如图 10-182 所示。

6）在工具栏中单击 （渲染到图片查看器）按钮，查看替换标志后的整体渲染效果，如图 10-183 所示。

图 10-180 将"logo1 纹理标签"替换"logo3 纹理标签"后的效果

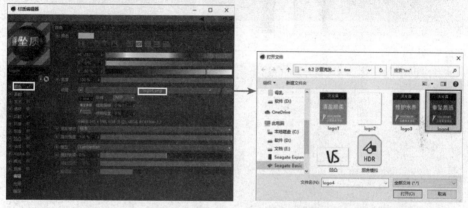

图 10-181 设置 logo4 材质

图 10-182 将"logo1 纹理标签"替换"logo4 纹理标签"后的效果

5. 进行最终的渲染输出

1）在工具栏中单击 ![按钮] （编辑渲染设置）按钮，从弹出的"渲染设置"对话框中将输出尺寸设置为 1280×720 像素，输出的"帧范围"设置为"当前帧"，如图 10-184 所示。在左侧选择"保存"，在右侧将要保存的文件名称设为"洗发水展示效果图"，并将"格式"设置为"TIFF"，如图 10-185 所示。接着在左侧选择"抗锯齿"，在右侧将"抗锯齿"设置为"最佳"，"最小级别"设置为"2×2"，"最大级别"设置为"4×4"，如图 10-186 所示。单击右上方的 ![×] 按钮，关闭"渲染设置"对话框。

2）在工具栏中单击 ![按钮] （渲染到图片查看器）按钮，进行作品最终的渲染输出。

3）至此，沙宣洗发水效果制作完毕。执行菜单中的"文件|保存工程（包含资源）"命令，将文件保存打包。

图 10-183　替换标志后的整体渲染效果

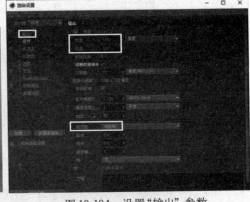

图 10-184　设置"输出"参数

图 10-185　设置"保存"参数

图 10-186　设置"抗锯齿"参数

6. 利用 Photoshop 进行后期处理

1）在 Photoshop CC 2018 中打开前面保存输出的网盘中的"沙宣洗发水展示效果图 .tif"图片，按快捷键〈Ctrl+J〉，复制出一个"图层 1"层，如图 10-187 所示。单击右键，从弹出的快捷菜单中选择"转换为智能对象"命令，将其转换为智能对象，此时图层分布如图 10-188 所示。

2）执行菜单中的"滤镜 |Camera Raw 滤镜"命令，在弹出的对话框中设置滤镜参数如图 10-189 所示，单击"确定"按钮。

图 10-187　复制出一个"图层 1"层

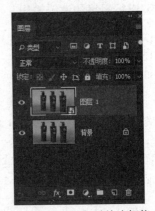

图 10-188　将"图层 1"转换为智能对象

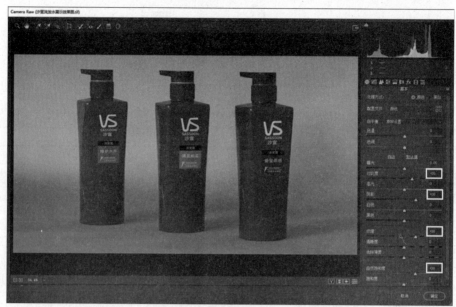

图 10-189 设置"Camera Raw 滤镜"参数

3）此时可以通过单击"图层 1"前面的◉图标，如图 10-190 所示，查看执行"Camera Raw 滤镜"前后的效果对比。执行菜单中的"文件 | 存储"命令，保存文件。

至此，沙宣洗发水展示效果图制作完毕。

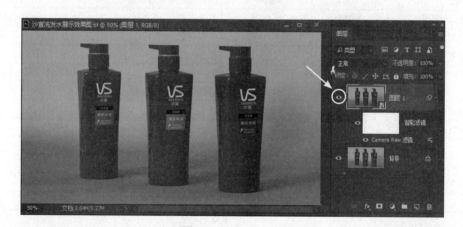

图 10-190 单击"图层 1"前面的◉图标来查看执行"Camera Raw 滤镜"前后的效果对比

10.3 课后练习

制作图 10-191 所示的保温杯展示效果。

图 10-191 保温杯展示效果

附　　录

附录 A　C4D 常用快捷键

表 A-1　常用快捷键

命令	对应快捷键	命令	对应快捷键
文件			
新建文件	Ctrl+N	打开文件	Ctrl+O
保存文件	Ctrl+S	退出 C4D	Alt+F4
视图显示和操作			
透视视图最大化显示	F1	顶视图最大化显示	F2
右视图最大化显示	F3	正视图最大化显示	F4
四视图显示	F5	旋转视图	Alt+ 鼠标左键
移动视图	Alt+ 鼠标中键	缩放视图	Alt+ 鼠标右键
对象显示方式			
光影着色	N+A	光影着色（线条）	N+B
选择对象和常用操作			
框选	数字键〈0〉	实体选择	数字键〈9〉
移动对象	E	旋转对象	R
缩放对象	T	最大化显示所选对象	O
最大化显示场景所有对象	H	加选对象	按住〈Shift〉键单击对象
减选对象	按住〈Ctrl〉键单击对象	复制对象	按住〈Ctrl〉键移动对象
群组对象	Alt+G	展开群组	Shift+G
新对象作为父级	Alt+ 创建新对象	新对象作为子级	Shift+ 创建新对象
可编辑对象的常用操作			
将参数对象转为可编辑对象	C	全选	Ctrl+A
环状选择	U+B	循环选择	U+L
反选	U+I	填充选择	U+F
循环 / 路径切割	K+L	线性切割	K+K
内部挤压	I	挤压	D
倒角	M+S	插入点	M+A
渲染			
渲染活动视图	Ctrl+R	渲染到图片查看器	Shift+R
区域渲染 / 退出区域渲染	Alt+R		
其余常用命令快捷键			
在视图中指定背景图像作为背景	Shift+V	工程设置	Ctrl+D
内容浏览器	Shift+F8	播放 / 暂停播放动画	F8
自定义命令	Shift+F12	切换到上一次使用的工具	空格键
移除 N-gons	U+E	每次以 0.1 为单位调整参数	Alt 键 + 左键单击属性参数
每次以 10 为单位调整参数	Shift 键 + 左键单击属性参数	图片查看器	Shift+F6